旗 標 FLAG

好書能增進知識　提高學習效率　卓越的品質是旗標的信念與堅持

旗 標 FLAG

http://www.flag.com.tw

超簡單的

即學即用！

Excel
巨集 & VBA

別再做苦工！
讓重複性高的工作自動化處理

本書的使用方法

- ● 只要輸入範例的內容，就能立刻使用巨集！
- ● 想進一步了解相關知識的人，可以閱讀兩側的補充說明專欄！
- ● 只介紹一定要記得的功能！

特色 1

內容依照功能分類，
所以能立刻找到
「想要完成的功能」！

Unit 30　參照表格內的儲存格

一定要記得的關鍵字

☑ CurrentRegion 屬性
☑ End 屬性
☑ 作用中儲存格範圍

為了能自由地操作 Excel 的表格，讓我們一起學習參照整張表格或
是表格上下左右儲存格的方法吧。要操作整張表格的儲存格可使用
Range 物件的 CurrentRegion 屬性。此外，要操作表格上下左右邊
緣的儲存格時，可使用 End 屬性。

1　操作整張表格

Memo 操作整張表格

這次的範例以儲存格 A3 為基
準，取得作用中的儲存格範
圍，藉此選取整張表格的儲存
格。在 Excel 要選取作用中儲存格所在
的整個表格時，可按下 Ctrl +
Shift + ★ 鍵，而在 VBA 則是使
用 CurrentRegion 屬性。

> 這是巨集的程式碼。標底
> 色的部分是本單元解說的
> 功能，而且還會視情況解
> 說具體的處理內容

**Keyword 作用中儲存格
範圍**

作用中儲存格範圍就是指含有作
用中儲存格且具有資料的儲存格
範圍，換言之，也就是被空白欄
與空白列包圍的範圍。這個條件
常於選擇整張表格時使用。不過
要注意的是，若表格裡存在著空
白列與空白欄，就無法正確選取
表格的範圍。

> 這是巨集的執行結果。大
> 部分的單元都會展示巨集
> 執行前／後的畫面，讓讀
> 者一眼就能看懂執行結果

Keyword Select 方法

要選取儲存格範圍可使用 Range
物件的 Select 方法。這次就是
利用 Select 方法選取了作用中
的儲存格範圍。

> 這是於該單元學習的**屬
> 性、方法、函數、規則**的
> 語法說明

參照整張表格

```
Sub 參照整張表格 ()
    Range ("A3").CurrentRegion.Select
End Sub
```

❶ 以儲存格 A3 為基準，參照
與選取作用中儲存格範圍

執行範例

❶ 選取包含儲存格 A3 的作用中儲存格範圍

❷ 選取整張表格了

格式　CurrentRegion 屬性

物件 .CurrentRegion

解說	要取得作用中儲存格範圍可使用 Range 物件的 CurrentRegion 屬性。
物件	指定 Range 物件。

4-8

2

● 補充說明

操作上的補充說明全部整理在兩側的專欄，若遇到不甚了解的內容，可參考兩旁的說明，一定能得到需要的答案！

🖊 Memo	! Hint	✔ Keyword	📖 Step up
補充說明	便利的功能	用語的解說	進階操作解說

② 操作位於表格邊緣的儲存格

選取直到表格邊緣的範圍

```
Sub 參照從中途開始的資料 ()
    Range("A7", Range("A7").End(xlDown). _
        End(xlToRight)).Select

End Sub
```

❶ 以儲存格 A7：A7 為基準，選取直到邊緣的儲存格
（下方邊緣 End(xlDown)、右側邊緣 End(xlToRight)）

執行範例

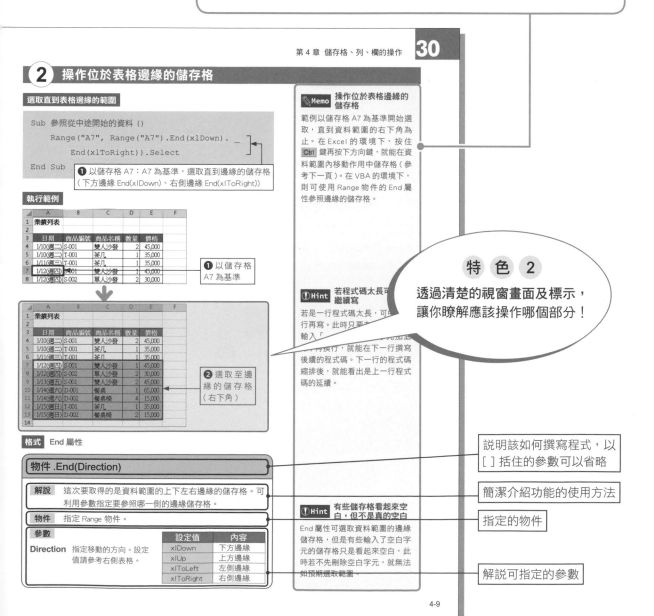

❶ 以儲存格 A7 為基準

❷ 選取至邊緣的儲存格（右下角）

🖊 **Memo　操作位於表格邊緣的儲存格**

範例以儲存格 A7 為基準開始選取，直到資料範圍的右下角為止。在 Excel 的環境下，按住 `Ctrl` 鍵再按下方向鍵，就能在資料範圍內移動作用中儲存格（參考下一頁）。在 VBA 的環境下，則可使用 Range 物件的 End 屬性參照邊緣的儲存格。

! **Hint　若程式碼太長可換行繼續寫**

若是一行程式碼太長，可◯行再寫。此時只要在◯輸入「◯◯◯◯◯◯加◯◯換行，就能在下一行撰寫後續的程式碼。下一行的程式碼縮排後，就能看出是上一行程式碼的延續。

特 色 ②

透過清楚的視窗畫面及標示，讓你瞭解應該操作哪個部分！

格式 End 屬性

物件 .End(Direction)

解說	這次要取得的是資料範圍的上下左右邊緣的儲存格。可利用參數指定要參照哪一側的邊緣儲存格。
物件	指定 Range 物件。

參數		設定值	內容
Direction	指定移動的方向。設定值請參考右側表格。	xlDown	下方邊緣
		xlUp	上方邊緣
		xlToLeft	左側邊緣
		xlToRight	右側邊緣

! **Hint　有些儲存格看起來空白，但不是真的空白**

End 屬性可選取資料範圍的邊緣儲存格，但是有些輸入了空白字元的儲存格只是看起來空白，此時若不先刪除空白字元，就無法如預期選取範圍。

說明該如何撰寫程式，以 [ ] 括住的參數可以省略

簡潔介紹功能的使用方法

指定的物件

解說可指定的參數

4-9

3

關於光碟

本書書附光碟收錄各章的範例檔案，方便您一邊閱讀、一邊操作練習，讓學習更有效率。使用本書光碟時，請先將光碟放入光碟機中，稍待一會兒就會出現**自動播放**交談窗，按下**開啟資料夾以檢視檔案**項目，就會看到如下的畫面：

請務必將各章範例檔案資料夾複製一份到硬碟中，並取消檔案及資料夾的「唯讀」屬性，以便對照書中的內容練習。

各章的範例檔案分別存放在對應的資料夾中，資料夾裡收錄的是該單元尚未開始操作的原始資料，而執行過的操作其完成結果則會在檔名上加「_after」。

此外，本書的範例檔案含有巨集，所以當您開啟檔案時會出現如下的提示訊息，請按下**啟用內容**鈕，就可開啟檔案做編輯。

請按下此鈕

目錄

第 2 章　了解巨集與 VBA 的關係

第 4 章　儲存格、列、欄的操作

第 **5** 章　調整表格的外觀

第 **6** 章　操作工作表與活頁簿

第 7 章　了解條件判斷處理與迴圈處理

第 8 章　排序與篩選資料

第 9 章　列印工作表

第 **11** 章 建立使用者表單

第**1**章

學會開發巨集的基礎知識

何謂巨集？

Excel 的「巨集」就是讓 Excel 快速執行各項處理的程式。透過巨集，就能讓各種操作自動化。接下來就帶大家了解巨集可以完成哪些作業。

1 讓手動操作自動化

Memo 巨集就像是操作說明書

在 Excel 進行作業時，通常會透過鍵盤或滑鼠對 Excel 下達命令，完成不同的操作。不過，若能事先寫好「操作說明書」，Excel 就會依照該說明書完成操作，而這個「操作說明書」就是所謂的**巨集**。

● 不使用巨集的情形

▼每天要執行的內容⋯

開啟「昨天業績資料檔案」與「業績清單檔案」，將昨天的銷售資料貼在業績列表裡，調整格式再列印出來。

必須使用鍵盤與滑鼠完成每一項操作

● 使用巨集的話⋯

▼每天要執行的內容⋯

只要按個按鈕就好了。

只要寫好操作說明書，就能按個按鈕完成多項操作

說明書
1. 開啟「昨天的業績資料檔案」
2. 開啟「業績清單檔案」
3. 將昨天的業績資料複雜到業績清單裡
4. 調整格式與列印

② 根據條件進行不同的處理

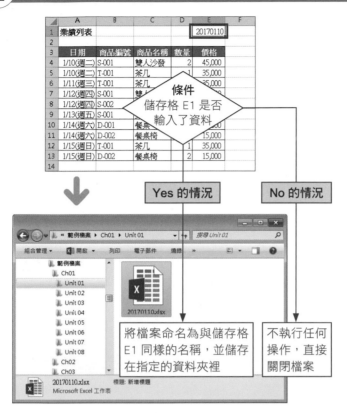

Yes 的情況

No 的情況

將檔案命名為與儲存格 E1 同樣的名稱,並儲存在指定的資料夾裡

不執行任何操作,直接關閉檔案

📝 Memo **可自動進行不同的處理**

使用巨集之後,就可以在指定的條件成立與不成立時,執行不同的處理。舉例來說,可下達「儲存格 E1 輸入了指定值的時候,就複製該工作表並且儲存為檔案」的指令。

③ 可以重複執行同樣的處理

複製左側的三張工作表,將所有資料儲存至「所有分店資料」工作表。重複執行複製每張工作表的表格,再貼至「所有分店資料」工作表

	A	B	C	D	E	F	G	H	I
1	所有分店資料								
2									
3	門市代碼	商品編號	商品名稱	價格	數量				
4	10	S-001	跑步機	65,000	1				
5	10	S-002	伸展機	25,000	1				
6	10	S-001	跑步機	65,000	1				
7	10	S-003	重訓機	18,000	2				
8	10	S-004	踏台	8,000	2				
9	10	S-001	跑步機	65,000	1				
10	10	S-002	伸展機	25,000	1				
11	10	S-003	重訓機	18,000	2				
12	10	S-005	重訓組合	20,000	1				
13	20	S-003	重訓機	18,000	1				
14	20	S-004	踏台	8,000	5				
15	20	S-001	跑步機	65,000	1				

三間分店的資料就統整在這張工作表裡

📝 Memo **可視情況設定相同處理的重複次數**

使用巨集就能設定相同處理的重複次數。此外,活頁簿裡的工作表數量或是指定資料夾裡的檔案數量,都能設定為相同處理的重複次數。

4　使用表單接收使用者的指示

✎Memo　自訂表單的操作介面

使用巨集就能自訂表單介面。使用這種介面就能接收使用者的指示，執行各種處理。

▼使用表單接收指示

❶ 先輸入各欄位的內容，再按下**輸入**鈕

❷ 依表單輸入的內容新增資料。表單可依照指示變更儲存格的顏色

✎Memo　顯示訊息畫面

使用巨集就能依照處理內容顯示不同的訊息。此外，也能在訊息中顯示按鈕，建立需要的選項。

▼透過訊息畫面接收指示

可選擇是否執行

5　可指定執行的時機

✎Memo　自動執行巨集

巨集可在任何時間點執行。例如在開啟檔案後執行選擇工作表的巨集。

❶ 開啟檔案後

❷ 同時開啟指定的檔案

❸ 啟用含有執行中巨集的檔案

❹ 選擇左側第二張工作表

①Hint　可自訂函數

Excel 內建了多種工作表函數，但只要使用巨集，就能自訂函數。自訂的函數能與一般的工作表以同樣的方式使用。不過本書並未介紹自訂函數的方法。

6　可以操作檔案與資料夾

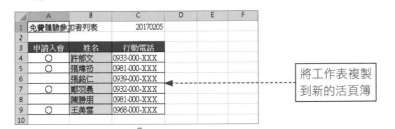

將工作表複製
到新的活頁簿

此時可在指定的位置建立資料夾，
再將檔案儲存在該資料夾裡

Memo 操作檔案與資料夾

使用巨集就能在指定的位置建立
或刪除資料夾，也能複製或刪除
指定的檔案。

7　巨集的建立方法

▼錄製巨集的操作

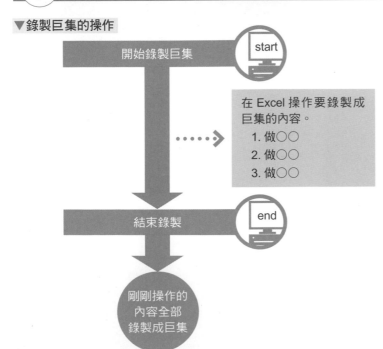

**Memo 記錄操作，
並轉換成程式**

建立巨集的方法之一就是錄製
Excel 的操作，再將這些記錄轉
換成程式儲存。透過這個方法建
立巨集時，就不需要撰寫程式，
之後也能自由地修改記錄中的
內容。

Hint 從零開始撰寫巨集

也可以自行輸入程式，從零開始
撰寫巨集。我們將在 Unit 10 介
紹建立與編輯巨集的介面。

顯示「開發人員」頁次

一定要記住的關鍵字

☑ 「開發人員」頁次
☑ 「巨集」按鈕
☑ Excel 的選項

在 Excel 建立或編輯巨集時，使用**開發人員**頁次會比較快速方便。在預設狀態中，**開發人員**頁次不會顯示，所以必須先進行簡單的設定。在建立巨集之前，讓我們先完成這些準備吧！

1 何謂「開發人員」頁次

✎ Memo 何謂「開發人員」頁次

建立或編輯巨集時，通常會頻繁地使用**開發人員**頁次裡的按鈕。**開發人員**頁次裡有確認安全性設定的按鈕、顯示所有巨集的按鈕或是開啟巨集編輯畫面的按鈕。

開發人員頁次

2 顯示「開發人員」頁次

✎ Memo 顯示「開發人員」頁次

在進行巨集的錄製與操作前，一定要先顯示**開發人員**頁次。

❶ 切換到**檔案**頁次

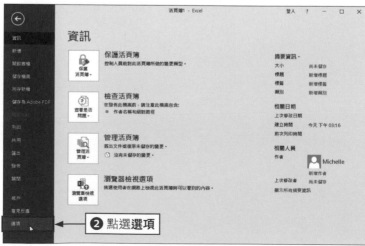

❷ 點選**選項**

❸ 點選**自訂功能區**

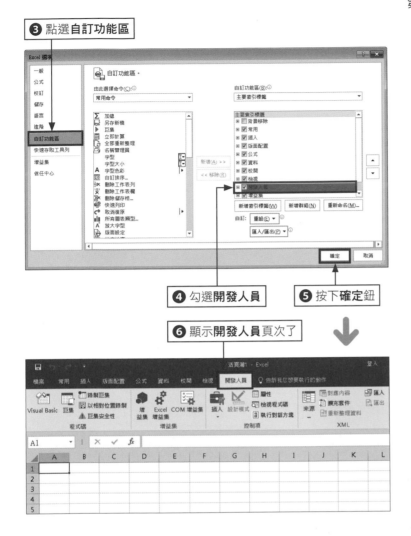

❹ 勾選**開發人員**

❺ 按下**確定**鈕

❻ 顯示**開發人員**頁次了

⏵Hint　Excel 2007 的版本

按下 **Office 按鈕**，再按下 **Excel 選項**。開啟 **Excel 選項**視窗後，從**常用**頁次勾選**在功能區顯示 [開發人員] 索引標籤**即可。

啟用這個選項

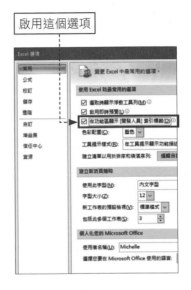

📝Memo　「檢視」頁次也有「巨集」按鈕

檢視頁次的**巨集**功能區也有巨集相關按鈕。可從這個功能區開啟巨集清單。

按下**檢視**頁次的**巨集**鈕也能完成操作

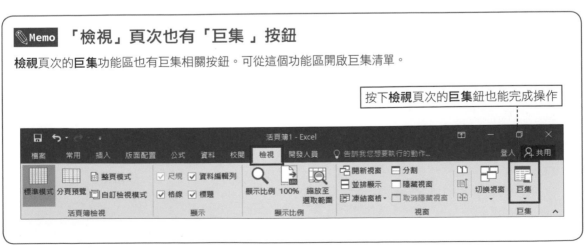

Unit 03　錄製巨集

一定要記住的關鍵字
- ☑ 錄製巨集
- ☑ 巨集名稱
- ☑ 巨集的儲存位置

巨集可透過記錄 Excel 操作的方法與利用 VBA 這種程式語言從零開始撰寫的方法建立。本單元將介紹錄製 Excel 操作，建立巨集的方法。我們要建立的是從「商品清單」篩選出符合條件資料的巨集。

1　開始錄製巨集

Memo　開始錄製

這次要利用錄製巨集這項功能建立從清單篩選資料的巨集。點選**錄製巨集**鈕之後，將開啟**錄製巨集**交談窗，從中指定巨集的名稱與儲存位置，就能開始錄製巨集。**巨集名稱**請輸入「篩選出烏龍麵商品分類」，並將巨集的儲存位置設為**現用活頁簿**。

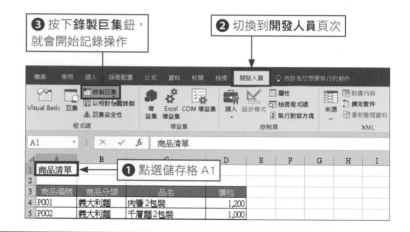

❸ 按下**錄製巨集**鈕，就會開始記錄操作

❷ 切換到**開發人員**頁次

❶ 點選儲存格 A1

---

①Hint　也有無法記錄的操作

錄製巨集功能無法記錄所有操作，而且進行條件判斷處理時，條件判斷的操作也無法記錄，所以有時無法如想像地建立需要的操作。若想建立更靈活、更好用的巨集，可在錄製巨集之後加以修改或是選擇從零開始撰寫。

● **無法記錄的操作**
- ·條件判斷的操作
- ·以現有的工作表為對象，進行重複處理的操作
- ·在 Excel 之外的操作

● **錄製巨集功能無法建立的巨集**
- ·製作自訂操作畫面
- ·建立自訂函數
- ·選擇處理內容後，顯示訊息畫面

● **建立更靈活、更好用的巨集**

方法 1：記錄要以巨集執行的內容，建立巨集的雛型

在建立、編輯巨集的畫面裡修正記錄的巨集

方法 2：在建立、編輯巨集的畫面裡從零開始撰寫巨集

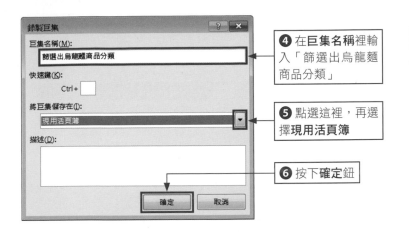

❹ 在**巨集名稱**裡輸入「篩選出烏龍麵商品分類」

❺ 點選這裡，再選擇**現用活頁簿**

❻ 按下**確定**鈕

(!)Hint 巨集的命名規則

替巨集命名時，請遵守下列規則。

· 名稱的開頭文字可以是英文字或中文字，但不可以是數字。

· 不可指定符號，但可以是底線。

· 不可使用「Sub」、「With」這類巨集程式語言已定義的字。

(!)Hint 「錄製巨集」交談窗的各項設定

● **快速鍵**

若想利用快速鍵啟動巨集，可替巨集指派快速鍵。要在建立巨集時指派快速鍵的話，可在**錄製巨集**交談窗中指定。有關快速鍵的詳細說明請參考 Unit 16。

在這裡輸入快速鍵

● **巨集的儲存位置**

開始錄製巨集之後，可選擇「現用活頁簿」、「個人巨集活頁簿」或「新的活頁簿」作為巨集的儲存位置。若選擇儲存在「現用活頁簿」，就能在開啟該活頁簿時使用建立的巨集。一般來說，只想在專屬的檔案裡使用巨集時，可選擇儲存在「現用活頁簿」裡。相對的，若儲存在「個人巨集活頁簿」，不管開啟哪個 Excel 檔案都能使用該巨集。

此外，個人巨集活頁簿會於 Excel 啟動時自動開啟，但通常會是隱藏的（在 Windows 10 的環境下使用 Excel 2016 時，個人巨集活頁簿會以「PERSONAL.xlsb」這個檔案名稱儲存在「C:\Users\< 使用者名稱 >\AppData\Roaming\Microsoft\Excel\XLSTAR」資料夾裡）。若沒有「PERSONAL.xlsb」檔案，可將巨集的儲存位置設定為「個人巨集活頁簿」，建立新的「PERSONAL.xlsb」檔案。

若要將巨集儲存在**個人巨集活頁簿**，請點選這裡

● **描述**

錄製巨集交談窗中的**描述**欄位可輸入與巨集內容有關的說明，也可輸入錄製巨集的日期或補充資訊。輸入的內容將以備註的方式儲存。有關備註的說明請參考 Unit 26。此外，**描述**欄位可省略不輸入。

2 記錄執行的內容

記錄要執行的操作

當你按下**錄製巨集**鈕後,在
Excel 中執行的操作都會被記錄
下來,直到按下**停止錄製**鈕。在
此我們要錄製從資料中**篩選**出所
要的資料。

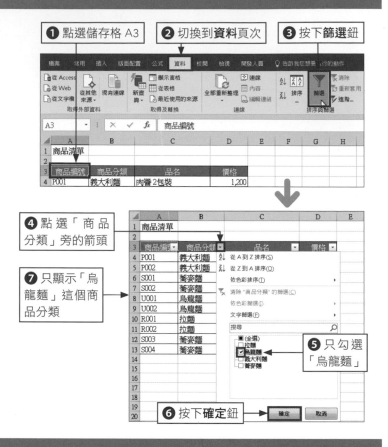

❶ 點選儲存格 A3 ❷ 切換到**資料**頁次 ❸ 按下**篩選**鈕

❹ 點選「商品分類」旁的箭頭

❼ 只顯示「烏龍麵」這個商品分類

❺ 只勾選「烏龍麵」

❻ 按下**確定**鈕

3 停止錄製巨集

停止錄製

完成要錄製的操作後,記得按下
停止錄製鈕結束錄製巨集。

沉著地操作

花時間記錄操作與巨集的執行速
度完全無關,所以請冷靜地操
作,避免不小心操作錯誤。

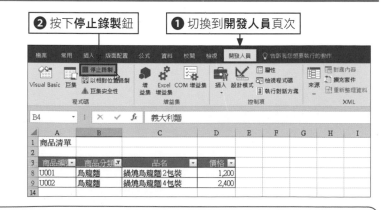

❷ 按下**停止錄製**鈕 ❶ 切換到**開發人員**頁次

❗ **Hint** 若是不小心操作錯誤

若在錄製巨集時不小心操作錯誤,該操作也會被記錄下來,所以可在結束錄製後,重新錄製一次。開始錄
製時,若指定已經存在的巨集名稱將會顯示錯誤訊息,此時按下**是**鈕就能重新錄製。

④ 建立另一個巨集

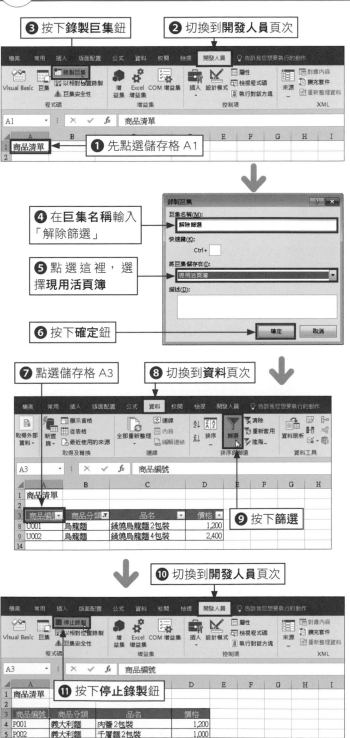

❸ 按下**錄製巨集**鈕

❷ 切換到**開發人員**頁次

❶ 先點選儲存格 A1

❹ 在**巨集名稱**輸入「解除篩選」

❺ 點選這裡，選擇**現用活頁簿**

❻ 按下**確定**鈕

❼ 點選儲存格 A3

❽ 切換到**資料**頁次

❾ 按下**篩選**

❿ 切換到**開發人員**頁次

⓫ 按下**停止錄製**鈕

📝 Memo　建立解除篩選的巨集

這次利用錄製巨集功能建立了另一個「解除篩選」的巨集。記錄的內容就是解除「篩選」，顯示所有的資料。

執行巨集

一定要記住的關鍵字
- ☑ 「巨集」交談窗
- ☑ 巨集清單
- ☑ 執行巨集

執行巨集的方法有很多,本單元要介紹的是在交談窗裡列出所有儲存的巨集,再從中挑選要執行的巨集。要顯示巨集清單可使用**巨集**交談窗。

① 從巨集清單挑選要執行的巨集

📝Memo 顯示巨集清單

確認巨集清單的內容,再從中挑選要執行的巨集。這次選擇的是在 Unit 03 建立的巨集,也就是從商品清單篩選資料的巨集。

❷ 點選**巨集**

❶ 切換到**開發人員**頁次

❸ 選擇要執行的巨集

② 選取要執行的巨集

❷ 按下**執行**鈕

❶ 確認是否選取了要執行的巨集

✎Memo 選擇巨集後執行

從巨集清單挑選要執行的巨集。這次執行的是**篩選出烏龍麵商品分類**巨集。

❗Hint 開啟「巨集」交談窗的快速鍵

按下 Alt + F8 也能開啟**巨集**交談窗顯示巨集清單。

❸ 巨集執行後,「商品分類」只剩下「烏龍麵」的資料

📖Step up 更方便的巨集執行方法

若需要頻繁地執行巨集,每次都得從巨集清單選擇要執行的巨集就顯得麻煩了。若想快點執行巨集,可為巨集設定快捷鍵 (Unit 16) 或是建立執行巨集的按鈕 (A-6 頁)。

❗Hint 利用巨集解除篩選

執行**巨集**交談窗裡的**解除篩選**巨集,就能解除篩選,顯示所有的資料。

Unit 05　儲存含有巨集的活頁簿

含有巨集的活頁簿與一般的 Excel 活頁簿不同,必須儲存為「Excel 啟用巨集的活頁簿」。「啟用巨集的活頁簿」的檔案圖示也長得不太一樣。接下來就讓我們一起學習如何儲存啟用巨集的活頁簿吧。

一定要記住的關鍵字
- ☑ Excel 啟用巨集的活頁簿
- ☑ 副檔名 (.xlsm)
- ☑ 巨集的儲存

❶ 儲存啟用巨集的活頁簿

Memo 儲存巨集

在此介紹的是儲存啟用巨集活頁簿的方法。要儲存啟用巨集的活頁簿,必須將檔案儲存為「Excel 啟用巨集的活頁簿」格式。

❶ 切換到**檔案**頁次

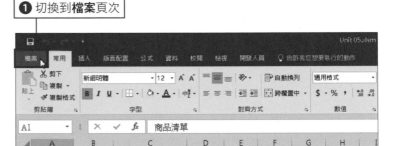

❸ 點選**變更檔案類型**後,再點選右側的**啟用巨集的活頁簿**

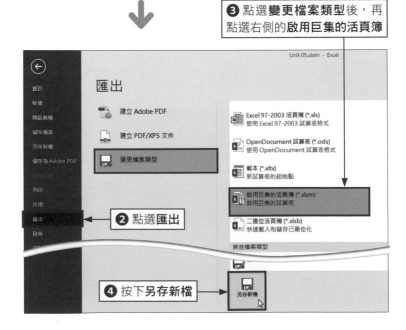

❷ 點選**匯出**

❹ 按下**另存新檔**

❺ 指定儲存位置

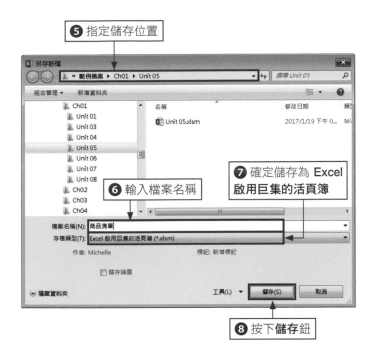

❻ 輸入檔案名稱

❼ 確定儲存為 Excel 啟用巨集的活頁簿

❽ 按下**儲存**鈕

✏ **Memo** Excel 2010 的版本

切換到**檔案**頁次，點選**儲存並傳送**，然後從中選擇檔案類型。

✏ **Memo** Excel 2007 的版本

按下 **Office 按鈕**，再依序點選**另存新檔** / **Excel 啟用巨集的活頁簿**。在開啟的交談窗裡指定儲存位置與檔案名稱，再儲存檔案即可。

⚠ **Hint** 儲存為一般的 Excel 活頁簿會有什麼後果？

將啟用巨集的活頁簿儲存為一般的活頁簿，巨集將被刪除。若想保留巨集，就儲存為「啟用巨集的活頁簿」吧！

② 啟用巨集的活頁簿的圖示

啟用巨集的活頁簿

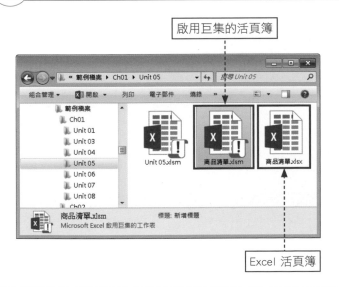

Excel 活頁簿

✏ **Memo** 啟用巨集的活頁簿的圖示

讓我們確認剛剛儲存的活頁簿。啟用巨集的活頁簿與未啟用巨集的 Excel 活頁簿，在檔案圖示上是有差異的。從圖示的差異就能看出活頁簿是否啟用巨集。

⚠ **Hint** 開啟活頁簿之後再啟用巨集

「啟用巨集的活頁簿」與「Excel 活頁簿」都可利用一般的方式開啟，但預設是在不啟用巨集的情況下開啟檔案。有關啟用巨集的方法請參考 Unit 06。

⚠ **Hint** 副檔名「.xlsx」與「.xlsm」

副檔名就是位於檔案名稱後面，以「.（黑點）」為區分的字串，代表的是檔案的種類。一般 Excel 活頁簿的副檔名為「.xlsx」，而啟用巨集的活頁簿則是「.xlsm」。Windows 10 預設不顯示副檔名，所以要顯示副檔名的時候，可在「資料夾」視窗切換到**檢視**頁次，勾選**副檔名**選項。

Unit 06 開啟含有巨集的活頁簿

一定要記住的關鍵字
- ☑ 啟用巨集的活頁簿
- ☑ 副檔名 (.xlsm)
- ☑ 安全性警告

開啟啟用巨集的活頁簿之後，為了避免巨集自行啟用，巨集會被設定為停用的狀態，而這也是為了避免巨集被當成散播病毒的工具。要使用巨集時，就必須先啟用巨集。

1 啟用巨集

📝 Memo 啟用巨集的方法

開啟啟用巨集的活頁簿之後，巨集通常是停用的。要使用巨集就必須另行啟用巨集。此外，若點選訊息列右側的 ✕ 即可關閉訊息列，但巨集仍是停用狀態。

⚠ Hint Excel 2007 的版本

點選訊息列的**選項**，再從開啟的畫面裡勾選**啟用內容**，然後按下**確定**鈕。

⚠ Hint 若未顯示訊息列

若未顯示訊息列，請確認安全性設定。這部分請參考 A-8 頁的內容。

在 Excel 開啟啟用巨集的活頁簿之後，訊息列就會跳出來

❶ 點選**啟用編輯**鈕

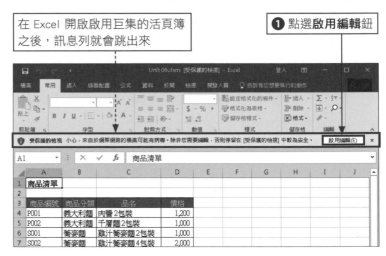

❷ 巨集將自行啟用，訊息列也將關閉

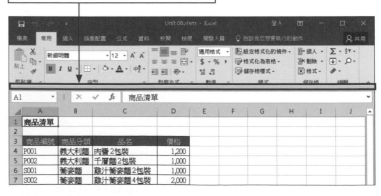

1-16

② 暫時啟用巨集 (Excel 2010 之後的版本)

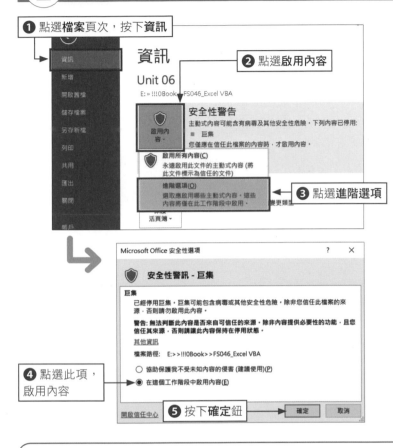

❶ 點選**檔案**頁次，按下**資訊**

❷ 點選**啟用內容**

❸ 點選**進階選項**

❹ 點選此項，啟用內容

❺ 按下**確定**鈕

✏️**Memo** 一次性啟用巨集

Excel 2010 之後，於訊息列啟用巨集，活頁簿就會自動被認為是可信賴的文件，下一次開啟時，巨集就會自動啟用。若不想讓活頁簿被認為是可信賴的文件，只想暫時啟用巨集，可從**檔案**頁次啟用巨集。

⚠️**Hint** 常態啟用巨集

若想常態啟用巨集，可將巨集放在指定的資料夾。詳細說明請參考 A-9 頁。

📁 Step up　重新顯示訊息列

Excel 2010 之後，只要從訊息列啟用巨集，活頁簿就會被認為是可信賴的文件，之後開啟檔案時，巨集就會自動啟用。若想清除這種認證，讓訊息列重新顯示，可利用下列的操作。此外，若不想使用自動認證文件的功能，可勾選**停用信任的文件**選項。

❶ 切換到**開發人員**頁次

❸ 點選信任的文件

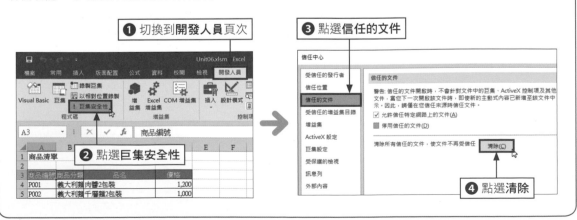

❷ 點選**巨集安全性**

❹ 點選**清除**

以相對參照錄製巨集

錄製巨集時，參照儲存格的方法可選擇「以相對參照錄製」或是「以絕對參照錄製」。在以相對參照錄製的情況，選擇儲存格之後，會以作用中儲存格的位置為基準，指定相對位置的儲存格。本單元將解說相對參照與絕對參照的不同。

1 儲存格的參照方法

◇Memo 錄製巨集時的儲存格參照方法

在「儲存格 A1」為選取的狀態下，開始錄製巨集，點選儲存格 B3，再輸入「午安」的操作情況下，若以相對參照的方式錄製巨集，就會記錄「在選取的儲存格右邊 1 欄、下方 2 列的儲存格輸入文字」。相反的，以絕對參照的方式錄製時，就與一開始選取的儲存格為無關，只會記錄「在儲存格 B3 裡輸入了文字」這種操作內容。

①Hint 執行結果會有出入

即便錄製的操作相同，以絕對參照錄製的巨集與相對參照錄製的巨集會記錄不同的內容，所以執行結果也會有所不同。

◇Memo 參照方式的變更

於**開發人員**頁次勾選**以相對位置錄製**後，就能以相對位置錄製巨集。若要改回以絕對參照的方式錄製，只需要取消按下**以相對位置錄製**鈕。

在儲存格 A1選取的狀態下開始錄製巨集。
選擇儲存格 B3 再輸入「午安」

以絕對參照錄製的情況
會錄製「在儲存格 B3 輸入『午安』」這種內容

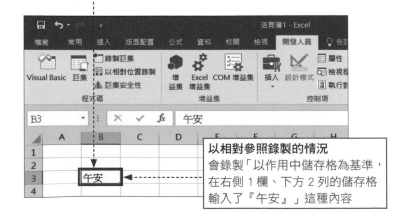

以相對參照錄製的情況
會錄製「以作用中儲存格為基準，在右側 1 欄、下方 2 列的儲存格輸入了『午安』」這種內容

② 以相對參照錄製巨集

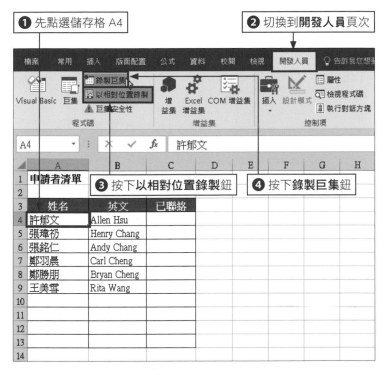

❶ 先點選儲存格 A4

❷ 切換到**開發人員**頁次

❸ 按下**以相對位置錄製**鈕

❹ 按下**錄製巨集**鈕

✎ **Memo** 以相對參照錄製

📝 **Memo** 以相對參照錄製

這單元要使用的是左側清單。打算在清單的 A 欄位選取某個儲存格時,以相對參照錄製巨集。錄製的內容是從申請者清單挑出已聯絡的人。假設在**已聯絡**欄裡輸入「○」,該列的 A 欄到 C 欄就會自動填滿淺藍色。

❺ 在**巨集名稱**欄位輸入「已聯絡確認」

❻ 點選此處,再選擇**現用活頁簿**

❼ 按下**確定**鈕

③ 錄製執行的內容

在此要區別已聯絡的申請人，假設在**已聯絡**欄裡輸入「○」，該列的 A 欄到 C 欄就會自動填滿淺藍色。

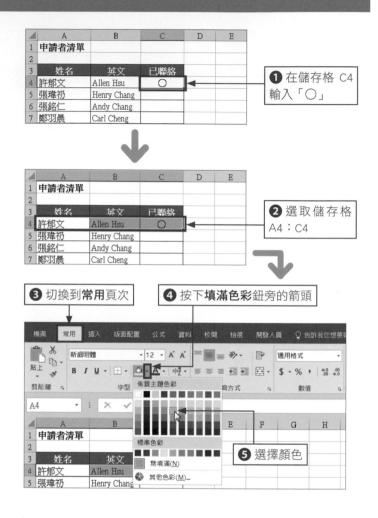

❶ 在儲存格 C4 輸入「○」

❷ 選取儲存格 A4：C4

❸ 切換到**常用**頁次

❹ 按下**填滿色彩**鈕旁的箭頭

❺ 選擇顏色

④ 停止錄製巨集

完成要錄製的操作後，必須停止錄製巨集。請按下**開發人員**頁次的**停止錄製**鈕。

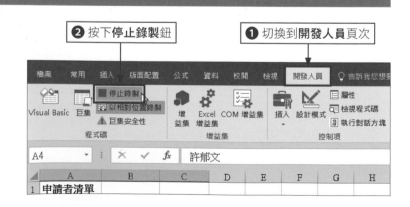

❷ 按下**停止錄製**鈕

❶ 切換到**開發人員**頁次

⑤ 執行巨集

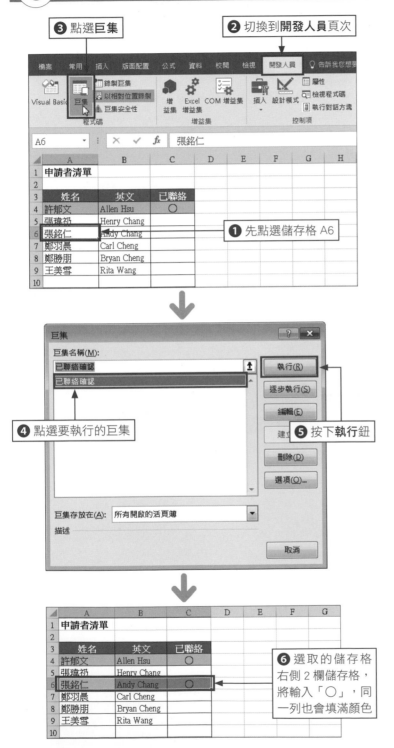

❸ 點選**巨集**

❷ 切換到**開發人員**頁次

❶ 先點選儲存格 A6

❹ 點選要執行的巨集

❺ 按下**執行**鈕

❻ 選取的儲存格右側 2 欄儲存格，將輸入「○」，同一列也會填滿顏色

📝 **Memo　執行巨集**

讓我們試著執行剛剛錄製的巨集吧！這次要在選取儲存格 A6 的狀態下執行巨集。執行後，A6 儲存格所在的同一列 C 欄將會輸入「○」，儲存格 A6 到 C6 將會填滿顏色。

🕐 **Hint　取消「以相對位置錄製」**

以相對參照的方式錄製巨集後，**開發人員**頁次的**以相對位置錄製**仍然會是啟用的狀態。要以絕對參照錄製的話，就必須取消按下這個按鈕。

📝 **Memo　以絕對參照記錄的情況**

以相對參照錄製巨集時，會以作用中儲存格為基準點，指定位於相對位置的儲存格。假設上一頁的巨集是以絕對參照錄製，點選儲存格 A6 再執行該巨集，也只會在儲存格 C4 輸入「○」，並將儲存格 A4：C4 填滿顏色。

刪除巨集

為了避免不小心執行了多餘的巨集，最好先將不再使用的巨集刪除。接下來為大家介紹在**巨集**交談窗中刪除巨集的方法。

1 刪除巨集

✍Memo 刪除多餘的巨集

讓我們一起學習刪除巨集的方法吧！這次要刪除在 Unit 07 製作的「已聯絡確認」巨集。

⚠Hint 巨集應該被刪除了才對…

即便巨集被刪除了，但是已寫入巨集的模組卻不會被刪除。若是留著這個模組，即便內容是空白的，該檔案仍會被視為是啟用巨集的檔案。若覺得有問題，還是把模組刪除吧 (參考 Unit 22)。

📑Step up 刪除所有的巨集

要刪除所有的巨集可直接將檔案儲存為「Excel 檔案」而不是「啟用巨集的檔案」。「Excel 活頁簿」無法儲存巨集，所以將啟用巨集的檔案儲存為「Excel 檔案」，巨集就會自動被刪除。有關啟用巨集的檔案，請參考 Unit 05 的說明。

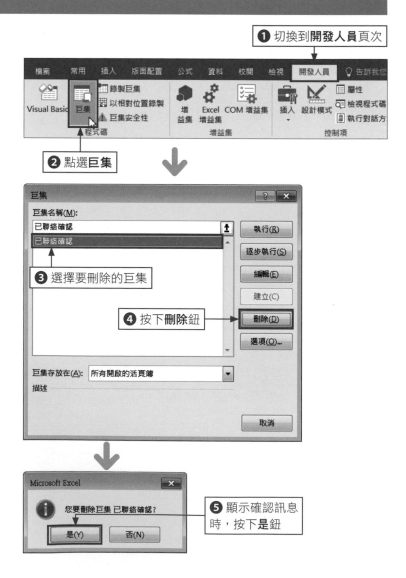

① 切換到**開發人員**頁次

② 點選**巨集**

③ 選擇要刪除的巨集

④ 按下**刪除**鈕

⑤ 顯示確認訊息時，按下**是**鈕

第 **2** 章

了解巨集
與 VBA 的關係

什麼是 VBA？

巨集可使用「VBA(Visual Basic for Applications) 這種程式語言撰寫。實際上第 1 章製作的巨集已轉換成 VBA，與 Excel 的活頁簿一起儲存。轉換之後的巨集也可以進行編輯與修改。

一定要記住的關鍵字
- ☑ 巨集
- ☑ VBA
- ☑ VBE

1 何謂 VBA?

✎ Memo　**VBA 是什麼？**

巨集就是利用「VBA(Visual Basic for Applications)」的程式語言所撰寫的操作說明。想要製作出理想的巨集，就必須對 VBA 有所了解。

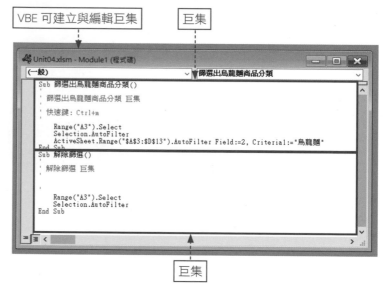

VBE 可建立與編輯巨集　　巨集

巨集

ⓘ Hint　**VBE 是什麼？**

建立或編輯巨集的時候，都會使用 VBE(Visual Basic Editor) 這項工具。VBE 是 Excel 內建的工具，我們將在 Unit 10 詳細解說。

2 VBA 與巨集的關係

✎ Memo　**VBA 與巨集的關係**

巨集就是為了讓操作自動化所寫的程式。VBA 就是撰寫巨集所需的程式語言。Excel 的巨集就是利用 VBA 所撰寫的。

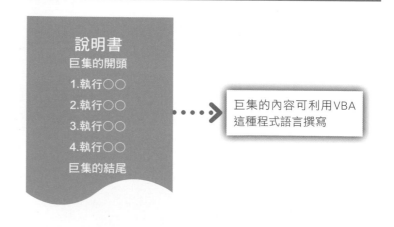

說明書
巨集的開頭
1.執行○○
2.執行○○
3.執行○○
4.執行○○
巨集的結尾

巨集的內容可利用VBA這種程式語言撰寫

3　建立巨集的方法

從零開始撰寫巨集

啟動 VBE，建立撰寫巨集的位置再以 VBA 撰寫巨集。

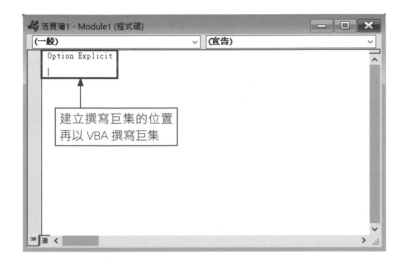

建立撰寫巨集的位置
再以 VBA 撰寫巨集

以記錄操作的方式建立巨集

將錄製的內容轉換成 VBA，儲存為巨集。這種巨集的內容也能在
VBE 裡修正。

如同 Unit 03
錄製巨集，
每項操作就
會記錄下來

巨集就是以 VBA 撰寫的程式。不管是自行撰寫的巨集，還是錄製的
巨集，都會儲存為以 VBA 寫成的程式。

Memo　兩種建立巨集的方法

建立巨集的方法主要有兩種，其
一是從零開始撰寫巨集，也就是
啟動 VBE，利用 VBA 程式語法
撰寫，其二則是錄製操作的方
法。錄製的巨集會自動轉換成
VBA，所以與自行撰寫的巨集一
樣，後續都可自由編輯與修改。

啟動 VBE

VBE 就是建立與編輯巨集的工具。讓我們試著啟動 VBE 吧！這單元將介紹 VBE 各部分名稱與功能，也將介紹變更為視窗顯示的方法。建立巨集時，可一邊切換 Excel 畫面與 VBE 畫面，一邊進行操作。本單元也將介紹畫面的切換方法。

① 直接啟動／結束 VBE

Memo 啟動與切換 VBE

要建立或編輯巨集時，可啟動 VBE。要啟動 VBE，請切換到**開發人員**頁次，按下 **Visual Basic** 鈕。

❶ 切換到**開發人員**頁次，按下 **Visual Basic** 鈕

❷ 啟動 VBE 了

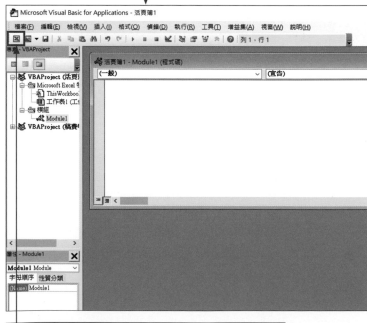

Hint 以快速鍵迅速啟動 VBE

編輯巨集時，常需要頻繁地切換 Excel 的畫面與 VBE 畫面，所以若能知道快速切換的快速鍵將能更迅速地完成編輯，想快速在這兩個畫面做切換的快速鍵就是 Alt + F11 。

❸ 點選**檢視 Microsoft Excel** 鈕，將回到 Excel 畫面

VBE的畫面結構

VBE 的畫面結構如下。啟動 Excel 之後，按下 Alt + F11 鍵就能啟動 VBE。

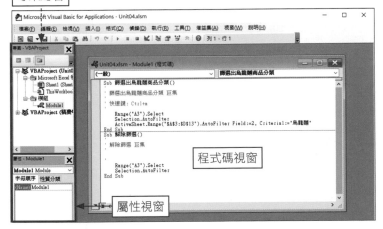

名稱	說明
專案總管	一份活頁簿可包含多個用來撰寫巨集的工作表。VBA 以專案為單位，管理單一活頁簿裡的所有工作表。**專案總管**的內容包含開啟中的活頁簿以及該活頁簿裡的所有工作表，而且工作表也分成不同種類。
屬性視窗	在**專案總管**點選項目後，這個視窗將顯示該項目的詳細資料。**屬性**視窗常於建立表單時使用，我們將在 Unit 86 時介紹。
程式碼視窗	**程式碼視窗**就是撰寫巨集的位置。此外，只要開始錄製巨集，巨集就會寫在「標準」模組的「Module1」裡。要開啟「Module1」的程式碼視窗，只需要從**專案總管**連按兩次「Module1」。

Memo 顯示了「VBAProject (PERSONAL.XLSB)」的情況

VBAProject(PERSONAL.XLSB)是個人巨集活頁簿(參考Unit 03)。儲存在個人巨集活頁簿裡的內容都儲存在「VBAProject(PERSONAL.XLSB)」裡，假設個人巨集活頁簿為開啟的狀態，**專案總管**裡就會顯示「VBAProject(PERSONAL.XLSB)」。

Hint 錄製的巨集都記錄在哪裡？

一開始錄製巨集，巨集的內容就會記錄在「標準」模組的「Module1」裡。不過，先關閉活頁簿，再開啟活頁簿，然後再錄製巨集時，就會新增「Module2」這個標準模組，而巨集也會記錄在這個模組裡。有關標準模組的內容將在 Unit 22 介紹。

Hint 在 VBE 啟動的狀態下開啟啟用巨集的活頁簿

在 VBE 啟動的狀態下開啟啟用巨集的活頁簿，就會顯示右側的訊息。若要啟用巨集，可按下**啟用巨集**鈕。

② 顯示／隱藏視窗

✎Memo 重新顯示視窗

專案總管、**屬性視窗**若是消失，可透過**檢視**功能表來顯示／隱藏視窗。

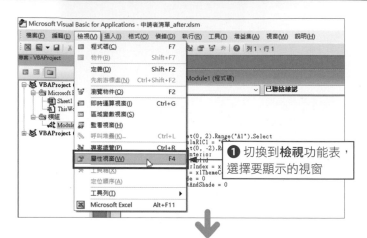

❶ 切換到**檢視**功能表，選擇要顯示的視窗

①Hint 改變視窗的大小

要改變視窗的大小只需在視窗的框線上往內或往外拉曳。

❷ 就能顯示／隱藏視窗

✎Step up 指定是否停駐

開啟 VBE 的**選項**交談窗，可指定各種視窗是否能停駐（參考下一頁）。點選**工具**功能表的**選項**，再從**停駐**頁次進行指定。

3 移動視窗

❶ 拖曳標題列

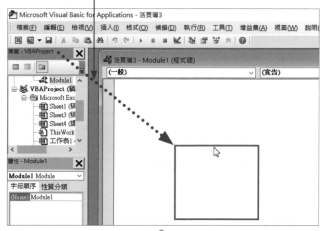

❷ 視窗就會移動

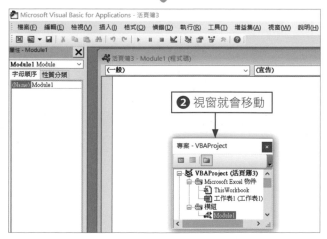

📝Memo　移動視窗

拖曳或是雙按視窗的標題列就能移動視窗，而視窗也將脫離外框，可自由地移動。要讓視窗回到原本的位置，只需要連按兩下視窗的標題列。

①Hint　無法自由移動視窗

要自由地指定視窗的位置與大小，必須解除視窗的停駐。要解除停駐可在視窗標題列按下滑鼠右鍵，再點選**可停駐**。

❶ 在標題列按下滑鼠右鍵

❷ 勾選**可停駐**

📁Step up　讓視窗貼在畫面的邊緣

專案總管與**屬性**視窗通常都會貼在 VBE 畫面的上下左右邊緣。這也是一種「停駐」的狀態。在可停駐的狀態下，將視窗往畫面的上下左右拖曳，視窗停駐的位置就會改變。

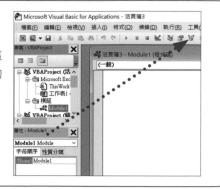

在 VBE 開啟錄製的巨集

讓我們一起瀏覽在第 1 章所錄製的巨集有何內容。要編輯巨集的內容時,可使用剛剛啟動的 VBE。比較好的做法是:先顯示所有儲存的巨集再啟動 VBE。使用這個方法可在選擇巨集後,快速在畫面裡顯示內容。

1 開啟巨集清單

✎Memo 列出所有錄製的巨集

確認巨集清單。這次要顯示的是先前錄製的「篩選出烏龍麵商品分類」巨集的內容。

❶ 按下**開發人員**頁次的**巨集**鈕後

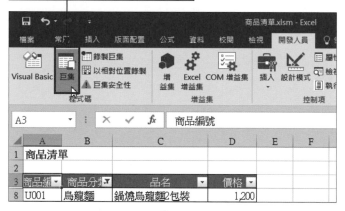

❷ 顯示**巨集**視窗

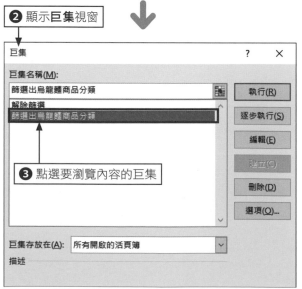

❸ 點選要瀏覽內容的巨集

⚠Hint 開啟巨集視窗快速鍵

按下 Alt + F8 即可快速開啟顯示巨集清單的**巨集**視窗。

② 確認巨集的內容

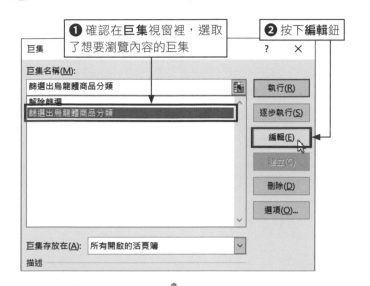

❶ 確認在**巨集**視窗裡，選取了想要瀏覽內容的巨集

❷ 按下**編輯**鈕

❸ 啟動 VBE

❹ 顯示巨集的內容

📝**Memo** 在 VBE 確認巨集的內容

接著要確認巨集的內容。這次要顯示的是「篩選出烏龍麵商品分類」巨集的內容。

⚠️**Hint** 儲存巨集的位置

巨集錄製完成後，會自動於標準模組裡顯示名為「Module○」的模組，巨集就寫在這個模組裡。若開啟的是未啟用巨集的活頁簿，將自動新增「Module1」模組，巨集的內容也將儲存在這個模組裡。

📋**Step up** 直接從 VBE 顯示巨集

要直接在 VBE 顯示錄製的巨集，可先展開標準模組，並於記錄巨集的「Module○」連按兩次滑鼠左鍵。

從 VBE 執行巨集

巨集除了可從 Excel 的畫面執行，也能從 VBE 的畫面執行。要確認修正之後的巨集能否如願運作時，從 VBE 的畫面執行會比較有效率。這次要試著從 VBE 執行於 Unit 03 所建立的篩選資料巨集。

1 在此要執行的巨集

✎Memo 要執行的巨集

這次要介紹的是從 VBE 畫面執行巨集的方法。要執行的是從商品清單篩選出「商品分類」為「烏龍麵」的巨集。此外，若已開啟了其他的活頁簿，請先關閉再執行巨集。

⓵Hint 以快速鍵切換 VBE 與 Excel 畫面

按下 `Alt` + `F11` 鍵即可交互切換 VBE 畫面與 Excel 畫面。

✎Memo 先關閉其他活頁簿

要執行的巨集是以使用中活頁簿的使用中工作表的儲存格 A3 為基準篩選資料。若是已開啟了其他的活頁簿，一執行巨集就會顯示錯誤訊息，所以請先關閉其他活頁簿再進行操作。

要執行的是從商品清單篩選出「商品分類」為「烏龍麵」的巨集

執行前

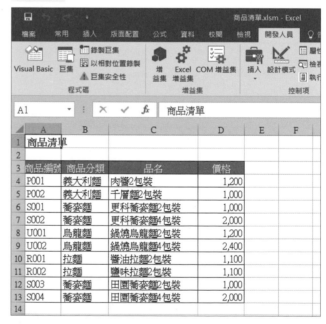

執行後

	A	B	C	D	E	F
1	商品清單					
2						
3	商品編▼	商品分類▼	品名 ▼	價格 ▼		
8	U001	烏龍麵	鍋燒烏龍麵2包裝	1,200		
9	U002	烏龍麵	鍋燒烏龍麵4包裝	2,400		
14						

2　執行巨集

❶ 先點選「篩選出烏龍麵商品分類」巨集內的任何一處

❷ 確認是否顯示了要執行的巨集名稱

❸ 按下**執行 Sub 或 UserForm** 鈕

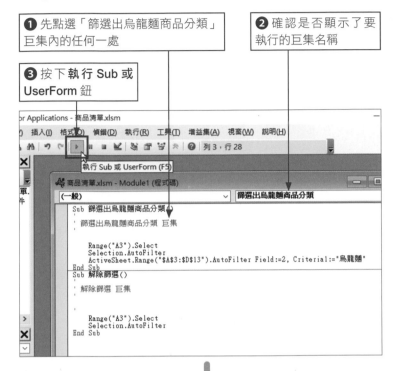

📝Memo　執行巨集

接著要從 VBE 畫面執行巨集。利用 Unit 11 的方法顯示巨集的內容，再按下**執行 Sub 或 UserForm** 鈕。

❹ 切換至 Excel 畫面，就會顯示巨集的執行結果

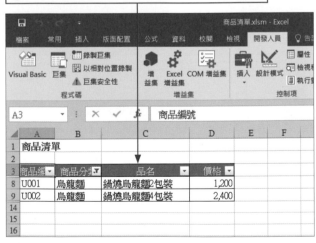

❗Hint　利用快速鍵執行巨集

將滑鼠游標移至要執行的巨集裡，按下 F5 鍵即可執行巨集。

Unit

13 利用 VBA 變更巨集的動作

一定要記住的關鍵字
- ☑ 巨集
- ☑ VBE
- ☑ 執行 Sub 或 UserForm

複製錄製的巨集,可製作出新的巨集。此外,巨集錄製完成後,後續還可自由編輯內容。讓我們試著改寫巨集的內容,或是將巨集複製成新的巨集吧!編輯巨集的內容也可使用 VBE。

1 變更篩選條件

📝**Memo** **錄製的巨集可事後修改**

錄製的巨集可於 VBE 修正。在此要將篩選出「商品分類」為「烏龍麵」的巨集,變更為篩選出「蕎麥麵」的巨集。

❶ 依照 Unit 11 的步驟在 VBE 顯示「篩選出烏龍麵商品分類」巨集

❷ 將巨集名稱裡的「烏龍麵」改成「蕎麥麵」

❗Hint **巨集的修改位置**

錄製的巨集會自動轉換成 VBA。這次將指定篩選條件的位置修改為「蕎麥麵」。此外,巨集名稱與註冊的內容雖不會影響巨集的執行,但為了避免干擾,建議還是同時予以修正。再者,VBA 的語法將在下一章介紹,所以這次先不要管內容,直接將「烏龍麵」的部分改成「蕎麥麵」吧。

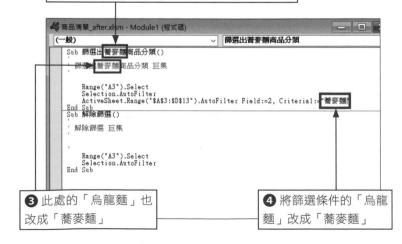

❸ 此處的「烏龍麵」也改成「蕎麥麵」

❹ 將篩選條件的「烏龍麵」改成「蕎麥麵」

② 執行巨集

❶ 點選「篩選出蕎麥麵商品分類」巨集的任一處

❷ 確認顯示了選取的巨集名稱

❸ 按下**執行 Sub 或 UseForm**

❹ 切換至 Excel 畫面，「商品分類」為「蕎麥麵」的資料全部篩選出來了

❺ 執行「解除篩選」巨集，一樣能解除篩選

	A	B	C	D	E	F
1	商品清單					
2						
3	商品編號	商品分類	品名	價格		
4	P001	義大利麵	肉醬2包裝	1,200		
5	P002	義大利麵	千層麵2包裝	1,000		
6	S001	蕎麥麵	更科蕎麥麵2包裝	1,000		
7	S002	蕎麥麵	更科蕎麥麵4包裝	2,000		
8	U001	烏龍麵	鍋燒烏龍麵2包裝	1,200		
9	U002	烏龍麵	鍋燒烏龍麵4包裝	2,400		
10	R001	拉麵	醬油拉麵2包裝	1,100		
11	R002	拉麵	鹽味拉麵2包裝	1,100		
12	S003	蕎麥麵	田園蕎麥麵2包裝	1,000		
13	S004	蕎麥麵	田園蕎麥麵4包裝	2,000		
14						

✎Memo　執行修正後的巨集

讓我們試著執行修正後的巨集吧！將滑鼠游標移到要執行的巨集裡，再按下**執行 Sub 或 UseForm** 鈕。

⚠Hint　先關閉其他活頁簿

要執行的巨集是以使用中活頁簿的使用中工作表的儲存格 A3 為基準篩選資料。若是已開啟了其他的活頁簿，一執行巨集就會顯示錯誤資訊，所以請先關閉其他活頁簿再進行操作。

3 複製巨集與變更巨集

✎Memo 複製巨集

若要建立內容類似的巨集時，可利用複製功能。這次是將「篩選出蕎麥麵商品分類」巨集複製成「篩選出義大利麵商品分類」巨集。

❶ 拖曳選取「篩選出蕎麥麵商品分類」巨集的所有內容

❷ 按下**複製**鈕

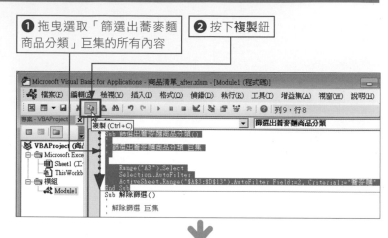

❶Hint 不可使用相同的巨集名稱

同一張工作表不能出現相同的巨集名稱。在同一張工作表複製巨集時，請記得先變更巨集名稱。

❸ 點選這裡按 Enter 鍵換行

❺ 按下**貼上**鈕

❹ 確認滑鼠游標位於貼上的位置

❻ 巨集複製成功

✎Memo 巨集的修改位置

這次將篩選條件改成「義大利麵」。請同時修正巨集名稱與標的內容。

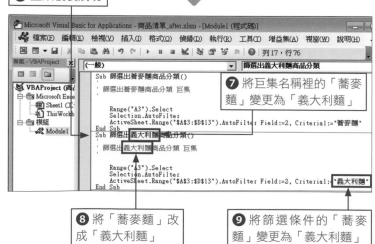

❼ 將巨集名稱裡的「蕎麥麵」變更為「義大利麵」

❽ 將「蕎麥麵」改成「義大利麵」

❾ 將篩選條件的「蕎麥麵」變更為「義大利麵」

④　**執行巨集**

❶ 點選「篩選出義大利麵商品分類」巨集的任何一處

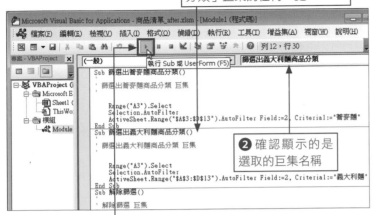

Memo 執行複製的巨集

要執行與修改複製的巨集。請確認選取「篩選出義大利麵商品分類」巨集。

❷ 確認顯示的是選取的巨集名稱

❸ 按下**執行 Sub 或 UseForm** 鈕

❹ 切換至 Excel 畫面，可發現已篩選出「商品分類」為「義大利麵」的資料

	A	B	C	D	E	F
1	商品清單					
2						
3	商品編▼	商品分類▼	品名　　　▼	價格▼		
4	P001	義大利麵	肉醬2包裝	1,200		
5	P002	義大利麵	千層麵2包裝	1,000		
14						

❺ 執行「解除篩選」巨集，一樣可解除篩選

	A	B	C	D	E	F
1	商品清單					
2						
3	商品編號	商品分類	品名	價格		
4	P001	義大利麵	肉醬2包裝	1,200		
5	P002	義大利麵	千層麵2包裝	1,000		
6	S001	蕎麥麵	更科蕎麥麵2包裝	1,000		
7	S002	蕎麥麵	更科蕎麥麵4包裝	2,000		
8	U001	烏龍麵	鍋燒烏龍麵2包裝	1,200		
9	U002	烏龍麵	鍋燒烏龍麵4包裝	2,400		
10	R001	拉麵	醬油拉麵2包裝	1,100		
11	R002	拉麵	鹽味拉麵2包裝	1,100		
12	S003	蕎麥麵	田園蕎麥麵2包裝	1,000		
13	S004	蕎麥麵	田園蕎麥麵4包裝	2,000		
14						

!Hint 若顯示錯誤的話

在同一張工作表建立相同名稱的巨集時，一執行就會顯示編譯錯誤訊息。此時請按下**確定**鈕並修正巨集名稱。若顯示其他錯誤訊息，也請先按下**確定**鈕並確認巨集的內容。

以 VBA 改寫成正統的巨集

錄製的巨集可在 VBE 裡修正。接下來我們要將前一單元建立的巨集修改成能更靈活處理的巨集。我們要建立成能選擇篩選條件的巨集，或是能在篩選資料之後，解除篩選的巨集。

① 建立篩選資料的巨集內容

✎Memo 將儲存格的值設定為資料的篩選條件

這次要將在儲存格 D1 選擇的項目，設為資料的篩選條件。此外，若是儲存格 D1 為空白，將顯示錯誤訊息。

⚠Hint 設定成可選擇資料的模式

要從清單選擇輸入到儲存格的資料時，可先設定資料驗證規則。點選儲存格 D1 之後，按下**資料**頁次的**資料驗證**鈕。開啟**資料驗證**視窗後，請於**設定**頁次的**儲存格內允許**點選**清單**。若想直接於**資料驗證**視窗輸入清單內容，可在**來源**欄輸入。

執行前

① 點選儲存格 D1　② 點選這裡

	A	B	C	D	E
1	商品清單		篩選條件		
2					
3	商品編號	商品分類	品名		
4	P001	義大利麵	肉醬2包裝		
5	P002	義大利麵	千層麵2包裝	1,000	
6	S001	蕎麥麵	更科蕎麥麵2包裝	1,000	
7	S002	蕎麥麵	更科蕎麥麵4包裝	2,000	
8	U001	烏龍麵	鍋燒烏龍麵2包裝	1,200	
9	U002	烏龍麵	鍋燒烏龍麵4包裝	2,400	
10	R001	拉麵	醬油拉麵2包裝	1,100	
11	R002	拉麵	鹽味拉麵2包裝	1,100	
12	S003	蕎麥麵	田園蕎麥麵2包裝	1,000	
13	S004	蕎麥麵	田園蕎麥麵4包裝	2,000	
14					

（下拉選單：烏龍麵、蕎麥麵、拉麵、義大利麵）

③ 選擇篩選條件
④ 執行巨集

執行後

	A	B	C	D	E
1	商品清單		篩選條件	拉麵	
2					
3	商品編號	商品分類	品名	價格	
10	R001	拉麵	醬油拉麵2包裝	1,100	
11	R002	拉麵	鹽味拉麵2包裝	1,100	
14					

① 執行巨集後，只會顯示儲存格 D1 的商品分類資料

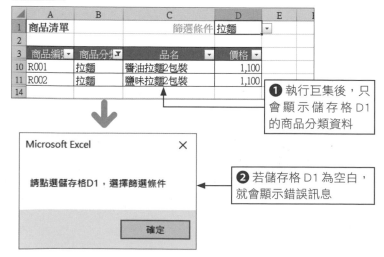

Microsoft Excel ✕

請點選儲存格D1，選擇篩選條件

確定

② 若儲存格 D1 為空白，就會顯示錯誤訊息

② 將儲存格 D1 的內容設定為篩選條件

❶ 以 Unit 11 的方法顯示「篩選出蕎麥麵商品分類」巨集

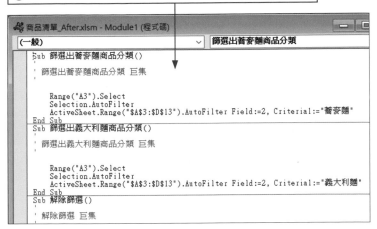

Memo 刪除多餘的部分

在一般的 Excel 環境裡，要對儲存格進行操作時，都是先選取儲存格再進行操作，但在 VBA 裡卻不一定得先選取儲存格。這次要將之前錄製巨集的多餘內容刪除。也要將儲存格 D1 的值設定為篩選條件。

❷ 將巨集名稱更名為「以商品分類篩選」

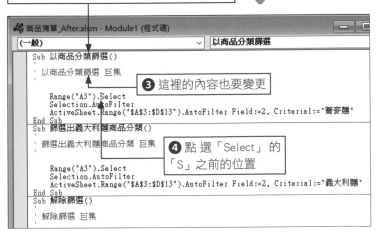

❻ 按下 `Delete` 鍵刪除選取的內容

Hint 以半形輸入

在 VBA 撰寫巨集時，若非中文字，全部都以半形輸入。即使全部都以小寫輸入，只要拼字正確，單字的開頭將自動轉換成大寫。

Memo 變更篩選條件

這次將儲存格 D1 的值設定為篩選條件。「Range("D1").Value」的意思是儲存格 D1 的資料。本單元要透過改寫巨集學習寫出更靈活的巨集。有關 VBA 的語法將從下一章開始介紹，所以請先忽略這個語法的意思，先修正巨集的內容吧。

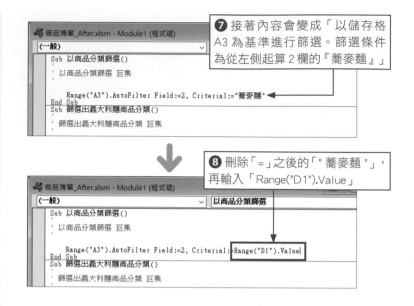

❽ 刪除「=」之後的「" 蕎麥麵 "」，再輸入「Range("D1").Value」

3 儲存格 D1 為空白時的處理

Memo 新增條件成立時的處理

若儲存格 D1 為空白時，就顯示「請點選儲存格 D1，選擇篩選條件」的訊息。我們將在 Unit 57、58 詳細介紹如何透過條件判斷要執行的處理。

Hint 除了訊息的內容外，其餘全部以半形字元輸入

VBA 的語法將從下一章開始介紹。這裡請先依照圖中的內容輸入。除了「請點選儲存格 D1，選擇篩選條件」之外，其餘全部以半形字元輸入。

❶ 撰寫儲存格 D1 為空白時要顯示的訊息

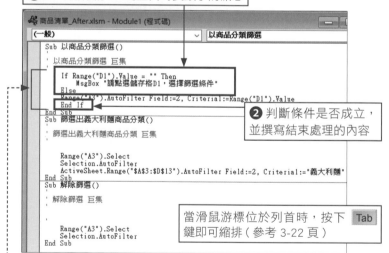

❷ 判斷條件是否成立，並撰寫結束處理的內容

當滑鼠游標位於列首時，按下 Tab 鍵即可縮排（參考 3-22 頁）

```
If Range("D1").Value="" Then
    MsgBox " 請點選儲存格 D1，選擇篩選條件 "
Else
    Range("A3").AutoFilter Field:=2,Criteria1:=Range("D1").Value
End If
```

④ 修改解除篩選的巨集

❶ 顯示「解除篩選」的巨集

❷ 選取這部分再按下 Delete 鍵刪除

❸ 在列尾按 Enter 鍵換行，並輸入「Range("D1").ClearContents」

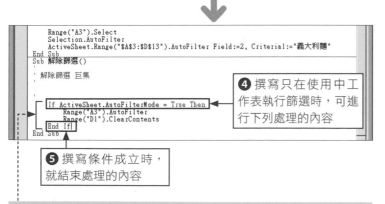

❹ 撰寫只在使用中工作表執行篩選時，可進行下列處理的內容

❺ 撰寫條件成立時，就結束處理的內容

```
If ActiveSheet.AutoFilterMode = True Then
    Range("A3").AutoFilter
    Range("D1").ClearContents
End If
```

✎Memo 修改解除篩選的巨集

這次要修改解除篩選的巨集。在解除篩選後，刪除儲存格 D1 的內容。此外，只有在套用篩選時，才能解除篩選。

ⓘHint 為什麼要刪除記錄的內容？

錄製的巨集會將選取儲存格的操作記錄下來，但 VBA 有時不需選取儲存格也能完成操作。此外，開啟設定畫面變更某些設定這類多餘的操作有時也會被記錄下來。若要寫出更精簡的巨集，可於後續修改。這次第 1 行的程式寫了「選取儲存格 A3」，第 2 行的程式寫了「以選取的位置為基準執行篩選」的內容。也就是刪除多餘的部分後，「就以儲存格 A3 為基準執行篩選」的內容。

✎Memo 刪除儲存格 D1 的內容

解除篩選後，要增加讓篩選條件欄位恢復空白的處理。「Range("D1").ClearContents」就是「刪除儲存格 D1 的值」的意思。

ⓘHint 確認篩選的狀態

在未套用自動篩選時，執行「解除篩選」巨集會啟動自動篩選功能。這次要設定成只有在套用自動篩選時才執行相關處理。只在條件成立時執行處理的方法將於 Unit 57、58 詳細介紹。

⑤ 執行篩選資料的巨集

❷ 按下**開發人員 / 巨集**鈕　　❶ 於儲存格 D1 選擇篩選條件

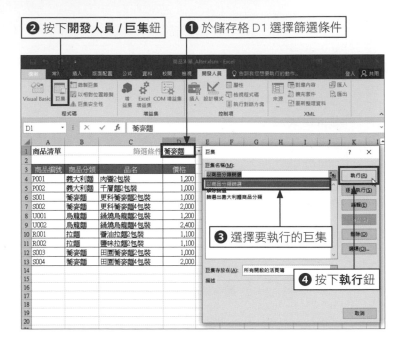

❸ 選擇要執行的巨集

❹ 按下**執行**鈕

⑤ 篩選出資料

	A	B	C	D	E	F	G
1	商品清單		篩選條件	蕎麥麵			
2							
3	商品編▼	商品分▼	品名 ▼	價格 ▼			
6	S001	蕎麥麵	更科蕎麥麵2包裝	1,000			
7	S002	蕎麥麵	更科蕎麥麵4包裝	2,000			
12	S003	蕎麥麵	田園蕎麥麵2包裝	1,000			
13	S004	蕎麥麵	田園蕎麥麵4包裝	2,000			
14							
15							
16							
17							
18							
19							
20							

6 執行解除篩選的巨集

❶ 開啟**巨集**視窗   ❷ 選擇要執行的巨集

❸ 按下**執行**鈕

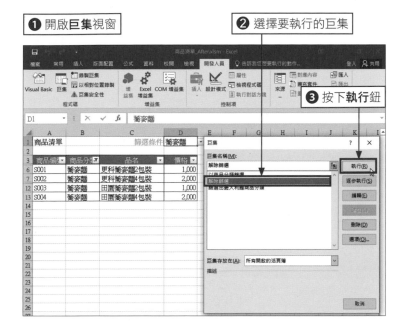

✎**Memo** 執行剛剛修改的巨集

這次執行的是解除篩選的「解除篩選」巨集。一執行巨集立刻會顯示所有資料，儲存格 D1 的值也會刪除。

❹ 巨集執行後，篩選解除了

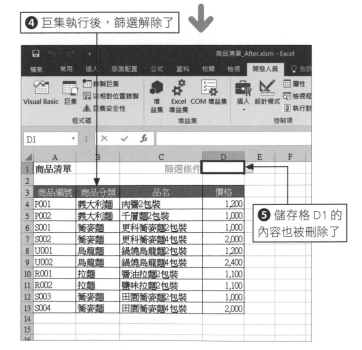

❺ 儲存格 D1 的內容也被刪除了

🖐**Hint** 開啟「巨集」視窗的快速鍵

按下 Alt + F8 就能開啟顯示巨集清單的**巨集**視窗。

Unit **15**	# 在 VBE 刪除巨集

一定要記住的關鍵字

☑ 巨集
☑ VBE
☑ 刪除

在 Unit 08 介紹過從**巨集**交談窗刪除巨集的方法，其實也可以從 VBE 的畫面刪除。刪除的方法很簡單，只要選取巨集再按下 Delete 鍵即可。接下來就讓我們試著從 VBE 的畫面刪除「篩選出義大利麵商品分類」巨集吧！

1 在 VBE 畫面刪除巨集

📝Memo 在 VBE 刪除巨集

在 VBE 畫面選取「篩選出義大利麵商品分類」，再按下 Delete 鍵刪除。

❶ 在 VBE 畫面顯示「篩選出義大利麵商品分類」巨集

❷ 從列首的留白部分開始拖曳，選取「篩選出義大利麵商品分類」巨集的所有內容

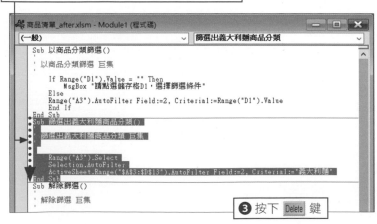

❸ 按下 Delete 鍵

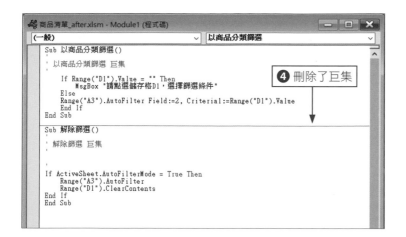

④ 刪除了巨集

①Hint 若模組沒被刪除

即便刪除了巨集，只要原本用來儲存巨集的模組還留著，就算模組是空白的，該活頁簿就會被認為是啟用巨集的活頁簿。為了以防萬一，還是建議把模組一併刪除吧（Unit 22）！

📋Step up　在刪除前先儲存巨集

若巨集後續還可能會使用，可先將巨集轉換成註解（參考 Unit 26）或是先貼在**記事本**這類軟體裡，儲存成純文字檔案。若要連同模組一併保存，可在模組按下滑鼠右鍵，再點選**匯出檔案**，將模組匯出成檔案。

● **將巨集轉換成註解**

將巨集轉換成註解，註解的部分就不會執行。有關註解的轉換請參考 Unit 26。

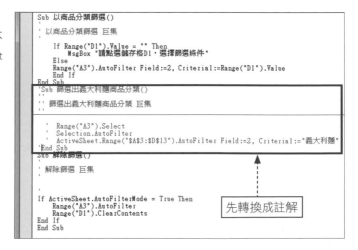

先轉換成註解

● **先貼在「記事本」裡儲存**

巨集是純文字格式，所以可以自由複製與剪貼。因此，可先將內容貼入**記事本**再儲存成檔案。

貼在**記事本**裡儲存

替巨集指派快速鍵

巨集也可指派快速鍵。常使用的巨集若能先指派快速鍵，就能快速執行。有關執行指派了快速鍵的巨集，可參考 A-5 頁的說明。

1 替巨集指派快速鍵

Memo 設定快速鍵

試著替既有的巨集指派快速鍵。這次要替 Unit 14 建立的「以商品分類篩選」指派快速鍵。快速鍵設定完成後，只要在 Excel 的畫面按下快速鍵就能執行「以商品分類篩選」巨集。

Hint 於錄製巨集時設定快速鍵

巨集的快速鍵也可在一開始錄製巨集時做設定。相關方法請參考 1-9 頁。

Memo 設定快速鍵的注意事項

快速鍵可指定為 Ctrl + 英文字母或是 Ctrl + Shift + 英文字母。執行巨集時，不會區分大寫或小寫字母，但是指派快速鍵時，會自動辨識 Caps Lock 鍵的狀態，所以將 Caps Lock 鍵設定為停用的狀態，比較不會造成混亂。此外要注意的是，若設定了與 Excel 快速鍵重複的快速鍵，則以巨集的快速鍵為優先。

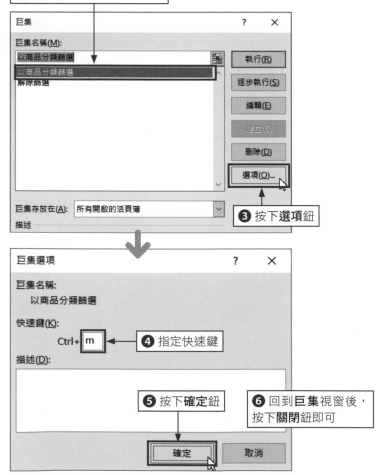

❶ 開啟**巨集**視窗

❷ 選擇要指派快速鍵的巨集

巨集 ? ✕

巨集名稱(M):
以商品分類篩選
以商品分類篩選
解除篩選

執行(R)
逐步執行(S)
編輯(E)
建立(C)
刪除(D)
選項(O)...

巨集存放在(A): 所有開啟的活頁簿

描述

❸ 按下**選項**鈕

巨集選項 ? ✕

巨集名稱:
　以商品分類篩選

快速鍵(K):

Ctrl+ m ← ❹ 指定快速鍵

描述(D):

❺ 按下**確定**鈕

❻ 回到**巨集**視窗後，按下**關閉**鈕即可

確定　取消

第 **3** 章

學會 VBA 的基本知識

Unit

17

本章概要

一定要記住的關鍵字
- ☑ 物件
- ☑ 屬性
- ☑ 方法

本章要開始學習以 VBA 撰寫巨集的基本知識,其中包含取得操作對象的「物件」,指定物件細節的「屬性」、指示物件動作的「方法」,也會順便介紹從零開始撰寫簡單巨集的方法與執行步驟。

1 了解VBA的三種基本語法

✎**Memo** 了解三種基本語法

VBA 撰寫巨集時,要對操作對象的物件進行指示。而這時候需要使用三種基本的語法,我們也將在 Unit 18 介紹。

①**Hint** 本單元的解說內容

本單元介紹的是 VBA 基本用語與語法,但不需要一口氣通盤了解。從下一單元開始,就會透過儲存格與工作表的操作來熟悉 VBA 的寫法。

❶ 取得值

物件.屬性

❷ 設定值

物件.屬性 = 值

❸ 指定動作

物件.方法

2 了解取得物件的方法

✎**Memo** 何謂物件?

儲存格、工作表、圖片這些可操作的對象都是一種物件。利用巨集對物件下達指示時,必須先取得物件。讓我們一起了解儲存格或工作表這類常使用的物件該如何取得吧!

取得儲存格或工作表這類物件的方法

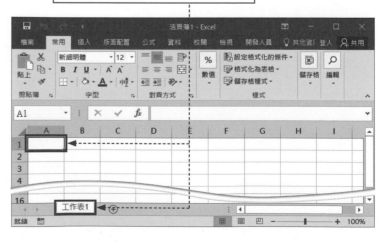

3-2

③ 建立記錄巨集的模組

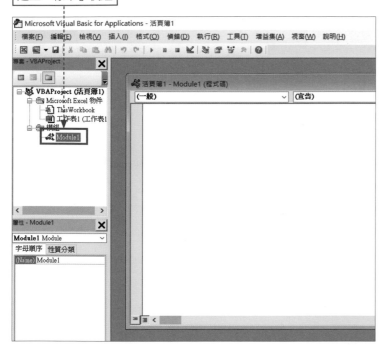

建立「標準」模組

✎ Memo 建立標準模組

以錄製巨集的方法建立巨集時，會自動建立記錄巨集的模組。若是要從零開始撰寫巨集，第一步得先建立記錄巨集的模組。

④ 撰寫簡單的巨集再執行

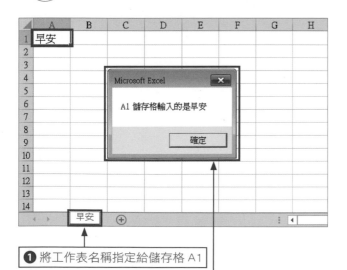

❶ 將工作表名稱指定給儲存格 A1

❷ 顯示訊息，並顯示儲存格 A1 的內容

✎ Memo 了解建立巨集的方法

讓我們試著從零開始撰寫在儲存格輸入文字或變更工作表名稱這類巨集吧。接下來要取得儲存格或工作表這類物件，再對物件下達指示。

Unit 18

學會 VBA 的基本語法

一定要記住的關鍵字
☑ 物件
☑ 屬性
☑ 動作

要透過 VBA 下達在 Excel 進行處理的指示時，必須先了解 VBA 的基本語法。當然，不需要一口氣背下所有語法規則，但至少該學會下達基本指令的方法。接下來將針對三種基本語法做說明。

1 VBA 的基本語法

Memo VBA 的基本語法

接下來介紹以 VBA 撰寫處理內容的三種最具代表性語法。

取得值(參考 3-7 頁)

什麼物件．屬性名稱

物件的名稱　物件的屬性

範例 **以「了解儲存格 A1 的內容」為例**

儲存格 A1. 內容

設定值(參考 3-7 頁)

什麼物件．屬性名稱 = 值

物件的名稱　物件的屬性　要設定的值

範例 **「將儲存格 A1 的內容設定為『100』」的情況**

儲存格 A1. 內容 = 100

指定動作(參考 3-9 頁)

什麼物件．動作名稱

物件的名稱　方法的名稱

範例 **選取儲存格 A1 的情況**

儲存格 A1. 選取

Hint 對操作對象 (物件) 下達指令

VBA 可對所有操作對象下達指令，而操作對象就稱為「物件」，例如要在 Excel 進行某些操作時，可先選取儲存格、儲存格範圍、工作表、圖片、圖表、等，這些操作對象再進行操作。要以 VBA 下達指令時，必須先指定作為操作對象的物件。

② 何謂物件？

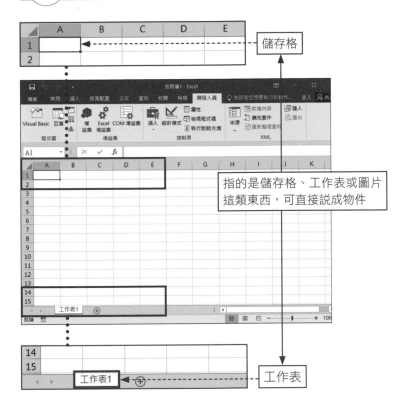

儲存格

指的是儲存格、工作表或圖片
這類東西，可直接説成物件

工作表

✎Memo 各種物件

「物件」就是下達操作指令時的對象。以 Excel 而言，指的就是「儲存格」、「工作表」、「圖片」、「圖表」這類東西。我們將在 Unit 21 進一步詳盡解説。

⚠Hint 活用錄製巨集與説明

VBA 的物件就是 Excel 的「儲存格」、「圖表」這類操作對象，但在 Excel 操作時的稱呼與 VBA 的物件名稱不同，所以在還不熟悉時，有可能會因為用語的不同而感到困惑。此外，也有可能明明知道操作目的，卻不知道該操作哪種物件。此時使用錄製巨集這項功能也是不錯的選擇。

錄製巨集可將在 Excel 操作的內容轉換成 VBA，因此開啟錄製的巨集，查詢相關的用語，就可了解目標物件的取得方法、物件的屬性或是方法。有關説明功能的使用方法請參考 A-12 頁。説明的內容也有可供參考的範例，從中可找到操作方法的提示。

📖Step up 利用 VBA 計算

為了計算數值或是操作文字與日期，Excel 內建了各種函數（工作表函數）。VBA 也一樣內建了各種 VBA 函數，用於進行各種處理。VBA 函數與工作表函數雖然是不同的函數，但有些相同名稱的函數具有相同功能，但有的名稱相同，功能卻不相同，有些只在工作表函數裡出現，有些卻只在 VBA 函數裡出現。

要在程式裡計算時，除了使用函數還可以使用運算子。運算子的種類請見右表。除了右表的運算子，還有比較值用的比較運算子與邏輯運算子，有關這兩種運算子的説明請參考 7-7 頁。

▼算術運算子

運算子	內容	範例
+	加法	2+3(結果「5」)
-	減法	5-2(結果「3」)
*	乘法	2*3(結果「6」)
/	除法	5/2(結果「2.5」)
^	次方	2^3(結果「8」)
\	傳回除法的整數	10\3(結果「3」)
Mod	傳回除法的餘數	10 Mod 3(結果「1」)

▼連結運算子

運算子	內容	範例
&	連結文字	"台北"&"分店"(結果「台北分店」)

屬性

如前一單元所述，VBA 可對物件下達各種指令，進行各種處理。接下來要介紹的是代表物件的特徵與性質的「屬性」。讓我們一起熟悉取得與設定屬性值的方法吧！

■ **何謂「屬性」？**

「屬性」就是代表物件的特徵或性質。例如，儲存格 A1 這個物件的屬性包含了「儲存格內容」、「列編號」與「欄編號」這類屬性。

	A	B	C	D	E	F	G	H
1								
2								
3								
4								
5								
6								
7								

各種屬性

▼「物件：儲存格」的主要屬性

Value 屬性	儲存格內容
Row 屬性	列編號
Column 屬性	欄編號

---

① Hint 各種物件的屬性都不同

Excel 的操作會因選取的對象不同，可設定的內容也不同，VBA 所能操作的屬性也同樣會因為物件而不同。舉例來說，代表儲存格的物件與代表工作表的物件就有下列不同的屬性。

▼**儲存格的主要屬性**

屬性	內容
Value	內容
Name	儲存格範圍的名稱
Address	儲存格範圍的位址
Row	列編號
Column	欄編號

▼**工作表的主要屬性**

屬性	內容
Name	工作表名稱
Visible	工作表的顯示／隱藏狀態
Type	工作表的種類

取得屬性值

要取得屬性值可利用黑點間隔物件名稱與屬性名稱。

格式

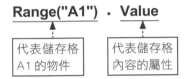

物件 . 屬性

以黑點隔開物件名稱與屬性名稱

範例　取得儲存格 A1 的內容

Range("A1") . Value

代表儲存格　　代表儲存格
A1 的物件　　　內容的屬性

2 設定屬性值

以黑點間隔物件名稱與屬性名稱,再以「=」設定屬性值。這種格式
的意思是「將右邊的內容指定給左邊」。

格式

物件.屬性=值

以黑點區隔物　　　在「=」後面
件名稱與屬性　　　撰寫設定值

範例　將儲存格 A1 的內容設為「1000」

Range("A1").Value = 1000

代表儲存格　　代表 儲存格
A1 的物件　　　內容的屬性

方法

如同 Unit 18 所介紹的，VBA 可對物件撰寫各種處理。接下來要針對指示物件動作的「方法」做說明。為了進一步指定物件的動作，也可能會用到「參數」。

■ **所謂「方法 (Method)」？**　「方法」(Method) 就是對物件下達動作指令時的「命令」。例如會用在「請選取儲存格 A1(物件)」、「請刪除 Sheet1 工作表 (物件)」這類的命令使用。

	A	B	C	D	E	F	G	H
1								
2								
3								
4								
5								
6								

各種方法
▼「物件：儲存格」的主要方法

Select 方法	選取儲存格
Delete 方法	刪除儲存格
Insert 方法	插入儲存格

ⓘHint 每種物件的「方法」都不同

Excel 的操作會因選取的對象不同，可設定的內容也會不同，VBA 所能使用的方法也同樣會因為物件而不同。舉例來說，代表儲存格的物件與代表工作表的物件就有下列不同的方法。

▼儲存格的主要「方法」

方法	內容
Select	選取
Clear	刪除資料與格式
Find	搜尋
Delete	刪除儲存格
Insert	插入儲存格

▼工作表的主要「方法」

方法	內容
Select	選取
Delete	刪除工作表
Copy	拷貝工作表
PrintOut	列印工作表

① 指示物件的動作

要指示物件的動作，可利用黑點間隔物件名稱與方法名稱。

格式

物件 . 方法

以黑點區隔物件名稱與方法

範例　選取儲存格 A1

Range("A1") . Select

代表儲存格 A1 的物件 ｜ 選取儲存格的方法

② 進一步指示命令的內容

要指定參數時，可在方法名稱的後面輸入半形空白字元再撰寫參數的內容。此外，有的參數可以省略，省略時，將直接套用預設值。

格式

物件 . 方法 參數

範例　在儲存格 A1 新增註解

Range("A1") . AddComment " 今天天氣不錯 "

代表儲存格 A1 的物件 ｜ 在儲存格新增註解的方法 ｜ 以參數指定註解的內容

❗Hint　有些屬性可指定參數

有些屬性與方法一樣可指定參數。與指定方法的參數一樣，要指定多個參數時，可利用參數的名稱依序指定。舉例來說，要從指定的儲存格位置參照位於第〇列、第〇欄的儲存格時，可使用 Offset 屬性（參考 Unit 29），此時就可利用參數指定要位移的距離。下面的範例可在距離儲存格 A1 的下方 2 列、右側 1 欄的儲存格輸入「100」。

```
Range("A1").Offset(2,1).Value=100
```

以參數指定位移的距離 ｜ 在指定的儲存格裡輸入 100

3 指定多個參數

✎Memo 指定參數的各種方法

方法的參數有很多種指定方式，這次介紹的是以名稱指定及依序指定的方法。

有些方法可同時指定多個參數，此時可利用「參數的名稱指定」或是「依照參數的順序」指定參數。

格式

物件．方法 參數1,參數2,參數3…

参數的名稱　参數的名稱　参數的名稱

---

①Hint 利用參數的名稱指定

可使用每種方法內建的參數名稱指定參數。這次是以新增工作表的 Add 方法（參考 Unit 51）為例。Add 方法共有 4 個參數。

利用參數名稱指定的方法

在方法名稱後面輸入半形空白字元，並在「參數名稱：=」之後撰寫要指定的內容。使用這種寫法只需撰寫要指定的參數。下面的範例省略了參數 2 的指定。

格式

物件．方法 參數1:=○○,參數3:=○○…

在參數名稱之後撰寫要指定的內容

範例 在「台北分店」工作表之前新增 2 張工作表

Worksheets.Add Before:=Worksheets(" 台北分店 "),Count:=2

参數 1 的指定內容　参數 3 的指定內容

---

①Hint 依序指定參數

可依照方法預設的順序指定參數。雖然不需要輸入參數的名稱，卻需要注意參數的指定順序。也可省略參數不指定（參考下一頁）。

依序指定參數的方法

在方法名稱後面輸入半形空白字元，再依照各種方法預設的參數順序指定內容。各參數的內容可利用「,(逗號)」間隔。

格式

物件．方法 指定內容1,,指定內容3,…

参數 1 的內容　参數 3 的內容

範例 在「台北分店」工作表之前新增 2 張工作表

Worksheets.Add Worksheets(" 台北分店 "), , 2

参數 1 的內容　代表省略參數 2 的「,(逗號)」　参數 3 的內容

📁Step up 以 ( ) 括住參數的情況

在使用方法時，若想以傳回值的方式接受執行結果，可用 ( ) 括住參數。若不需要接收傳回值，就不需要以 ( ) 括住參數。

①Hint 省略參數的指定

一旦省略參數，就會套用預設值。例如，新增工作表的 Add 方法有 4 個參數，但指定時，可省略某些參數。

物件 . Add Before,After,Count,Type

「參數 1」在指定位置之前新增工作表

「參數 3」新增的工作表張數

「參數 2」在指定位置之後新增工作表

「參數 4」工作表的種類

新增工作表的位置可利用 Before 或 After 指定。若是省略 Before 與 After，就會在作用中工作表的前面新增工作表。若是省略 Count 參數，就會套用預設值的 1。若是省略 Type，則會新增工作表。

只指定參數 1 的情況

物件 . 方法　參數1的指定內容

下列的範例省略了參數 2 與參數 3。若只指定中間的參數，就不需要在後面輸入逗號。

範例　在「台北分店」工作表之前新增 1 張工作表

Worksheets.Add Worksheets(" 台北分店 ")

參數 1 的指定內容

只指定參數 2 與參數 3 的情況

物件 . 方法,參數2的指定內容,參數3的指定內容

下列的範例省略了參數 1 與參數 4 的指定，所以需要間隔參數 1 的「,(逗號)」。

範例　在「台北分店」工作表的後面新增 2 張工作表

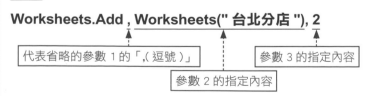

Worksheets.Add , Worksheets(" 台北分店 "), 2

代表省略的參數 1 的「,(逗號)」

參數 2 的指定內容

參數 3 的指定內容

物件

一定要記住的關鍵字
- ☑ 物件
- ☑ 集合
- ☑ With 陳述式

一如 Unit 18 所介紹的，VBA 可對操作對象「物」(物件) 撰寫各種指示，接下來要進一步學習物件的內容。讓我們一起學習取得物件的方法，以便學會操作物件的方法。

■ 物件的階層

作為操作對象的物件以是階層構造管理。比方說，指定儲存格 A1 時，若只是寫儲存格 A1，就會把作用中工作表的儲存格 A1 當成要操作的對象。若想將其他的工作表或是其他活頁簿裡的工作表的儲存格 A1 當成操作對象，就必須回溯至上方的階層再依序指定物件。

此外，除了儲存格或工作表還有許多其他的物件。指定儲存格的文字格式、填色與框線都需要指定不同的物件再撰寫內容。

假設要「讓作用中活頁簿的作用中工作表的儲存格 A1 變更文字顏色」可先取得代表儲存格 A1 的物件 (參考 3-14 頁)，再透過儲存格 A1 的 Font 屬性取得儲存格 A1 的 Font 物件，然後以 Font 物件的 Color 屬性指定顏色。各種物件可使用的屬性與方法可從說明 (參考 A-12 頁) 查詢。

應用程式 (Application 物件)

活頁簿 (Workbook 物件)

工作表 (Worksheet 物件)

儲存格 (Range 物件)

字型 (Font 物件)

填色 (Interior 物件)

框線 (Border 物件)

1 何謂取得物件？

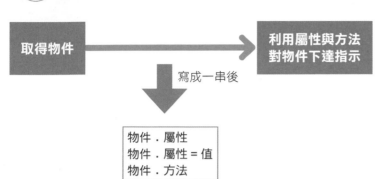

取得物件　→　利用屬性與方法對物件下達指示

寫成一串後

物件．屬性
物件．屬性＝值
物件．方法

將活頁簿 1（活頁簿）的工作表 1（工作表）的儲存格 A1 的內容設為「123」

從上層的物件開始指定。在上層的物件後面以黑點作為間隔，再指定下層的物件。

格式

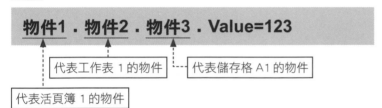

物件1．物件2．物件3．Value=123

代表工作表 1 的物件 ---- 代表儲存格 A1 的物件

代表活頁簿 1 的物件

活頁簿 1

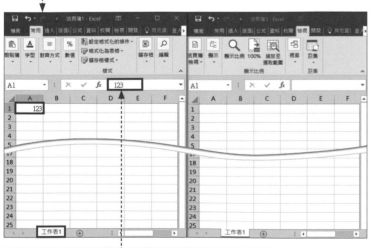

於活頁簿 1 的工作表 1 的儲存格 A1 輸入「123」

✎**Memo** 取得物件

於 Excel 操作時，必須先選取儲存格範圍或是選取工作表再操作。VBA 要操作物件時，首先得取得物件。

⚠**Hint** 取得物件的方法

物件是以階層構造管理，所以要取得物件通常得使用目標物件的上層物件的屬性或方法。感覺上，物件將以屬性或方法的傳回值（結果）傳回。取得物件後，使用該物件的屬性與方法再取得目標物件。或許很難一下子就熟悉這種取得物件的思維，不過一定會在撰寫程式的過程中慢慢習慣。

✎**Memo** 錄製巨集的情況

若以錄製巨集的方式指定儲存格 A1 的內容，上層物件的指定就會被省略。此外，選擇其他的工作表，並指定該工作表的儲存格 A1 的內容，這種選擇其他工作表與指定儲存格 A1 內容的操作就會被寫成兩個區塊的程式碼，所以請視需求重新從上層物件開始指定，才能寫出簡潔的程式碼。

2　沿著階層構造參照工作表或活頁簿

✎**Memo**　抵達物件的階層

如同 3-12 頁介紹，物件是由階層構造管理。舉例來說，要參照特定的儲存格，或是參照非作用中工作表的儲存格時，必須從上層的物件開始指定要抵達的位置。這次介紹的是直接以活頁簿名稱與工作表名稱指定階層的方法。取得活頁簿物件的方法請參考 Unit52，工作表物件的取得方法請參考 Unit48。

✎**Memo**　由上而下指定階層

這次介紹了三種指定儲存格 A1 物件的方法。讓我們一起了解由上而下指定階層以及不以這種方式指定的方法之間有什麼差異吧！

✓**Keyword**　Application 物件

Application 物件是最上層的物件，也是代表 Excel 整體的物件。指定活頁簿、工作表或儲存格範圍時，通常都會予以省略。

ℹ**Hint**　與 Excel 操作的差異

在 Excel 的操作裡，要指定其他工作表的儲存格內容，必須先選取該工作表，但 VBA 則不一定非得如此。只要找到目標儲存格的所在階層，就能從其他的工作表操作目標儲存格

將 Book1(活頁簿) 的 Sheet1(工作表) 中的儲存格 A1 內容設為「123」

在上層物件之後利用黑點區隔再指定下層物件 (下方範例實際上只有一行)。

範例

Workbooks("Book1").Worksheets("Sheet1").Range("A1").Value=123

代表 Book1 活頁簿的物件	代表儲存格 A1 的物件	代表 Sheet1 工作表的物件

將使用中活頁簿的 Sheet1(工作表) 的儲存格 A1 內容設為「123」

若省略活頁簿的指定，就會以使用中活頁簿作為操作對象。

範例

Worksheets("sheet1").Range("A1").Value=123

代表 Sheet1 工作表的物件	代表儲存格 A1 的物件

將使用中活頁簿的使用中工作表的儲存格 A1 的內容設定為「123」

省略活頁簿或工作表的指定，將自動指定為使用中活頁簿的使用中工作表。

範例

Range("A1").Value=123

代表儲存格 A1 的物件

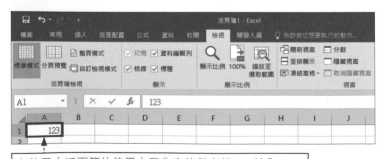

在使用中活頁簿的使用中工作表的儲存格 A1 輸入 123

③ 操作物件的集合

Workbooks 集合
（所有開啟的活頁簿集合）

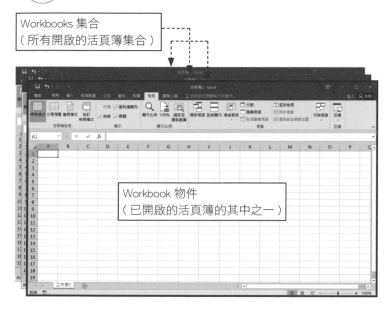

Workbook 物件
（已開啟的活頁簿的其中之一）

Memo　「集合」就是物件的群組

VBA 將相同類型的一群物件稱為「集合」，可同時操作這些物件。假設要同時操作所有開啟的活頁簿，可使用代表所有開啟中活頁簿的「Workbooks 集合」。

Worksheets 集合（工作表的集合）

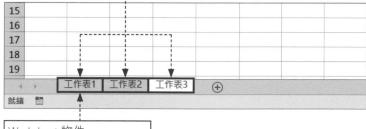

Worksheet 物件
（多張工作表的其中一張）

①Hint　取得集合

要取得集合可使用取得集合的屬性。例如要取得 Workbooks 集合就可使用 Application 物件的 Workbooks 屬性。Application 物件的指定可省略。

取得開啟中活頁簿的數量

Application 物件的 Workbooks 屬性可取得 Workbooks 集合。假設使用 Workbooks 集合的 Count 屬性就能取得開啟中活頁簿的數量。

範例

Workbooks.Count

取得開啟中活頁簿的數量

Memo　Workbooks 集合與 WorkSheets 集合

Wookbooks 集合代表的是所有開啟中的活頁簿，而 Worksheets 集合則是所有的工作表。

4 操作集合裡的某個物件

✎Memo 指定活頁簿或工作表

讓我們一起學習取得「集合」內特定物件的方法。從「集合」傳回單一物件的 Item 屬性的參數可指定物件。指定方法有右側介紹的這兩種。

格式

集合(索引編號)
集合(名稱)

物件的名稱 | 代表物件的編號

範例 指定 Workbooks 集合裡的特定物件 (活頁簿 1)(參考 Unit 52)

Workbooks(1)
Workbooks(" 活頁簿 1")

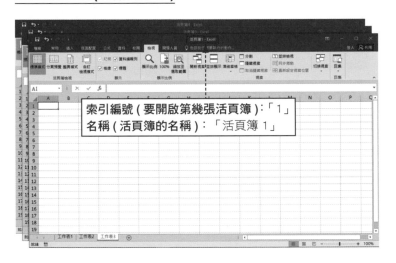

索引編號 (要開啟第幾張活頁簿):「1」
名稱 (活頁簿的名稱):「活頁簿 1」

範例 指定 Worksheets 集合的特定物件 (工作表 2)(參考 Unit 48)

Worksheets(2)
Worksheets(" 工作表 2")

索引編號 (從左數來第幾個):「2」
名稱 (工作表名稱):「工作表 2」

⚠Hint Item 屬性可省略

要從「集合」取得特定物件時,可利用 Item 屬性的參數指定物件的索引編號或名稱,不過,Item 屬性可省略,所以可寫成「集合 (索引編號)」、「集合 (名稱)」的格式,不需要寫成「集合 .Item(索引編號)」、「集合 .Item(名稱)」。

⑤ 統一撰寫對同一物件的指示

格式

```
With 物件
    對物件的處理
    對物件的處理
    對物件的處理
    …
End With
```

使用 With 陳述式撰寫

範例

```
With 儲存格 A1 的字型
        ·將字型設定為「MS Mincho」
        ·將大小設定為「16」
        ·設定為「粗體字」
        ·將「底線」設定為「雙線」
End With
```

> 對儲存格 A1 的字型的指示從這裡開始

> 對儲存格 A1 的字型的指示到這裡結束

```
With  Range("A1").Font
        . Name = "MS Mincho"
        . Size = 16
        . Bold = True
        . Underline = xlUnderlineStyleDouble
End  With
```

不使用 With 陳述式的程式碼

範例

```
Range("A1") . Font . name = "MS Mincho"
Range("A1") . Font . Size = 16
Range("A1") . Font . Bold = True
Range("A1") . Font . Underline = ⬂
xlUnderlineStyleDouble
```

📝Memo　使用 With 陳述式可將程式碼寫得更為簡潔

要對同一物件下達各項指示時，有一種可以省略物件的指定，讓程式碼變得更簡潔的方法，那就是使用 With 陳述式。在 With 陳述式裡的 With 後面指定物件名稱，之後再撰寫與物件有關的處理。此時即可省略物件名稱的指定，只需要以黑點「.」間隔屬性與方法的內容。最後再以「End With」結尾即可。

❗Hint　忘記輸入 With 或 End With 的話…

若是忘記輸入 With 陳述式的結尾 End With，就會顯示錯誤訊息。反之，若輸入了 End With，卻忘記輸入 With 一樣會顯示錯誤訊息。請務必成對指定 With 與 End With。

☑Keyword　陳述式

程式的每一行程式碼都稱為**陳述式**。

❗Hint　錄製巨集功能也會使用 With 陳述式

錄製巨集時，若不斷對單一物件進行設定，錄製的內容就會轉換成 With 陳述式。此外，於物件的設定畫面進行某些操作時，除了實際變更的內容之外，其餘的內容有時也會記錄在 With 陳述式裡。舉例來說，在**儲存格格式**視窗變更文字顏色時，同時會記載文字的大小與底線的有無。錄製的內容可視情況自行修正。

新增標準模組

第 1 章帶著大家以錄製功能的方式建立了巨集，接下來要試著啟動 VBE，利用 VBA 從零開始撰寫巨集。要從零開始撰寫巨集時，首先要新增「標準模組」，建立撰寫巨集的場所。

■ 何謂「模組」？　　　「模組」就是撰寫巨集的位置。模組可分成「Excel 物件」、「表單模組」、「標準模組」、「物件類別模組」。

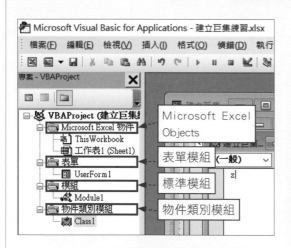

▼主要的模組

Microsoft Excel Objects	可於操作 Excel 的活頁簿、工作表時建立自動執行的巨集時使用。將於 Unit 55 介紹。
表單模組	可撰寫自訂表單的巨集。將於 Unit 87 介紹。
標準模組	儲存以錄製巨集功能錄製的巨集。是最基本的模組。
物件類別模組	定義建立物件所需的「類別」模組。

---

① 插入模組

✎Memo　新增用來撰寫巨集的模組

讓我們一起學會新增撰寫巨集所需的模組吧！請在**專案總管**視窗選取儲存巨集的活頁簿，再執行『**插入 / 模組**』命令。

❶ 建立「標準模組」再選取專案　　　❷ 點選**插入**功能表

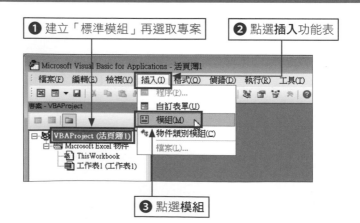

❸ 點選**模組**

❹ 新增了標準模組「Module1」

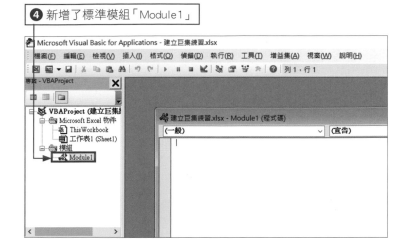

① Hint　若已新增模組

若利用錄製巨集功能建立巨集，就會自動新增標準模組「Module1」，將巨集的內容儲存在裡面。若是已新增了標準模組，可直接在該模組裡撰寫巨集，也可新增模組再行撰寫。

② 刪除模組

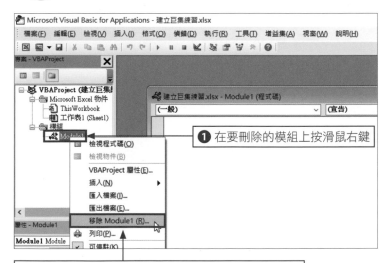

❶ 在要刪除的模組上按滑鼠右鍵

❷ 點選**移除 (模組名稱)** (此範例是「移除 Module1」)

❸ 選擇要不要儲存標準模組。若不想儲存可按下**否**鈕

✎ Memo　刪除多餘的模組

讓我們學習刪除多餘模組的方法。在要刪除的模組按下滑鼠右鍵，再從選單裡點選**移除 (模組名稱)**。

① Hint　只儲存模組

若想將模組移動與複製至其他活頁簿使用，可選擇匯出模組。在左側的畫面按下**是**鈕，再於下一個步驟按下**存檔**鈕。

輸入VBA的程式碼

一定要記住的關鍵字
☑ 巨集名稱
☑ 程式碼
☑ 輸入輔助功能

接著要輸入巨集的內容。這次要試著撰寫較簡單的巨集,例如在儲存格輸入文字、指定工作表的名稱或是選擇儲存格之類的操作。在輸入程式碼的過程中,輸入輔助功能將自行啟動。讓我們一邊使用這些輸入輔助功能一邊完成巨集的內容吧!

1 輸入巨集的名稱

Memo 第一步先輸入巨集的名稱

這次要建立的是名為「練習」的巨集。首先在 Sub 之後輸入空白半形字元再輸入巨集名稱。此時,巨集名稱的後面將自動接上「( )」。

Keyword Sub 程序

巨集分成很多種類,但是能自動執行指定操作的巨集稱為「Sub 程序」,這種程序將以 Sub 開始並以 End Sub 結束。若是以錄製巨集功能建立巨集,將自動新增 Sub 程序。

Hint 大小寫英文字的區分

於巨集輸入 Sub 或 End Sub 這類關鍵字之後,不需要切換英文字母的大小寫,因為即便全部以小寫英文字母輸入,只要輸入正確,就會自動轉換成正確的大小寫英文字母。此外,VBA 定義的關鍵字也將自動轉換成藍色。

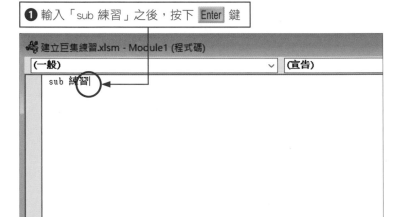

❶ 輸入「sub 練習」之後,按下 Enter 鍵

❷ 巨集名稱之後自動輸入了「( )」。此外也會自動輸入代表巨集結尾的「End Sub」

2　輸入內容

❶ 按下 Tab 鍵縮排　　❷ 輸入「range("A1")」

❸ 輸入「．」，候選列表將自動顯示

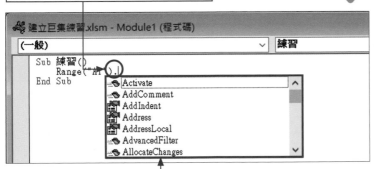

❹ 輸入選項的開頭文字。這次要輸入的是 Value 屬性，所以請輸入「v」

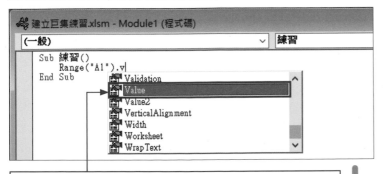

❺ 按下 ↓ 鍵選擇 Value，按下 Tab 鍵，就會自動輸入「Value」

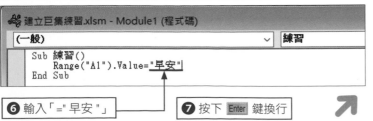

❻ 輸入「="早安"」　　❼ 按下 Enter 鍵換行

📝 **Memo　輸入巨集的內容**

這次要撰寫的是在儲存格 A1 輸入「早安」的巨集。在程式視窗輸入巨集內容時，可複製或移動文字，就像在 Word 裡編輯一樣。

🔵 **Hint　輸入輔助功能**

在輸入程式碼的過程中，輸入輔助功能會自行啟動。若是候選清單開啟，則可利用鍵盤或滑鼠點選其中的選項。

📝 **Memo　按下 Ctrl + J 鍵開啟方法清單**

在輸入程式碼的過程中，可開啟屬性或方法的清單，直接從中點選要輸入的內容。按下 Ctrl + J 鍵或是執行『**編輯 / 列出屬性或方法**』命令就能開啟清單，從中選擇要輸入的選項再按下 Tab 鍵即可輸入該選項。

🔵 **Hint　若是單行程式碼太長，可換行再寫**

若是一行程式碼太長，也可換行再寫。此時只要在結尾處輸入「 _」（半形空白字元加底線），就能換行撰寫。若是下一行也套用縮排格式，就能清楚看出是同屬前一行程式碼。

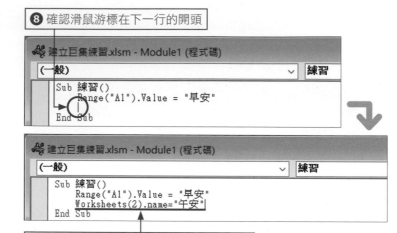

⑧ 確認滑鼠游標在下一行的開頭

⑨ 輸入第 2 行的程式碼。輸入完成後換行

✎Memo 字串要以 "" 括住

程式碼裡的字串前後必須以「""」括住。

✎Memo 輸入後續的內容

第 2 行輸入的是將左側數來第 2 張工作表的名稱設定為「午安」的內容。取得指定工作表的物件的方法請參考 Unit 48。

✎Memo 除了中文之外,請以 半形字元輸入程式碼

除了中文之外,所有的程式碼都需以半形字元輸入。

---

①Hint 為何每行程式碼的開頭要縮排?

即便不縮排,巨集的執行過程也不會有任何改變,但撰寫巨集時,為了方便日後閱讀,建議以 Tab 鍵縮排再輸入。比方說,為了讓巨集的處理內容與巨集的開頭 (Sub 巨集名稱 ( )) 與巨集的結尾 (End Sub) 有所區別,可先縮排再行撰寫。

▼縮排後,統一撰寫相關內容的範例

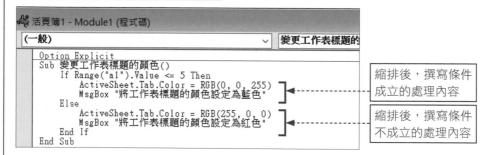

縮排後,撰寫條件成立的處理內容

縮排後,撰寫條件不成立的處理內容

這裡撰寫的是依照條件進行不同處理的巨集。「If」後面撰寫的是條件。「Else」則代表「條件不成立的情況」。「End If」則代表條件判斷處理結束。條件判斷處理的撰寫方法將在第 7 章介紹。

▼不縮排的範例

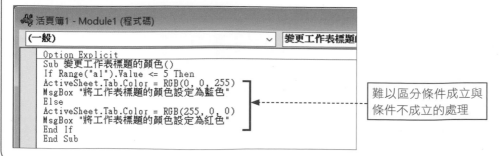

難以區分條件成立與條件不成立的處理

③ **使用輸入輔助功能**

「自動完成」功能：輸入語法時顯示相關列表

❶ 按下 Alt + → 鍵

❷ 顯示清單後，輸入語法開頭的第一個字。此範例輸入的是「r」

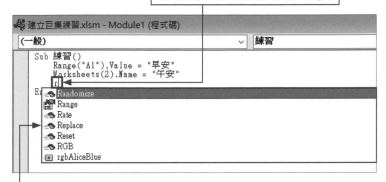

❸ 顯示以「R」為首的項目後，按下 ↓ 鍵，點選 Range 再按下 Tab 鍵（或 Enter 鍵）

自動輸入後續的文字

❶ 輸入「Range("A3").sel」之後，按下 Alt + → 鍵

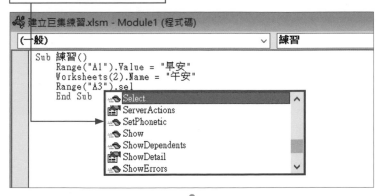

❷ 自動輸入「Select」

```
Sub 練習()
    Range("A1").Value = "早安"
    Worksheets(2).Name = "午安"
    Range("A3").select
End Sub
```

Memo 按下 Alt + → 鍵，顯示輸入候選清單

這次一邊使用輸入輔助功能，一邊撰寫選取儲存格 A3 的操作。要在輸入程式碼的過程中顯示輸入候選清單，可按下 Alt + → 鍵，或是執行『**編輯 / 自動完成**』命令。選擇要輸入的候選內容再按下 Tab 鍵，即可輸入該項目。

Hint 按下 Alt + → 鍵 輸入後續的文字

輸入單字時，若要自動輸入後續的文字可按下 Alt + → 鍵，也可以執行『**編輯 / 自動完成**』命令。此外，若有多個候選時，也將全部列出來。

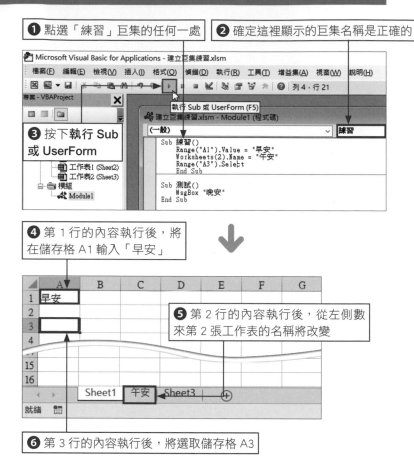

Memo 執行建立的巨集

讓我們試著執行從零開始撰寫的巨集。請點選「練習」巨集的任何一處,再按下**執行 Sub 或 UserForm** 鈕。

① 點選「練習」巨集的任何一處

② 確定這裡顯示的巨集名稱是正確的

③ 按下**執行 Sub 或 UserForm**

④ 第 1 行的內容執行後,將在儲存格 A1 輸入「早安」

⑤ 第 2 行的內容執行後,從左側數來第 2 張工作表的名稱將改變

⑥ 第 3 行的內容執行後,將選取儲存格 A3

Memo 儲存巨集

巨集的內容是與 Excel 的活頁簿一併儲存,所以要儲存巨集時,只需儲存 Excel 的活頁簿。要從 VBE 覆寫活頁簿時,可按下 VBE 畫面裡的**儲存**鈕。

Hint 儲存啟用巨集的活頁簿

要儲存啟用巨集的活頁簿時,必須儲存為「啟用巨集的活頁簿」。相關說明請參考 Unit 05。

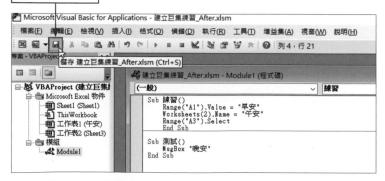

① 按下**儲存**鈕

② Excel 的活頁簿將覆寫,巨集的內容也將儲存

6 其他輸入輔助功能

顯示提示

輸入函數時,將自動顯示參數的相關資訊

✎Memo **有時會自動顯示提示**

輸入方法或函數之後,參數的提示有時會自動於程式碼下方顯示。此外,按下 `Ctrl` + `I` 鍵也會顯示提示。

顯示設定值的一覽表

顯示設定值列表

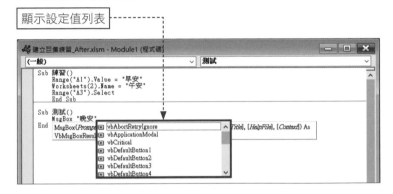

①Hint **顯示設定值列表**

在指定函數或「方法」的參數值,有時會自動顯示指定內容的清單列表。此外,按下 `Ctrl` + `Shift` + `I` 鍵也能顯示指定內容的清單,執行『**編輯 / 參數諮詢**』命令也能開啟清單。

✎Memo **未顯示輸入候選清單**

若未顯示輸入候選,可確認這些功能是否啟用了。請執行『**工具 / 選項**』命令,再從**選項**交談窗的**編輯器**頁次確認啟用的狀態。

自動顯示屬性的方法與設定值的清單

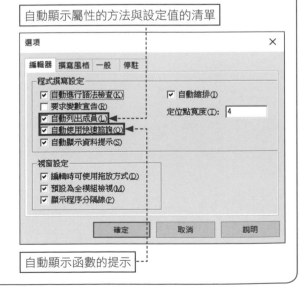

自動顯示函數的提示

顯示錯誤訊息

編輯或執行巨集時，偶爾會跳出錯誤訊息。錯誤的原因除了單純的拼字錯誤或是語法有誤之外，有時語法正確也一樣會跳出錯誤訊息。讓我們確認錯誤的種類，學會處理錯誤的方法吧！

1 處理編譯錯誤

✏ **Memo** 發生編譯錯誤時

若出現單字拼字或語法的錯誤，就會跳出編譯錯誤訊息。確認訊息的內容後再予以修正吧！

編輯時跳出錯誤訊息

錯誤的部分將以紅色標示

❶ 按下**確定**鈕

❷ 修正完成

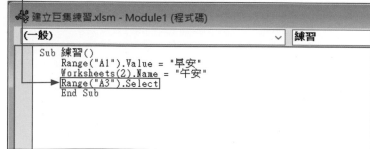

執行時發生錯誤

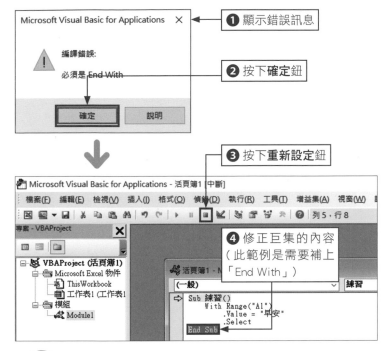

❶ 顯示錯誤訊息

❷ 按下**確定**鈕

❸ 按下**重新設定**鈕

❹ 修正巨集的內容
（此範例是需要補上
「End With」）

Memo 在執行巨集之後顯示錯誤

編譯錯誤訊息有時也會在執行巨集之後跳出來。此時請確認內容再按下**確定**鈕。

Hint 顯示錯誤說明

若是不知道錯誤的源頭，可按下錯誤訊息的**說明**鈕，開啟錯誤說明視窗。

② 處理執行錯誤

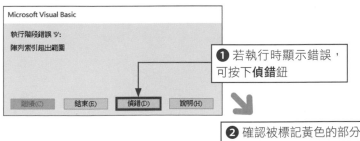

❶ 若執行時顯示錯誤，可按下**偵錯**鈕

❷ 確認被標記黃色的部分

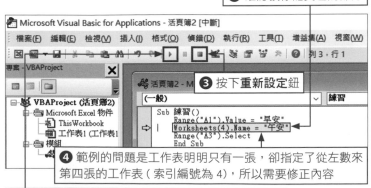

❸ 按下**重新設定**鈕

❹ 範例的問題是工作表明明只有一張，卻指定了從左數來第四張的工作表（索引編號為 4），所以需要修正內容

❺ 按下**執行 Sub 或 UserForm** 鈕看看能否正常執行

Memo 於執行發生錯誤時

執行錯誤會在巨集無法正常執行時發生，例如對物件指定了不正確的屬性或方法，或是 VBA 的語法正確，卻於巨集指定了不存在的工作表，都會發生執行錯誤。

Keyword 偵錯

所謂偵錯就是在巨集無法正常執行時，找出錯誤原因的行為。

Hint 無法得到預期的結果時

儘管語法正確，也沒顯示錯誤訊息，卻無法得到預期結果的錯誤稱為**邏輯錯誤**。若是發生邏輯錯誤，可依照 A-14 頁介紹的方式逐行執行巨集，從過程中找出錯誤所在。

何謂變數？

以 VBA 撰寫內容時，會在不同的情況下操控數值或字串這些值。此時不該直接指定這些值，而是將這些值放入「變數」這個類似箱子的東西再操控。由於放入變數後就能更換值，所以可以更靈活地撰寫各種處理。

■ 何謂變數？

變數就是在程式之中用來存放「值」的箱子。透過變數，將可更簡潔地寫出複雜的處理。

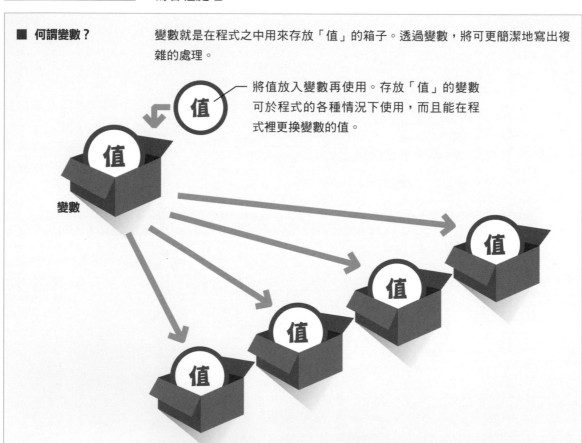

將值放入變數再使用。存放「值」的變數可於程式的各種情況下使用，而且能在程式裡更換變數的值。

變數

ⓘHint 方便用來撰寫重複執行的處理

使用變數就能把重複執行的處理寫得更為簡潔。例如，要重複執行十次相同的內容時，可先建立計算執行次數的變數。在進行處理之前，先將 1 放入該變數，接著在處理執行後，在該變數加 1，然後再進行第 2 次的處理。而在執行重複處理之前，先撰寫「變數值大於 10 時，就跳出重複執行的處理」這類內容，就能重複執行 10 次相同的處理。

1　變數的資料類型

▼具代表性的資料類型

資料類型	使用的記憶體	可存放的值
布林類型 (Boolean)	2 Byte	True 或 False 的資料
位元類型 (Byte)	1 Byte	0 ～ 255 的整數
整數類型 (Integer)	2 Byte	-32,768 ～ 32,767 的整數
長整數類型 (Long)	4 Byte	-2,147,483,648 ～ 2,147,483,647 的整數
貨幣類型 (Currency)	8 Byte	-922,337,203,685,477.5808 ～ 922,337,203,685,477.5807
單倍精準浮點數 (Single)	4 Byte	-3.402823E38 ～ -1.401298E-45(負值) 1.401298E-45 ～ 3.402823E38(正值)
雙倍精準浮點數 (Double)	8 Byte	-1.79769313486232E308 ～ -4.94065645841247E-324(負值) 4.94065645841247E-324 ～ 1.79769313486232E308(正值)
日期類型 (Date)	8 Byte	西元 100 年 1 月 1 日～西元 9999 年 12 月 31 日的日期與時間的資料
字串類型 (String)	10 Byte + 字串長度	文字資料
物件類型 (Object)	4 Byte	參照物件的資料
混合類型 (Variant)	數值：16 Byte 字串：22 Byte + 字串長度	任何值

> **Memo　事先決定要在變數放入什麼內容**
>
> 要使用變數時，通常會先在程式裡宣告「接著要使用名為○○的變數」，此時可先指定變數的資料類型，決定要在變數裡放入什麼值。資料類型可參考左側表格列出的種類。

2　強制宣告變數

❶ 執行『工具 / 選項』命令

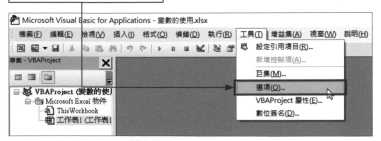

> **Memo　如何設定成一定要在宣告後才能使用變數**
>
> 當模組最上方寫著「Option Explicit 陳述式」就代表要使用變數之前，非得先宣告變數。接下來我們要試著設定在插入「標準模組」的同時就自動輸入「Option Explicit 陳述式」。

強制宣告變數之後，若不經宣告
就使用變數，Excel 就會發出警
告。如此一來，只要輸入錯誤的
變數名稱就會立刻顯示錯誤，也
可立刻提醒我們輸入錯誤。

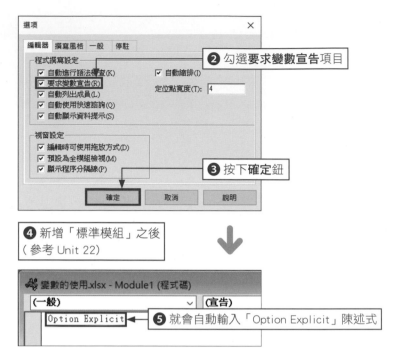

❷ 勾選**要求變數宣告**項目

❸ 按下確定鈕

❹ 新增「標準模組」之後
（參考 Unit 22）

❺ 就會自動輸入「Option Explicit」陳述式

3　宣告變數

這次要試著宣告 String 類型的變
數。若不事先宣告變數，程式碼
可能會變得難以閱讀，也可能佔
用多餘的記憶體區塊。

變數的宣告

宣告變數可使用 Dim 陳述式。可利用逗號 (,) 隔開要宣告的多個變數。

格式

Dim 變數名稱 As 資料類型
Dim 變數名稱 As 資料類型，變數名稱 As 資料類型，變數名稱 As 資料類型

❶ 宣告 String 類型的變數（字串）

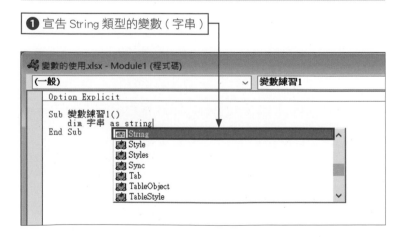

4 將值放入變數

值代入變數

將值放入變數稱為「代入」，要將值代入變數可使用「=」將變數名稱與要代入的值連結起來。放入字串的值時，要以 " " 括住字串。

格式

變數名稱 = 要代入的值

❶ 將儲存格 A1 的內容放入變數（字串）裡

❷ 將使用中工作表的名稱設定為變數（字串）的內容

❸ 在訊息交談窗裡顯示變數（字串的內容）

📝**Memo** 將值放入變數

接著要試著將字串放入剛剛宣告的變數裡，並實際於訊息裡顯示變數的值。

⚠**Hint** 本書的變數命名方式

變數名稱除了可以是英文字母，也可以是中文。一般來說，會以英文字母命名，但是在還不熟悉 VBA 的語法之前，就以英文字母命名變數，很容易與 VBA 的物件、屬性或方法混淆，看不出何者為變數，所以本書才故意都以中文命名變數。

📝**Memo** 取得作用中工作表的名稱

要取得作用中的 Worksheet 物件可使用 Workbook 物件的 ActiveSheet 屬性（參考 6-6頁）。此外，要取得工作表名稱可使用 Worksheet 物件的 Name 屬性（參考 Unit 49）。這次是參照使用中的活頁簿的使用中工作表，所以省略了 Workbook 物件的指定，直接以「ActiveSheet.Name」參照工作表的名稱。

接著要試著執行剛剛建立的巨集，也就是將儲存格 A1 的值放入變數，並將作用中工作表的名稱變更為變數的值。接著還要在訊息裡顯示變數的值。

① 點選要執行的內容　② 按下**執行 Sub 或 UserForm**

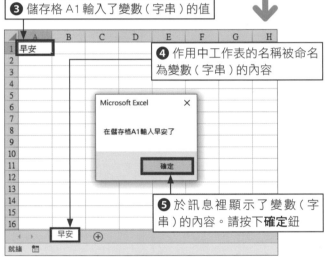

③ 儲存格 A1 輸入了變數（字串）的值

④ 作用中工作表的名稱被命名為變數（字串）的內容

Hint 變數的命名規則

變數的命名須遵循下列規則：

- 使用「_（底線）」將英文字母、數字、中文指定為變數名稱。
- 變數名稱的開頭文字可以是英文字母、中文（不可為數字）。
- 變數名稱的長度必須限縮在 255 個半形字元之內。
- 變數名稱不可使用「Sub」、「End」這些 VBA 的保留字。

Microsoft Excel
在儲存格A1輸入早安了
確定

⑤ 於訊息裡顯示了變數（字串）的內容。請按下**確定**鈕

Hint 文字的顏色與大小

程式碼裡的 VBA 關鍵字會以深藍色標示。若要設定文字的大小與關鍵字的顏色，可先執行『**工具 / 選項**』命令，再從**選項**交談窗的**撰寫風格**頁次指定。若覺得文字看不清楚時，就可以試著從這裡變更。

一般文字　　可在此設定一般文字的大小

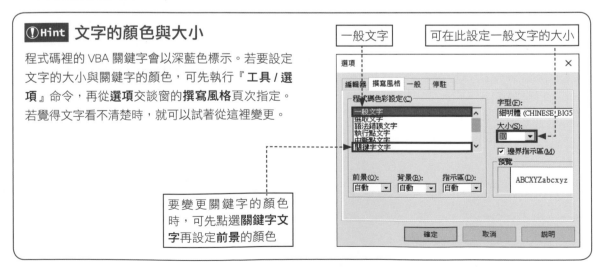

要變更關鍵字的顏色時，可先點選**關鍵字文字**再設定**前景**的顏色

⑥　物件類型變數

變數的宣告

物件類型變數的宣告也是使用 Dim 陳述式。物件的種類可指定為「Worksheet」、「Workbook」、「Range」物件或是其他物件。

格式

Dim 變數名稱 As 物件種類

將值代入變數

要將物件的資訊代入物件類型變數時，可使用 Set 陳述式。

格式

Set 變數名稱=儲存物件

📝 **Memo** 何謂物件類型變數？

物件類型變數可用來儲存參照物件的資訊，而不是儲存日期或數值這類值。宣告變數與將值代入變數的方法請參考左側說明。

⑦　既有物件類型與形式物件類型

既有物件類型變數的宣告範例

格式

Dim 變數名稱 As Workbook
Dim 變數名稱 As Worksheet
Dim 變數名稱 As Range

宣告為形式物件類型變數

形式物件類型變數的宣告範例

格式

Dim 變數名稱 As Object

宣告為形式物件類型

📝 **Memo** 指定物件類型變數的種類

使用物件類型變數時，先指定物件的種類再宣告的變數稱為「既有物件類型變數」，而不限定物件種類直接宣告的變數又稱為「形式物件類型變數」。「既有物件類型變數」的處理速度較快，而且程式碼的內容也更容易閱讀。若是已知物件的種類時，不妨盡可能使用「既有物件類型變數」。

ⓘ Hint　釋放變數的參照資訊

要釋放物件變數儲存的參照資訊時，可使用「Set 變數名稱 = Nothing」。若是不釋放物件變數儲存的參照資訊，作業效率有時會因此變慢，所以用完變數後，請記得釋放參照資訊。此外，在程序裡宣告的變數會於程序結束時自動移除變數的值（參考下一頁）。

撰寫範例

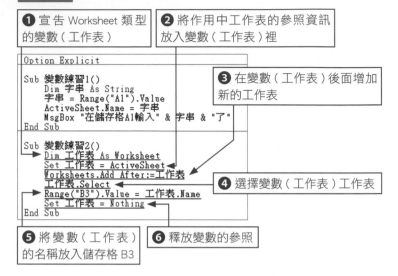

❶ 宣告 Worksheet 類型的變數（工作表）

❷ 將作用中工作表的參照資訊放入變數（工作表）裡

❸ 在變數（工作表）後面增加新的工作表

❹ 選擇變數（工作表）工作表

❺ 將變數（工作表）的名稱放入儲存格 B3

❻ 釋放變數的參照

```
Option Explicit

Sub 變數練習1()
    Dim 字串 As String
    字串 = Range("A1").Value
    ActiveSheet.Name = 字串
    MsgBox "在儲存格A1輸入" & 字串 & "了"
End Sub

Sub 變數練習2()
    Dim 工作表 As Worksheet
    Set 工作表 = ActiveSheet
    Worksheets.Add After:=工作表
    工作表.Select
    Range("B3").Value = 工作表.Name
    Set 工作表 = Nothing
End Sub
```

⑧　執行巨集

📝 Memo　執行巨集

接著我們要執行「變數練習 2」這個巨集，此巨集執行後，會在變數（工作表）後面新增工作表，並選取變數（工作表），接著將變數的名稱放入儲存格 B3 裡。

❶ 點選要執行的巨集

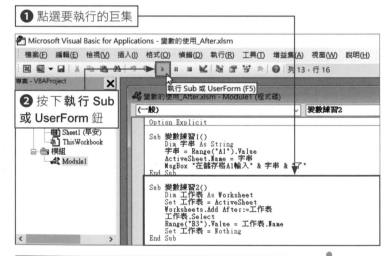

❷ 按下**執行 Sub 或 UserForm** 鈕

❸ 作用中工作表的參照資訊存入變數（工作表）裡

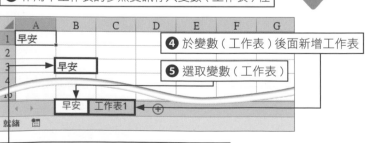

❹ 於變數（工作表）後面新增工作表

❺ 選取變數（工作表）

❻ 將變數（工作表）的名稱放入儲存格 B3

⑨ 指定變數的有效範圍

▼變數的有效範圍

種類	宣告位置	宣告方法	有效範圍
程序層級	程序內部	Dim 變數名稱 As 資料類型	宣告的程序內部
私人模組層級	宣告的程式碼區塊（模組開頭）	Dim 變數名稱 As 資料類型 或是 Private 變數名稱 As 資料類型	模組的所有程序
公用模組層級	宣告的程式碼區塊	Public 變數名稱 As 資料類型	所有模組的程序

程序層級的宣告

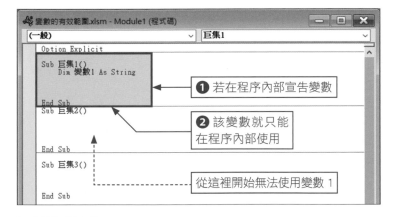

❶ 若在程序內部宣告變數

❷ 該變數就只能在程序內部使用

從這裡開始無法使用變數 1

私人模組層級

在模組開頭的宣告區塊宣告的變數，可於該模組內的所有程序使用。要宣告私人模組層級的變數時，可使用「Dim 變數名稱 As 資料類型」或是「Private 變數名稱 As 資料類型」。此外，私人模組層級的變數會在程序執行結束時保留值。

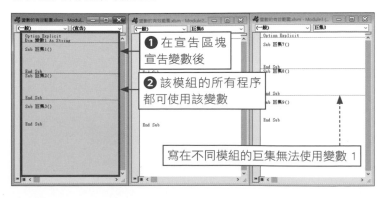

❶ 在宣告區塊宣告變數後

❷ 該模組的所有程序都可使用該變數

寫在不同模組的巨集無法使用變數 1

✎**Memo** 變數的有效範圍

變數的有效範圍會因宣告的位置而改變，讓我們一起了解有效範圍的差異。

⚠**Hint** 於程序內部宣告變數

於程序內部宣告的變數只能在程序裡使用。一旦程序結束，該變數的值也將被清除。

📁**Step up** 顯示多個巨集的方法

一個模組可撰寫多個巨集。一般來說，巨集會以分隔線區隔，但也可以點選程序下拉列示窗切換每個巨集，只需要按下**程序檢視**鈕即可。若是找不到其他巨集，可按下**全模組檢視**鈕，回到原本的顯示方式。

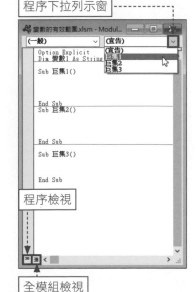

程序下拉列示窗

程序檢視

全模組檢視

輸入註解

註解就是寫在巨集裡的備忘錄。註解的內容雖與巨集的執行結果無關，但還是建議大家輸入簡潔易懂的註解，才方便日後編輯巨集時，立刻回想起巨集的內容。

1 輸入註解

✎Memo 在巨集輸入註解

讓我們一起學習在巨集輸入註解的方法。在輸入「'」之後，即可輸入註解。

⚠Hint 也可在程式碼的中間輸入註解

也可在程式碼的中間輸入註解。例如，要在一般的程式碼後面輸入註解時，可先在程式碼的中間輸入「'」（單引號），接著再輸入註解的內容。

❶ 點選要輸入註解的位置，再輸入「'」（單引號）

❷ 輸入註解內容

❸ 預設會標記成綠色

2 將巨集的內容轉換成註解

✎Memo 將巨集的部分內容排除在執行內容之外

要讓巨集的部分內容排除在執行內容之外，可將巨集的部分程式碼轉換成註解。不過，要在每一行程式碼前面輸入「'」是件麻煩的作業，所以可以利用右側的操作。要顯示編輯工具列可執行『檢視 / 工具列 / 編輯』命令。

❶ 拖曳選取要轉換成註解的內容

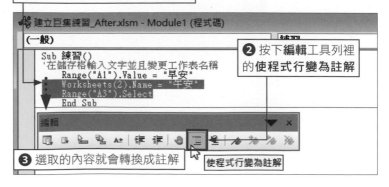

❷ 按下編輯工具列裡的使程式行變為註解

❸ 選取的內容就會轉換成註解

使程式行變為註解

第 **4** 章

儲存格、列、欄的操作

本章概要

本章要開始介紹儲存格範圍、列、欄的參照方法。正確地指定要操作的儲存格範圍、列與欄，是 Excel 在移動、複製資料時的基本操作。參照的方法有很多，讓我們慢慢地學會每一種方法吧！

1 參照儲存格

📝 Memo 操作指定的儲存格

要透過 VBA 操作儲存格，必須先正確地參照目標儲存格。在此介紹的是指定儲存格編號，之後再指定特定的儲存格或是整張表格的儲存格。

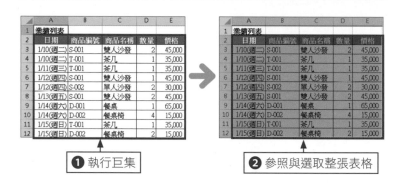

❶ 執行巨集　　❷ 參照與選取整張表格

2 操作指定的儲存格

📝 Memo 操作存有指定資料的儲存格

讓我們學會指定公式或空白儲存格這類儲存格裡的資料種類，如何參照的方法吧。如此一來就能從指定的儲存格範圍裡找出空白儲存格，也能操作存有文字或數值這類非公式資料的儲存格。

❷ 只刪除文字與數值資料，C 欄的公式還留著

③　移動與複製資料

	A	B	C	D	E	F	G	H
1	本日負責人							
2								
3	時間	負責人						
4	上午	郁文						
5	下午1點到3點	瑋初		❶ 執行巨集				
6	下午3點到5點	銘仁						
7	下午5點到9點	羽晨						
8								

✎Memo 移動與複製表格

此例介紹的是在指定的儲存格輸入資料或是移動與複製資料的方法。同時也將介紹指定貼上資料以及複製格式與欄寬的方法。

❷ 將儲存格 A3：B7 的表格複製到此處

	A	B					
1	本日負責人						
2							
3	時間	負責人		時間	負責人		
4	上午	郁文		上午	郁文		
5	下午1點到3點	瑋初		下午1點到3點	瑋初		
6	下午3點到5點	銘仁		下午3點到5點	銘仁		
7	下午5點到9點	羽晨		下午5點到9點	羽晨		
8							

④　參照列與欄

❶ 執行巨集

	A	B	C	D	E	F
1	新會員清單					
2						
3	會員編號	姓名	帳號	行動電話	電子郵件信箱	
4	1001	許郁文	takada	090-0000-XXXX	takada@example.com	
5	1002	張瑋初	miki	080-0001-XXXX	miki@example.com	
6	1003	張銘仁	watanabe	090-0002-XXXX	watanabe@example.com	
7	1004	鄭羽晨	yayoi	080-0005-XXXX	yayoi@example.com	
8	1005	陳勝朋	kawano	090-0004-XXXX	kawano@example.com	
9	1006	王美雪	ueshima	090-0005-XXXX	ueshima@example.com	
10						

✎Memo 操作列與欄

一起了解參照與操作列、欄的方法吧！在指定位置插入、刪除列與欄。此外，也試著切換列與欄的顯示／隱藏狀態。

	A	B	C	D	E	F	G	H
1	新會員清單							
2								
3	會員編號			姓名	帳號	行動電話	電子郵件信箱	
4	1001			許郁文	takada	090-0000-XXXX	takada@example.com	
5	1002			張瑋初	miki	080-0001-XXXX	miki@example.com	
6	1003			張銘仁	watanabe	090-0002-XXXX	watanabe@example.com	
7	1004			鄭羽晨	yayoi	080-0005-XXXX	yayoi@example.com	
8	1005			陳勝朋	kawano	090-0004-XXXX	kawano@example.com	
9	1006			王美雪	ueshima	090-0005-XXXX	ueshima@example.com	
10								
11								

❷ 插入欄位

Unit 28 參照儲存格

一定要記住的關鍵字
- ☑ Range 物件
- ☑ Range 屬性
- ☑ Cells 屬性

Excel 可在儲存格輸入值製作成表格。要透過 VBA 操作儲存格或儲存格範圍時，可使用 Range 物件。有很多方法可取得 Range 物件。這次介紹的是利用儲存格編號、列與欄的編號參照與指定儲存格的方法。

1 指定儲存格編號參照儲存格

Memo 參照儲存格

此範例透過儲存格編號參照儲存格後，在儲存格輸入資料。在 Excel 的儲存格輸入文字或是套用格式時，必須先選取目標儲存可再進行操作。VBA 可利用 Range 屬性或 Cells 屬性參照 Range 物件，藉此指定要操作的位置。

Keyword Range 物件

Range 物件代表的是儲存格。要操作儲存格或儲存格範圍時，可先取得 Range 物件再操作。

Hint 選取儲存格

要將指定的儲存格轉換成作用中儲存格，可使用 Range 物件的 Activate 方法或是 Select 方法。此外，要選取儲存格範圍時，可使用 Select 方法。在一般的 Excel 操作裡，要在儲存格輸入值或是套用格式，都必須先選取儲存格再進行操作，但在 VBA 裡，不一定非得先選取儲存格，也能進行各種操作。

參照儲存格

```
Sub 參照儲存格1()
    Range("A1").Value = "早安"
    Range("A3,B5").Value = 100
End Sub
```

❶ 在儲存格 A1 輸入「早安」
❷ 在儲存格 A3 與 B5 輸入「100」

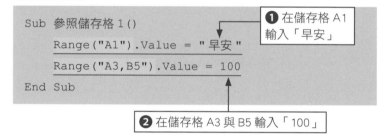

❶ 在指定的儲存格裡　❷ 輸入資料

格式 Range 屬性

> 物件 .Range(Cell)
> 物件 .Range(Cell1,[Cell2])

解說 取得 Range 物件。Cell1 指定的是儲存格的名稱或儲存格範圍。指定儲存格範圍時，可使用「:」。若要指定多個儲存格可使用「,」。

物件 指定 Worksheet 物件。若未指定物件時，就自動指定為作用中工作表。

▼Range物件的撰寫範例

範例	內容
Range ("A1")	儲存格 A1
Range ("A1,B5")	儲存格 A1 與儲存格 B5
Range ("A1:D5")	儲存格 A1：D5
Range ("A1:D5,F2:G7")	儲存格 A1：D5、儲存格 F2：G7
Range (" 項目名稱 ")	已命名的儲存格或儲存格範圍 ＊範例參照的是命名為「項目名稱」的儲存格。
Range ("A1","B5")	儲存格 A1：B5
Range (Cells (3,1), Cells (5,6))	儲存格 A3：F5 ＊搭配 Cells 屬性就能指定儲存格範圍

☑ Keyword　Value 屬性

Value 屬性可於參照儲存格的值時使用。細節請參考 Unit 35。

② 指定列與欄編號參照儲存格

參照儲存格

❶ 在儲存格 C2(第 2 列第 3 欄) 輸入「午安」

```
Sub 參照儲存格 2()
    Cells(2, 3).Value = " 午安 "
End Sub
```

執行範例

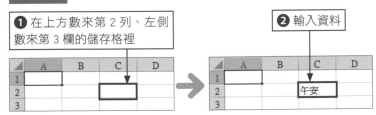

❶ 在上方數來第 2 列、左側數來第 3 欄的儲存格裡

❷ 輸入資料

格式　Cells 屬性

物件 .Cells

解說	取得 Range 物件。在 Cells 後面指定列編號與欄編號即可指定儲存格的位置。若未指定物件將取得作用中工作表的儲存格。
物件	指定 Application 物件、Worksheet 物件、Range 物件。

✎ Memo　利用 Cells 屬性參照儲存格

使用 Cells 屬性可透過列編號與欄編號指定儲存格的位置。

❗ Hint　Cells屬性的方便之處

在 Excel 的操作裡，都必須先記住儲存格編號再進行操作，所以在透過 VBA 指定儲存格時，也會以為使用 Range 屬性比較方便。但是，Cells 屬性可利用列編號與欄編號指定儲存格的位置，所以可在列或欄編號加減數值，藉此更靈活地指定儲存格的位置。大家不妨視需求選擇適當的屬性吧。

📂 Step up　參照選取中的儲存格

使用 Selection 屬性即可取得選取中的物件。若選取的是儲存格範圍，就能取得選取中儲存格範圍的 Range 物件。

物件 .Selection

物件　要指定的是 Application 物件與 Window 物件。選取儲存格之後，若省略物件的指定就會取得作用中工作表裡處於選取狀態的儲存格。

▼Cells屬性的撰寫範例

範例	Cells(2,4)	Cells(2,"D")	Cells
內容	儲存格 D2	儲存格 D2	所有儲存格

Unit 29 參照上下左右的儲存格

一定要記住的關鍵字

- ☑ Offset 屬性
- ☑ RowOffset
- ☑ ColumnOffset

VBA 也能以某個儲存格為基準,以「上下的儲存格」、「左右的儲存格」、「往上 2 格」、「往右 3 格」這種相對位置指定要操作的儲存格。這種指定方式會使用 Range 物件的 Offset 屬性。可利用參照指定距離基準儲存格的位置或是直接指定列與欄的格數。

1 操作上下左右的儲存格

參照相鄰的儲存格

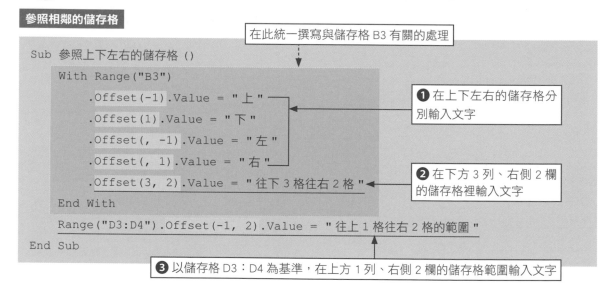

在此統一撰寫與儲存格 B3 有關的處理

```
Sub 參照上下左右的儲存格 ()
    With Range("B3")
        .Offset(-1).Value = " 上 "
        .Offset(1).Value = " 下 "
        .Offset(, -1).Value = " 左 "
        .Offset(, 1).Value = " 右 "
        .Offset(3, 2).Value = " 往下 3 格往右 2 格 "
    End With
    Range("D3:D4").Offset(-1, 2).Value = " 往上 1 格往右 2 格的範圍 "
End Sub
```

❶ 在上下左右的儲存格分別輸入文字

❷ 在下方 3 列、右側 2 欄的儲存格裡輸入文字

❸ 以儲存格 D3:D4 為基準,在上方 1 列、右側 2 欄的儲存格範圍輸入文字

Memo 如何操作上下左右的儲存格

這次以儲存格 B3 以及儲存格 D3:D4 為基準,於周邊的儲存格輸入指定的資料。根據指定位移的列與欄參照距離指定的儲存格或儲存格範圍的儲存格再進行操作。

執行範例

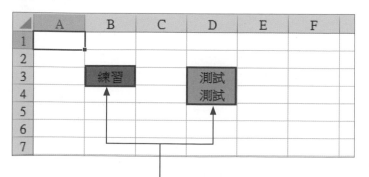

❶ 以儲存格或儲存格範圍為基準,根據指定位移的列與欄取得儲存格的位置

② 輸入資料

①Hint 參照作用中儲存格

ActiveCell 屬性可取得作用中儲存格的 Range 物件。

物件 .ActiveCell

物件 指定 Application 物件與 Window 物件。省略指定時，將取得作用中工作表的作用中儲存格。

格式　Offset 屬性

物件 .Offset([RowOffset],[ColumnOffset])

解說　根據指定的列與欄，參照距離指定儲存格或儲存格範圍的儲存格。

物件　指定 Range 物件。

參數

RowOffset　指定位移的列數。若指定為正數則往下方位移，指定為負數則往上方位移。若省略不指定則自動設定為 0。

ColumnOffset　指定位移的欄數。若指定為正數則往右方位移，指定為負數則往左方位移。若省略不指定則自動設定為 0。

2 指定 Offset 屬性的方法

▼Offset 屬性的範例

範例	內容
Range("C4").Offset(1,2)	距離儲存格 C4 下方 1 列、右側 2 欄的儲存格
Range("C4").Offset(-1,-2)	距離儲存格 C4 上方 1 列、左側 2 欄的儲存格
Range("C4").Offset(,2)	距離儲存格 C4 右側 2 欄的儲存格
Range("C4").Offset(1)	距離儲存格 C4 下方 1 列的儲存格
Range("A3:C5").Offset(1,2)	距離儲存格 A3：C5 下方 1 列、右側 2 欄的儲存格
Range("A2").CurrentRegion.Offset(1,2)	以包含儲存格 A2 的作用中儲存格範圍為基準，往下方 1 列、右側 2 欄位移

①Hint 指定往哪邊位移

Offset 屬性可指定列與欄的位移距離。若兩方皆指定為正數，則往右下方位移，若兩方皆指定為負數，則往左上方位移。

Offset(列 , 欄)

Memo　Offset 屬性的撰寫範例

一起了解 Offset 屬性參照儲存格的各種寫法吧。舉例來說，若只有列位移，可寫成「Offset(列)」，若只有欄位移則可寫成「Offset(欄)」。若只要指定欄，可在「,」之後指定數字。

參照表格內的儲存格

為了能自由地操作 Excel 的表格,讓我們一起學習參照整張表格或是表格上下左右儲存格的方法吧。要操作整張表格的儲存格可使用 Range 物件的 CurrentRegion 屬性。此外,要操作表格上下左右邊緣的儲存格時,可使用 End 屬性。

1 操作整張表格

✎Memo 操作整張表格

這次的範例以儲存格 A3 為基準,取得作用中的儲存格範圍,藉此選取整張表格的儲存格。在 Excel 要選取作用中儲存格所在的整個表格時,可按下 Ctrl + Shift + * 鍵,而在 VBA 則是使用 CurrentRegion 屬性。

✓Keyword 作用中儲存格範圍

作用中儲存格範圍就是指含有作用中儲存格且具有資料的儲存格範圍,換言之,也就是被空白欄與空白列包圍的範圍。這個條件常於選擇整張表格時使用。不過要注意的是,若表格裡存在著空白列與空白欄,就無法正確選取表格的範圍。

✓Keyword Select 方法

要選取儲存格範圍可使用 Range 物件的 Select 方法。這次就是利用 Select 方法選取了作用中的儲存格範圍。

參照整張表格

```
Sub 參照整張表格 ()

    Range("A3").CurrentRegion.Select

End Sub
```

❶ 以儲存格 A3 為基準,參照與選取作用中儲存格範圍

執行範例

❶ 選取包含儲存格 A3 的作用中儲存格範圍

❷ 選取整張表格了

格式 CurrentRegion 屬性

> **物件 .CurrentRegion**
>
> **解說** 要取得作用中儲存格範圍可使用 Range 物件的 CurrentRegion 屬性。
>
> **物件** 指定 Range 物件。

② 操作位於表格邊緣的儲存格

選取直到表格邊緣的範圍

```
Sub 參照從中途開始的資料 ()
    Range("A7", Range("A7").End(xlDown). _
        End(xlToRight)).Select
End Sub
```

❶ 以儲存格 A7：A7 為基準，選取直到邊緣的儲存格
（下方邊緣 End(xlDown)、右側邊緣 End(xlToRight)）

執行範例

❶ 以儲存格
A7 為基準

❷ 選取至邊
緣的儲存格
（右下角）

格式 End 屬性

物件 .End(Direction)

解說 這次要取得的是資料範圍的上下左右邊緣的儲存格。可
利用參數指定要參照哪一側的邊緣儲存格。

物件 指定 Range 物件。

參數

Direction 指定移動的方向。設定
值請參考右側表格。

設定值	內容
xlDown	下方邊緣
xlUp	上方邊緣
xlToLeft	左側邊緣
xlToRight	右側邊緣

✎Memo **操作位於表格邊緣的儲存格**

範例以儲存格 A7 為基準開始選取，直到資料範圍的右下角為止。在 Excel 的環境下，按住 Ctrl 鍵再按下方向鍵，就能在資料範圍內移動作用中儲存格（參考下一頁）。在 VBA 的環境下，則可使用 Range 物件的 End 屬性參照邊緣的儲存格。

①Hint **若程式碼太長可換行繼續寫**

若是一行程式碼太長，可中途換行再寫。此時只要在中斷的位置輸入「 _」（半形空白字元加底線）再換行，就能在下一行撰寫後續的程式碼。下一行的程式碼縮排後，就能看出是上一行程式碼的延續。

①Hint **有些儲存格看起來空白，但不是真的空白**

End 屬性可選取資料範圍的邊緣儲存格，但是有些輸入了空白字元的儲存格只是看起來空白，此時若不先刪除空白字元，就無法如預期選取範圍。

③ 選取表格最後一筆資料的下方儲存格

📝Memo **參照表格最後一列的下一格儲存格**

這次選取的是表格最後一筆資料的下一格儲存格。End 屬性代表的是表格最後一格儲存格，所以利用 Offset 屬性就能參照與選取該儲存格的下一格儲存格。

參照最後一筆資料的下一個儲存格

```
Sub 參照最後一筆資料的下方儲存格1()
    Range("A3").End(xlDown).Offset(1).Select
End Sub
```

❶ 以儲存格 A3 為基準，選取下方邊緣儲存格的下一格儲存格

執行範例

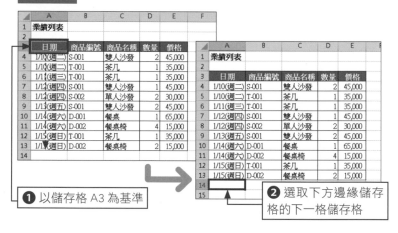

❶ 以儲存格 A3 為基準

❷ 選取下方邊緣儲存格的下一格儲存格

⚠Hint 選取邊緣的儲存格 (在 Excel 時的操作)

在 Excel 移動作用中儲存格時，使用 Ctrl + 方向鍵就能選取位於資料範圍上下左右邊緣的儲存格。此外，在選取了空白的儲存格時，按下 Ctrl + 方向鍵就能選取位於資料範圍邊緣的儲存格。在 VBA 裡，使用 End 屬性就能仿照上述的操作選取位於資料範圍邊緣的儲存格。

Ctrl + ↑ 鍵
位於儲存格 C7 上方的邊緣儲存格

Ctrl + → 鍵
位於儲存格 C7 右側的邊緣儲存格

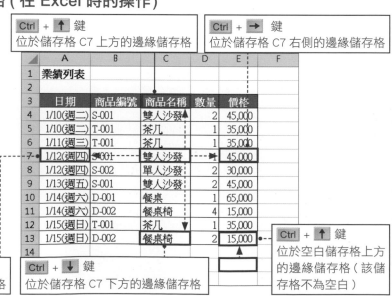

Ctrl + ← 鍵
位於儲存格 C7 左側的邊緣儲存格

Ctrl + ↓ 鍵
位於儲存格 C7 下方的邊緣儲存格

Ctrl + ↑ 鍵
位於空白儲存格上方的邊緣儲存格 (該儲存格不為空白)

以最後一列為基準，選取表格最下方的儲存格

參照最後一筆資料的下方儲存格

```
Sub 參照最後一筆資料的下方儲存格 2()
    Cells(Rows.Count,1).End(xlUp).Offset(1).Select
End Sub
```

❶ 從 A 欄的最後一列儲存格往上方搜尋有資料的儲存格，再選取該儲存格下方一格的儲存格

執行範例

	A	B	C	D	E	F	G
1048562							
1048563							
1048564							
1048565							
1048566							
1048567							
1048568							
1048569							
1048570							
1048571							
1048572							
1048573							
1048574							
1048575							
1048576							

Sheet1

❶ 從最後一列搜尋表格最下方的儲存格

	A	B	C	D	E	F
1	業績列表					
2						
3	日期	商品編號	商品名稱	數量	價格	
4	1/10(週二)	S-001	雙人沙發	2	45,000	
5	1/10(週二)	T-001	茶几	1	35,000	
6	1/11(週三)	T-001	茶几	1	35,000	
7	1/12(週四)	S-001	雙人沙發	1	45,000	
8	1/12(週四)	S-002	單人沙發	2	30,000	
9	1/13(週五)	S-001	雙人沙發	2	45,000	
10	1/14(週六)	D-001	餐桌	1	65,000	
11	1/14(週六)	D-002	餐桌椅	4	15,000	
12	1/15(週日)	T-001	茶几	1	35,000	
13	1/15(週日)	D-002	餐桌椅	2	15,000	
14						
15						
16						

❷ 找到最後一筆資料的儲存格後，選取該儲存格下方的儲存格

📝**Memo　利用別種方法參照最後一列**

這次介紹的方法是從工作表的最後一列儲存格往上尋找最後一列資料，再選取該資料下方的儲存格。

⚠**Hint　若表格裡有空白列存在**

若表格中途出現空白列，就無法以上一頁的方法正確選取資料範圍的最後一個儲存格。此時就得使用左側的方法。

📝**Memo　取得作用中工作表的列數**

作用中工作表的列數可由「Rows.Count」取得。有關 Rows 屬性請參考 Unit 37 的內容。

Unit 31 刪除資料

一定要記住的關鍵字
- ☑ Clear 方法
- ☑ ClearContents 方法
- ☑ ClearFormats 方法

在 Excel 的操作裡,可使用 Delete 刪除儲存格的資料。要刪除儲存格套用的格式時,可從「刪除」選單裡選擇要刪除的內容(參考下一頁)。若要在 VBA 進行相同的作業,可使用 Range 物件的 Clear 方法與 ClearFormats 方法。

1 刪除儲存格的資料

Memo 刪除儲存格所有資料與格式

範例刪除的是含有儲存格 A3 的作用中儲存格範圍的所有資料。在 Excel 的操作裡,要刪除資料可使用下一頁的方法指定要刪除的內容,而在 VBA 裡,則可使用各種方法刪除。

刪除表格

```
Sub 刪除表格()
    Range("A3").CurrentRegion.Clear
End Sub
```

❶ 刪除含有儲存格 A3 的作用中儲存格範圍

執行範例

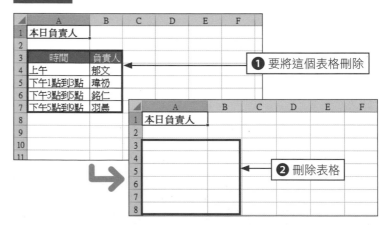

❶ 要將這個表格刪除

❷ 刪除表格

① Hint 只刪除格式

要刪除儲存格的格式資料可使用 Range 物件的 ClearFormats 方法。

物件 .ClearFormats
物件 指定 Range 物件。

格式 Clear 方法

> **物件 .Clear**
>
> 解說 要刪除儲存格的值與格式可使用 Clear 方法。
>
> 物件 指定 Range 物件。

2 **刪除儲存格的公式與值**

刪除公式與值

```
Sub 刪除資料 ()
    Range("A4", Range("A4").End(xlDown). _
        End(xlToRight)).ClearContents
End Sub
```

❶ 以儲存格 A4：A4 為基準，刪除直到邊緣
儲存格（右下角）的儲存格範圍的公式與值

✎**Memo** 刪除公式與值

這次要刪除儲存格的公式與值。可
使用 Range 物件的 ClearContents
方法。

執行範例

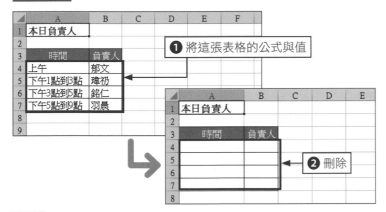

❶ 將這張表格的公式與值

❷ 刪除

格式 **ClearContents 方法**

物件 .ClearContents

| **解說** | 要刪除儲存格的公式或是值可使用 ClearContents 方法。 |
| **物件** | 指定 Range 物件。 |

📑**Step up** 刪除儲存格的註解

要刪除儲存格的註解可使用 Range
物件的 ClearComments 方法。

物件 .ClearComments

| **物件** | 指定 Range 物件。 |

⚠Hint **刪除儲存格的資料 (Excel 的操作)**

要於 Excel 刪除資料可按下**常用**頁次的**刪除**鈕指定要刪除的內容。此外，以 Delete 鍵刪除資料時，會將公式
與值刪除。若要在 VBA 刪除資料則可使用各種方法。

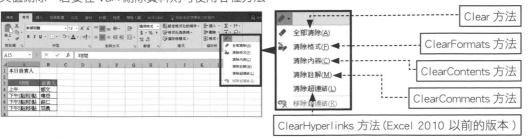

Clear 方法

ClearFormats 方法

ClearContents 方法

ClearComments 方法

ClearHyperlinks 方法 (Excel 2010 以前的版本)

參照公式與空白儲存格

若要操作符合某條件的儲存格可使用 Range 物件的 SpecialCells 方法。在 SpecialCells 方法的參數指定儲存格種類就能參照儲存格。只要使用這個方法就能參照某儲存格範圍裡的空白儲存格或是其他特定的儲存格。

1 針對空白儲存格操作

✎Memo 只參照空白儲存格

這次參照的是表格內的空白儲存格。在 Excel 的操作裡，要選取輸入了指定資料種類的儲存格，必須依照下一頁的「Hint」步驟。要在 VBA 進行相同的操作時，可使用 SpecialCells 方法。

選取空白儲存格

```
Sub 選取空白儲存格 ()
    Range("B4:F9").SpecialCells _
        (xlCellTypeBlanks).Select
End Sub
```

❶ 選取儲存格 B4：F9 裡的空白儲存格

⊘Hint 若程式碼太長可換行繼續寫

若是一行程式碼太長，可中途換行再寫。此時只要在中斷的位置輸入「 _ 」（半形空白字元加底線）再換行，就能在下一行撰寫後續的程式碼。下一行的程式碼縮排後，就能看出是上一行程式碼的延續。

執行範例

	A	B	C	D	E	F	G
1	免費體驗參加者清單						
2							
3	申請入會	姓名	帳號	課程編號	行動電話	電子郵件信箱	
4	○	許郁文	takada	2	090-0000-XXXX	takada@example.com	
5	○	張瑋礽		3	080-0001-XXXX		
6		張銘仁	watanabe	2		watanabe@example.com	
7	○	鄭羽晨	yayoi	4	080-0005-XXXX	yayoi@example.com	
8		陳勝朋	kawano			kawano@example.com	
9	○	王美雪		3	090-0005-XXXX		
10							

❶ 從儲存格 B4：F9 搜尋空白儲存格

❷ 選取了空白儲存格

✎Memo 發生錯誤時

以 SpecialCells 方法操作特定儲存格時，若找不到符合條件的儲存格將產生錯誤。要避免錯誤的方法請參考 Unit 81。

	A	B	C	D	E	F	G
1	免費體驗參加者清單						
2							
3	申請入會	姓名	帳號	課程編號	行動電話	電子郵件信箱	
4	○	許郁文	takada	2	090-0000-XXXX	takada@example.com	
5	○	張瑋礽		3	080-0001-XXXX		
6		張銘仁	watanabe	2		watanabe@example.com	
7	○	鄭羽晨	yayoi	4	080-0005-XXXX	yayoi@example.com	
8		陳勝朋	kawano			kawano@example.com	
9	○	王美雪		3	090-0005-XXXX		
10							

格式　**SpecialCells 方法**

物件 .SpecialCells(Type,[Value])

解說　若要選取空白儲存格或是輸入了公式的儲存格這類特定的儲存格，可使用 SpecialCells 方法。可透過參數指定要參照的儲存格種類。

物件　指定 Range 物件。

參數

Type　指定儲存格種類。設定值請參考下列的表格。

Value　參數 Type 設定為「xlCellTypeConstants」或是「xlCellTypeFormulas」時，可以指定這個參數。可於含有常數或公式的儲存格之中，限定顯示值為「文字」或「數值」時使用。

▼**Type 可指定的內容**

設定值	內容
xlCellTypeAllFormatConditions	設定了格式化的儲存格
xlCellTypeAllValidation	設定了驗證規則的儲存格
xlCellTypeBlanks	空白的儲存格
xlCellTypeComments	插入註解的儲存格
xlCellTypeConstants	含有常數的儲存格
xlCellTypeFormulas	含有公式的儲存格
xlCellTypeLastCell	作用中儲存格範圍的最後一個儲存格
xlCellTypeSameFormatConditions	套用相同格式化條件的儲存格
xlCellTypeSameValidation	設定了相同驗證規則的儲存格
xlCellTypeVisible	可見的儲存格

▼**Value 可指定的內容**

設定值	內容
xlErrors	錯誤值
xlLogical	邏輯值
xlNumbers	數值
xlTextValues	文字

!Hint　參照的儲存格種類 (Excel 的操作)

在 Excel 的操作裡，若要選取含有特定資料種類的儲存格，可按下**常用**頁次**尋找與選取**區的**特殊目標**，從開啟的**特殊目標**交談窗裡指定要選取的儲存格種類。要在 VBA 完成相同的操作時，可使用 SpecialCells 方法。

② 只刪除文字或數值資料

刪除文字與數值資料

```
Sub 刪除文字與數值資料 ()
    Range("A4:F9").SpecialCells(xlCellTypeConstants, _
        xlNumbers + xlTextValues).ClearContents
End Sub
```

❶ 刪 除 儲 存 格 A4：F9 的常數（數值與文字）的資料

Memo 刪除文字或數值資料

以 SpecialCells 方法指定含有文字或數值資料的儲存格再刪除值。輸入了公式的儲存格將保留公式。

執行範例

❶ 只將這個範圍裡的文字或數值資料

	A	B	C	D	E	F	G
1	免費體驗參加者清單						
2							
3	申請入會	姓名	帳號	課程編號	行動電話	電子郵件信箱	
4	○	許郁文	takada	2	090-0000-XXXX	takada@example.com	
5	○	張瑋礽		3	080-0001-XXXX		
6		張銘仁	watanabe	2		watanabe@example.com	
7	○	鄭羽晨	yayoi	4	080-0005-XXXX	yayoi@example.com	
8		陳勝朋	kawano			kawano@example.com	
9	○	王美雪		3	090-0005-XXXX		
10							

C4 ▾ : × ✓ *fx* =LEFT(F4,SEARCH("@",F4,1)-1)

	A	B	C	D	E	F	G
1	免費體驗參加者清單						
2							
3	申請入會	姓名	帳號	課程編號	行動電話	電子郵件信箱	
4		◆					
5							
6							
7							
8							
9							
10							

❷ 刪除（C 欄還留有公式）

⚠Hint 只選取含有公式的儲存格

以 SpecialCells 方法指定含有公式的儲存格之後，就能只操作含有公式的儲存格。此時可使用「Range("A3"). CurrentRegion.SpecialCells(xlCellTypeFormulas).Select」的語法指定。要只操作公式結果的文字儲存格時，可在指定儲存格的種類後，連同資料種類一併指定。

```
Range("A3").CurrentRegion.SpecialCells(xlCellTypeFormulas, xlTextValues).Select
```

3 刪除第1欄裡沒有資料的列

刪除 A 欄裡的空白列

```
Sub 刪除 A 欄裡的空白列 ()
    Range("A4:A9").SpecialCells(xlCellTypeBlanks)_
        .EntireRow.Delete
End Sub
```

❶ 將 儲 存 格 A4：A9 裡含有空白儲存格的列整列刪除

執行範例

	A	B	C	D	E	F	G
1	免費體驗參加者清單						
2							
3	申請入會	姓名	帳號	課程編號	行動電話	電子郵件信箱	
4	○	許郁文	takada	2	090-0000-XXXX	takada@example.com	
5	○	張瑋祊		3	080-0001-XXXX		
6		張銘仁	watanabe	2		watanabe@example.com	
7	○	鄭羽晨	yayoi	4	080-0005-XXXX	yayoi@example.com	
8		陳勝朋	kawano			kawano@example.com	
9	○	王美雪		3	090-0005-XXXX		
10							

❶ 將「申請入會」欄位的空白列

	A	B	C	D	E	F	G
1	免費體驗參加者清單						
2							
3	申請入會	姓名	帳號	課程編號	行動電話	電子郵件信箱	
4	○	許郁文	takada	2	090-0000-XXXX	takada@example.com	
5	○	張瑋祊		3	080-0001-XXXX		
6	○	鄭羽晨	yayoi	4	080-0005-XXXX	yayoi@example.com	
7	○	王美雪		3	090-0005-XXXX		
8							
9							
10							

❷ 整列刪除

Memo 將 A 欄裡含有空白儲存格的列刪除

搜尋表格第 1 欄的空白儲存格，再將該儲存格整列刪除。利用 SpecialCells 方法參照空白的儲存格，再整列刪除空白儲存格的列。

Hint 參照含有參照儲存格的整列

要參照含有參照儲存格整列時，可 使用 EntireRow 屬 性（參 考 Unit 37）。

Step up 只選取可見的儲存格

若想將列與欄設定為隱藏，只複製／貼上看得見的部分時，可針對可見的儲存格複製。此時可將 SpecialCells 方法的儲存格種類設定為可見的儲存格。

```
Range("A3").CurrentRegion.SepcailCells(xlCellTypeVisible).Copy
```

Unit 33 縮小與擴充儲存格範圍

<table>
<tr><td colspan="2">一定要記住的關鍵字</td></tr>
<tr><td>☑</td><td>Resize 屬性</td></tr>
<tr><td>☑</td><td>RowSize</td></tr>
<tr><td>☑</td><td>ColumnSize</td></tr>
</table>

VBA 可利用「距離特定的儲存格 3 列 2 欄之處」的指定方法參照儲存格範圍。也可縮小或擴充某個儲存格範圍再參照。這類作業都可透過 Range 屬性輕鬆完成。可透過參數指定列與欄的縮小與放大的數量。

1 縮小、擴充儲存格範圍再參照

Memo 縮小、擴充參照的儲存格範圍

要縮小、擴充參照的儲存格範圍可使用 Resize 屬性。這次將儲存格 B4 當成左上角的儲存格，選取 2 列 3 欄的儲存格範圍。

擴充儲存格範圍再選取

❶ 以儲存格 B4 為基準，選取距離 2 列 3 欄的儲存格

```vba
Sub 擴充儲存格範圍再選取 ()
    Range("B4").Resize(2, 3).Select
End Sub
```

執行範例

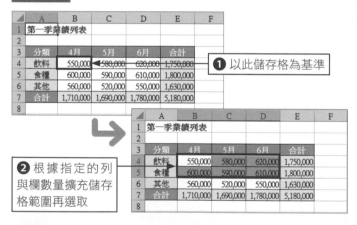

❶ 以此儲存格為基準

❷ 根據指定的列與欄數量擴充儲存格範圍再選取

格式 Resize 屬性

物件 .Resize([RowSize],[ColumnSize])

解說	縮小、擴充儲存格範圍再參照。
物件	指定 Range 物件。
參數	

RowSize 指定列數。省略時，指定為與原始範圍相同的數量。

ColumnSize 指定欄數。省略時，指定為與原始範圍相同的數量。

② 取得沒有標題的範圍

選取沒有標題列的範圍

```
Sub 選取非標題的範圍 ()
    Dim 儲存格範圍 As Range        ❶ 宣告 Range 類型的變數 (儲存格範圍)
    Set 儲存格範圍 = Range("A3").CurrentRegion

    儲存格範圍 .Offset(1, 1).Resize(儲存格範圍 .Rows.Count - 1, _
        儲存格範圍 .Columns.Count - 1).Select
End Sub
```

❷ 將含有儲存格 A3 的作用中儲存格範圍指定給變數 (儲存格範圍)

❸ 讓變數 (儲存格範圍) 往右下位移，再選取比變數 (儲存格範圍) 少一列與一欄的儲存格範圍

執行範例

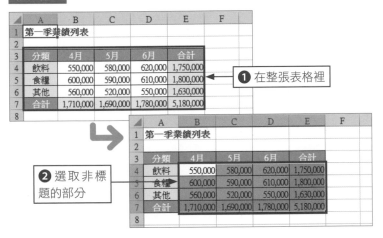

❶ 在整張表格裡

❷ 選取非標題的部分

Memo　選取表格項目之外的部分

這次選取的是表格左側與上側非表格項目的儲存格。利用 Offset 屬性將整張表格的儲存格範圍往右下移，再利用 Resize 屬性縮小選取的儲存格範圍。

Step up 選取非合計的資料

當表格的右側與下方有合計列時，要選取非合計列的資料可使用 Resize 屬性縮小選取的儲存格範圍。範例以整張表格的儲存格範圍為基準，將選取範圍縮小 1 列與 1 欄後再選取。

	A	B	C	D	E
1	第一季業績列表				
2					
3	分類	4月	5月	6月	合計
4	飲料	550,000	580,000	620,000	1,750,000
5	食糧	600,000	590,000	610,000	1,800,000
6	其他	560,000	520,000	550,000	1,630,000
7	合計	1,710,000	1,690,000	1,780,000	5,180,000
8					

❶ 宣告 Range 類型的變數 (儲存格範圍)

❷ 將含有儲存格 A3 的作用中儲存格範圍指定給變數 (儲存格範圍)

```
Sub 選取非合計的資料 ()
    Dim 儲存格範圍 As Range
    Set 儲存格範圍 = Range("A3").CurrentRegion

    儲存格範圍 .Resize(儲存格範圍 .Rows.Count - 1, _
        儲存格範圍 .Columns.Count - 1).Select
End Sub
```

❸ 選取比變數 (儲存格範圍) 少 1 列與少 1 欄的儲存格範圍

替儲存格命名

一定要記住的關鍵字

☑ Name 屬性
☑ Add 方法
☑ Delete 方法

Excel 可替儲存格或儲存格範圍命名。而 VBA 可透過這些名字操作表格或是列表。儲存格範圍的名稱可利用 Range 物件的 Name 屬性取得或設定。

1 替儲存格範圍命名

✎Memo 替儲存格範圍命名

這次替儲存格範圍命名為「尺寸表格 1」，再選取該名稱的儲存格範圍。要設定名稱時，可使用 Range 物件的 Name 屬性。

①Hint 利用名稱選取儲存格

要利用儲存格範圍的名稱選取儲存格範圍時，可利用 Range 物件的 Range 屬性指定儲存格範圍的名稱。

```
Range(" 尺寸表格 1").Select
```

📑Step up 其他定義名稱的方法

定義名稱後，活頁簿的 Names 集合就會新增 Name 物件。此外，要定義名稱除了使用 Range 物件的 Name 屬性，還可使用 Names 集合的 Add 方法。此時可將程式碼寫成下列的內容。

```
Sub 替儲存格命名 2()
  ActiveWorkbook.Names.Add _
  Name:=" 尺寸表格 2", _
    RefersTo:=" 女仕 !$A$3:$C$6"
End Sub
```

替儲存格範圍命名

❶ 將含有儲存格 A3 的作用中儲存格範圍命名為「尺寸表格 1」

```
Sub 替儲存格命名 ()

    Range("A3").CurrentRegion.Name = " 尺寸表格 1"

    Range(" 尺寸表格 1").Select

End Sub
```

❷ 選取儲存格範圍「尺寸表格 1」

執行範例

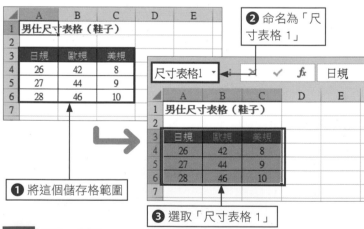

❷ 命名為「尺寸表格 1」

❶ 將這個儲存格範圍

❸ 選取「尺寸表格 1」

格式 Name 屬性

物件 .Name

解說	設定儲存格的名稱。
物件	指定 Range 物件。

② 刪除定義的名稱

刪除名稱

```
Sub 刪除名稱()
    ActiveWorkbook.Names("尺寸表格1").Delete
End Sub
```

❶ 刪除於活頁簿定義的「尺寸表格 1」名稱

✎Memo 刪除定義的名稱

這次刪除了定義的名稱（尺寸表格 1）。要刪除名稱時，可使用代表名稱的 Name 物件的 Delete 方法。要取得 Name 物件可使用 Workbook 物件的 Names 屬性取得 Name 物件的集合，也就是 Names 集合再指定要參照的名稱。

執行範例

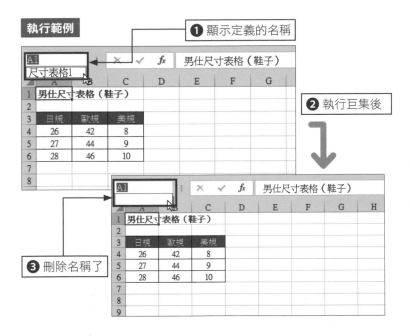

❶ 顯示定義的名稱

❷ 執行巨集後

❸ 刪除名稱了

---

①Hint 替儲存格範圍命名

要在 Excel 裡替儲存格範圍命名時，可先選取要命名的儲存格範圍，再從**公式**頁次點選**定義名稱**，接著在**新名稱**交談窗裡輸入名稱，再按下**確定**鈕即可定義名稱。

操作儲存格的資料

Excel 可在儲存格輸入資料、移動資料或複製資料，藉此完成表格。
VBA 也一樣，能在取得目標儲存格範圍之後操作資料。要取得儲存格的值或是在儲存格輸入值，都可使用 Range 物件的 Value 屬性。

1 在儲存格輸入資料

✎Memo 在儲存格輸入資料

這次是在儲存格 A1 輸入文字。要參照儲存格的值或是輸入值，都可使用 Range 物件的 Value 屬性。

在儲存格輸入資料

❶ 在儲存格 A1 輸入「本日負責人」

```
Sub 輸入資料 ()
    Range ("A1").Value = " 本日負責人 "
End Sub
```

執行範例

❶ 在儲存格 A1 裡

	A	B	C
1			
2			
3	時間	負責人	
4	上午	郁文	
5	下午1點到3點	瑋礽	
6	下午3點到5點	銘仁	
7	下午5點到9點	羽晨	
8			
9			
10			

❷ 輸入指定的文字

	A	B	C
1	本日負責人		
2			
3	時間	負責人	
4	上午	郁文	
5	下午1點到3點	瑋礽	
6	下午3點到5點	銘仁	
7	下午5點到9點	羽晨	
8			
9			
10			

⚠Hint 省略 Value 屬性

Range 物件的預設屬性為 Value 屬性，所以 Value 屬性可以省略不輸入。比方說，寫成下列的內容也一樣能取得儲存格的值或是在儲存格裡設定值。

```
Range ("A1")=" 午安 "
Range ("A1")=Range ("B1")
```

格式 Value 屬性

> **物件 .Value**
>
> **解說** 要參照儲存格的值或是在儲存格輸入值都可使用 Value 屬性。
>
> **物件** 指定 Range 物件。

❷ 複製儲存格的內容

複製儲存格的內容

```
Sub 複製表格 ()

    Range("A3","B7").Copy Range("E3")

End Sub
```

❶ 將儲存格 A3：B7 的內容複製到儲存格 E3

Memo 複製儲存格的內容

這次是將儲存格 A3：B7 的內容複製到儲存格 E3。

執行範例

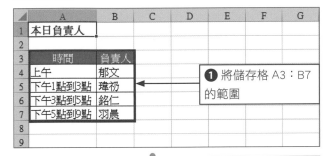

❶ 將儲存格 A3：B7 的範圍

❷ 複製到儲存格 E3 了

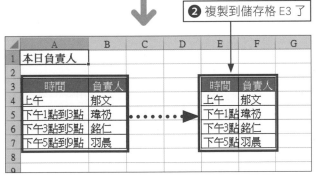

格式　Copy 方法

物件 .Copy([目標位置])

解說	要複製儲存格的內容可使用 Range 物件的 Copy 方法。可利用參數指定貼上位置。
物件	指定 Range 物件。
參數	
Destination	指定貼上資料的儲存格範圍。省略此參數時，將把資料複製到剪貼簿裡。

Hint 只複製值與格式

若只要複製值與格式這類資料，可於貼上資料的時候指定格式（參考 4-27 頁）。

③ 利用剪貼簿將儲存格的內容複製到不同的位置

將表格複製到不同的位置

```
Sub 將表格複製到不同的位置 ()
    Range("A3", "B7").Copy
    ActiveSheet.Paste Range("E3")
    ActiveSheet.Paste Range("I3")
    Application.CutCopyMode= False
End Sub
```

❶ 將儲存格 A3：B7 的資料複製到剪貼簿裡

❷ 將剪貼簿的資料複製到儲存格 E3 裡

❸ 將剪貼簿的資料複製到儲存格 I3 裡

❹ 關閉複製模式

📝 **Memo　將儲存格的內容複製到不同的位置**

這次在複製儲存格 A3：B7 的內容之後，將內容貼在兩處位置。若省略 Copy 方法的貼上位置參數，指定儲存格範圍的內容就會複製到剪貼簿裡，此時只要利用 Worksheet 物件的 Paste 方法，就能將剪貼簿的資料貼在不同的儲存格範圍裡。

執行範例

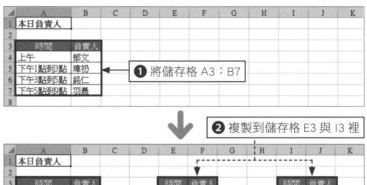

❶ 將儲存格 A3：B7

❷ 複製到儲存格 E3 與 I3 裡

格式　Paste 方法

物件 .Paste([Destination],[Link])

解說　要貼上剪貼簿裡的資料可使用 Paste 方法。

物件　指定 Worksheet 物件。

參數

Destination　指定貼上資料的儲存格範圍。

Link　要貼上連結時指定為「True」，否則就指定為「False」。預設值為「False」。此外，指定 Link 時，無法指定 Destination，所以必須先選取貼上資料的儲存格範圍。

⬆️ **Step up　解除複製之後的閃爍**

貼上資料後，原始資料的周圍會不斷閃爍，而要解除資料的剪貼或是複製模式，可將 Application 物件的 CutCopyMode 屬性設定為 False。

④ 剪貼儲存格的內容

將表格移動至其他位置

```
Sub 移動表格 ()
    Range("A3","B7").Cut Range("E3")
End Sub
```

❶ 將儲存格 A3：B7 的內容移動至儲存格 E3

Memo 要移動儲存格的內容

可使用 Range 物件的 Cut 方法。
可利用參數指定移動的位置。這
次將儲存格 A3：B7 移動儲存格
E3 裡。

執行範例

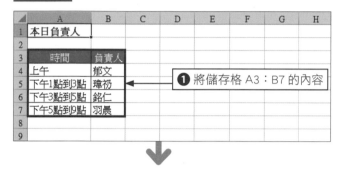

❶ 將儲存格 A3：B7 的內容

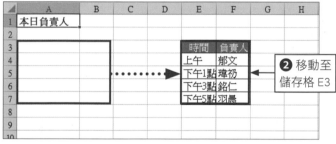

❷ 移動至儲存格 E3

格式　Cut 方法

物件 .Cut([Destination])

解說	要移動儲存格的內容可使用 Cut 方法。
物件	指定 Range 物件。
參數	
Destination	指定資料的移動位置。若省略此參數，儲存格的內容將複製到剪貼簿裡。

Hint 只移動值與格式

若想將儲存格的值或格式移動至
其他位置時，可在貼上資料時指
定格式（參考 4-27 頁）。

5 選擇格式再貼上

只貼上格式或是值

這次只要將儲存格 A3：B7 的格式貼在其他的位置。在 Excel 貼上複製的值時，要只貼入指定的資訊可使用 4-27 頁的方法。若是在 VBA 的環境下，則可使用 Range 物件的 PasteSpecial 方法。利用參數指定要貼上的內容。

只複製格式與欄寬

❶ 將儲存格 A3：B7 的內容複製到剪貼簿

```
Sub 只複製格式與欄寬 ()
    Range("A3", "B7").Copy
    With Range("E3")
        .PasteSpecial xlPasteFormats
        .PasteSpecial xlPasteColumnWidths
    End With
    Application.CutCopyMode = False
End Sub
```

❷ 再貼上格式

（With 陳述式）這部份的程式碼為，要寫入 E3 儲存格的處理。

❸ 接著貼上欄寬的資訊　　❹ 關閉複製模式

執行範例

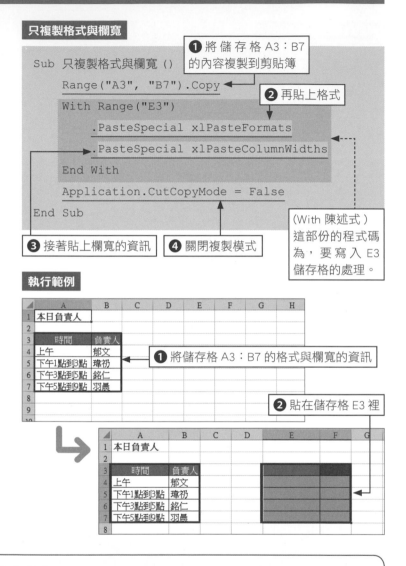

❶ 將儲存格 A3：B7 的格式與欄寬的資訊

❷ 貼在儲存格 E3 裡

🔼 Step up 將計算結果貼在儲存格裡

指定格式之後貼上資料的操作也能在貼上資料時，讓資料與貼上位置的值進行計算。要以 VBA 完成此項操作時，可透過 PasteSpecial 方法的參數 Operation 指定計算種類。舉例來說，右側的範例可將儲存格 A1 的值加在儲存格 A3：A5 的值裡。

```
Sub 貼入值並加以計算 ()
    Range("A1").Copy
    Range("A3:A5").PasteSpecial _
        Operation:=xlPasteSpecialOperationAdd
    Application.CutCopyMode = False
End Sub
```

格式　PasteSpecial 方法

物件 .PasteSpecial([Paste],[Operation],[SkipBlanks],[Transpose])

解說　要從複製到剪貼簿的資訊之中挑出要貼入其他儲存格的指定資訊時，可使用 PasteSpecial 方法。

物件　指定 Range 物件。

參數

Paste　指定貼入的內容。設定值如下。

設定值	內容
xlPasteAll	所有內容
xlPasteAllExceptBorders	除了框線
xlPasteAllUsingSourceTheme	套用複製來源的主題並貼上所有內容
xlPasteAllMergingConditionalFormats	所有合併的格式化條件（Excel 2010 之後）
xlPasteColumnWidths	欄寬
xlPasteComments	註解
xlPasteFormats	格式
xlPasteFormulas	公式
xlPasteFormulasAndNumberFormats	公式與數值的格式
xlPasteValidation	驗證規則
xlPasteValues	值
xlPasteValuesAndNumberFormats	值與數值的格式

Operation　於運算之後貼上結果時的指定。

設定值	內容
xlPasteSpecialOperationAdd	加法
xlPasteSpecialOperationDivide	除法
xlPasteSpecialOperationMultiply	乘法
xlPasteSpecialOperationNone	不計算
xlPasteSpecialOperationSubtract	減法

SkipBlanks　若要將空白儲存格排除在貼入目標位置之外請指定為 True，若要指定為目標位置則設定為 False。預設為 False。

Transpose　若希望在貼入資料時，讓列與欄的資料互換可指定為 True，不互換則可指定為 False。預設值為 False。

！Hint 選擇格式再貼上 (Excel 的操作)

在 Excel 的環境複製或剪貼資料時，可按下**常用**頁次**貼上**鈕下方的▼，再選擇**選擇性貼上**，從開啟的**選擇性貼上**交談窗裡選擇要貼上的資料種類。PasteSpecial 方法可透過參數指定要貼上的資料種類。

Unit 36　插入、刪除儲存格

一定要記住的關鍵字

☑ Insert 方法
☑ Delete 方法
☑ Shift

在 Excel 裡插入或刪除儲存格之後,可選擇周圍的儲存格往哪一側位移。若要以 VBA 插入儲存格,可使用 Insert 方法,刪除儲存格則是使用 Delete 方法。而這兩種方法的參數可在插入或刪除儲存格的時候,決定周圍的儲存格要位移的方向。

1　插入儲存格

插入儲存格

```
Sub 插入儲存格()
    Range("A4", Range("A4").End(xlToRight)) _
        .Insert shift:=xlShiftDown, _
            CopyOrigin:=xlFormatFromRightOrBelow
End Sub
```

❶ 以儲存格 A4:A4 為基準插入範圍直至右側邊緣的儲存格,並在插入儲存格之後,讓現有的儲存格往下方移位,再複製下方儲存格的格式

📝Memo　插入儲存格

這次要以儲存格 A4:A4 為基準,插入範圍直至右側邊緣的儲存格。原本位於此位置的儲存格則往下方位移。在 Excel 插入儲存格之後,可指定既有的儲存格往何處位移(參考下一頁)。VBA 則是利用 Insert 方法的參數指定位移的方向。

❗Hint　插入整列與整欄

要插入整列或整欄可參考 Unit 38 的操作。

執行範例

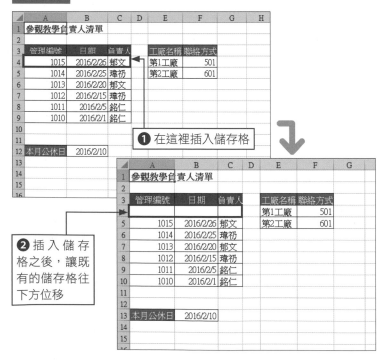

❶ 在這裡插入儲存格

❷ 插入儲存格之後,讓既有的儲存格往下方位移

格式 Insert 方法

物件 .Insert([Shift],[CopyOrigin])

解說 可使用 Insert 方法插入儲存格

物件 指定 Range 物件。

參數

Shift 在插入儲存格之後指定其他儲存格的位移方向。若省略此參數，將根據儲存格範圍的形狀自動決定位移方向（若是列與欄的數量相同，或是欄數多於列數則會往下方位移，若是欄數少於列數，則會向右側位移）。

設定值	內容
xlShiftDown	插入儲存格後往下位移
xlShiftToRight	插入儲存格後往右位移

CopyOrigin 在插入儲存格之後，選擇插入的儲存格的格式從哪個儲存格複製。若是插入的儲存格的上下（或左右）的儲存格格式不同，建議選擇要套用哪一邊的格式。

設定值	內容
xlFormatFromLeftOrAbove	從上或左的儲存格複製格式
xlFormatFromRightOrBelow	從下或右的儲存格複製格式

ⓘ Hint 插入儲存格 (Excel 的操作)

要在 Excel 插入儲存格時，可先選取要插入的儲存格，按下滑鼠右鍵再點選**插入**。插入儲存格之後，可指定要套用哪一邊的儲存格的格式。VBA 可利用 Insert 方法的參數指定這些內容。

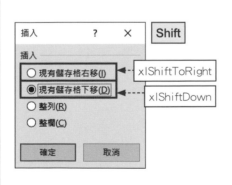

② 刪除儲存格

這次要刪除的是以儲存格 B3 ～ B3 為基準，直到下端儲存格為止的儲存格。刪除之後，原本位於右側的儲存格會往左位移。在 Excel 的環境下刪除儲存格時，可如下一頁的說明指定在刪除之後，儲存格位移的方向。在 VBA 的環境下則可利用 Delete 方法的參數指定儲存格的位移方向。

刪除儲存格

```
Sub 刪除儲存格 ()
 ┌ Range("B3", Range("B3").End(xlDown)) _
 │     .Delete shift:=xlShiftToLeft
 └
End Sub
```

❶ 這次要以儲存格 B3：B3 為基準，刪除範圍直到資料下方邊緣的儲存格，並在刪除儲存格之後，讓原本位於右側的儲存格往左位移

執行範例

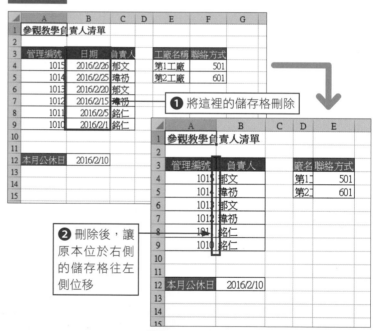

❶ 將這裡的儲存格刪除

❷ 刪除後，讓原本位於右側的儲存格往左側位移

Hint 刪除儲存格 (在 Excel 裡的操作)

要在 Excel 裡刪除儲存格時，可先選取要刪除的儲存格，按下滑鼠右鍵後，選擇**刪除**。刪除儲存格之後，可選擇儲存格要往哪一處位移。VBA 可利用 Delete 方法的參數指定儲存格位移的方向。

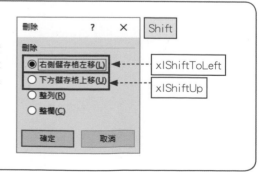

格式　Delete 方法

物件 .Delete([Shift])

解說　可使用 Delete 方法刪除儲存格。

物件　指定 Range 物件。

參數

Shift　在刪除儲存格之後指定其他儲存格的位移方向。若省略此
參數，將根據儲存格範圍的形狀自動決定位移方向（若是列
與欄的數量相同，或是欄數多於列數則會往上方位移，若
是欄數少於列數，則會向左側位移）。

設定值	內容
xlShiftToLeft	插入儲存格之後往左位移
xlShiftUp	插入儲存格之後往上位移

(!)Hint 刪除整列或整欄

有關刪除整列或整欄的方法，請
參考 Unit 38。

(!)Hint **刪除、插入整列與整欄 (在 Excel 裡的操作)**

選取部分的儲存格後，按下滑鼠右鍵點選**插入**或**刪除**，就會開啟**插入**或**刪除**交談窗。可從這些視窗選擇插
入或刪除包含選中儲存格的整列或整欄的儲存格。若要以 VBA 插入或刪除包含選取中儲存格的整列或整
欄儲存格時，可使用 EntireRow 屬性或 EntireColumn 屬性。相關操作請參考 Unit 37。

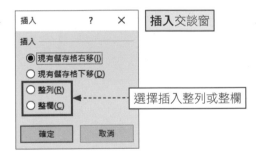

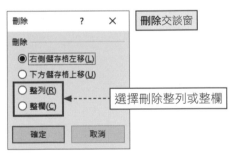

Step up **置換儲存格**

使用 Insert 屬性時，若事先以 Cut 方法 (參考 4-25 頁) 刪除儲存格，則可插入該儲存格的內容。下列的範
例可將儲存格 A4 插入儲存格 A7：C8 的位置。

```
Sub 置換儲存格 ()
    Range("A7:C8").Cut
    Range("A4").Insert shift:=xlShiftDown
End Sub
```

參照列與欄

要參照代表整列的 Range 物件時，可使用 Worksheet 物件的 Rows 屬性。若參照的是整欄則可改用 Columns 屬性。假設要參照的是選取中的儲存格的整列或是整欄，則可使用 EntireRow 屬性或 EntireColumn 屬性。

1 操作指定的列或欄

📝Memo 參照整列或整欄

這次要選取的是 C 欄：E 欄。要參照整欄時，可使用 Worksheet 物件的 Columns 屬性。

ⓘHint 如何指定不連續的列或欄

若想以「第 3 列：第 5 列以及第 8 列：第 9 列」、「B 欄：C 欄以及 F 欄：H 欄」這種方式指定不連續的列或欄的範圍時，可使用 Range 屬性參照 Range 物件。例如可寫成下列的內容。

```
Range("3:5,8:9")
Range("B:C,F:H")
```

📝Step up 取得列數與欄數

要取得儲存格範圍的列數或欄數時，可使用 Range 物件的 Count 屬性。舉例來說，若要取得包含儲存格 A3 的作用中儲存格範圍的列數時，可將程式碼寫成「MsgBox Range("A3").CurrentRegion. Rows.Count」。若要取得的是欄數，則可寫成「MsgBox Range("A3").CurrentRegion. Columns.Count」。

選取整欄

```
Sub 選取整欄()
    Columns("C:E").Select            ← ❶ 選取 C 欄：E 欄
End Sub
```

執行範例

❶ 選取 C 欄：E 欄

格式 Rows／Columns 屬性

```
物件 .Rows
物件 .Columns
```

解說 要參照整列可使用 Rows 屬性，要參照整欄可使用 Columns 屬性。

物件 指定 Worksheet 物件與 Range 物件。

範例	內容
Rows(3)	第 3 列
Rows("3:10")	第 3 列：第 10 列
Rows	全列
Columns(3)／Columns("C")	C 欄
Columns("C:E")	C 欄：E 欄
Columns	整欄

② 操作選取中儲存格的列與欄

選取含有選取中儲存格的整列

```
Sub 選取含有選取中儲存格的列 ()
    Selection.EntireRow.Select
End Sub
```

❶ 選取含有選取中儲存格的整列

執行範例

	A	B	C	D	E	F
1	新會員清單					
2						
3	會員編號	姓名	帳號	行動電話	電子郵件信箱	
4	1001	許郁文	takada	090-0000-XXXX	takada@example.com	
5	1002	張瑋祯	miki	080-0001-XXXX	miki@example.com	
6	1003	張銘仁	watanabe	090-0002-XXXX	watanabe@example.com	
7	1004	鄭羽晨	yayoi	080-0005-XXXX	yayoi@example.com	
8	1005	陳勝朋	kawano	090-0004-XXXX	kawano@example.com	
9	1006	王美雪	ueshima	090-0005-XXXX	ueshima@example.com	
10						

❶ 針對含有選取中儲存格的列

	A	B	C	D	E	F
1	新會員清單					
2						
3	會員編號	姓名	帳號	行動電話	電子郵件信箱	
4	1001	許郁文	takada	090-0000-XXXX	takada@example.com	
5	1002	張瑋祯	miki	080-0001-XXXX	miki@example.com	
6	1003	張銘仁	watanabe	090-0002-XXXX	watanabe@example.com	
7	1004	鄭羽晨	yayoi	080-0005-XXXX	yayoi@example.com	
8	1005	陳勝朋	kawano	090-0004-XXXX	kawano@example.com	
9	1006	王美雪	ueshima	090-0005-XXXX	ueshima@example.com	
10						

❷ 選取這 3 列

格式　EntireRow ／ EntireColumn 屬性

> **物件 .EntireRow**
> **物件 .EntireColumn**
>
> **解說**　要取得整列可使用 EntireRow 屬性，取得整欄則使用 EntireColumn 屬性。
>
> **物件**　指定 Range 物件。

✎ Memo　操作整列或整欄

這次要以選取中的儲存格為基準操作含有該儲存格的整列或整欄。可以使用 Range 物件的 EntireRow 屬性或 EntireColumn 屬性。

⊕ Hint　參照指定範圍內的第 ○列與第○欄

使用 Range 物件的 Rows 屬性或 Columns 屬性就能取得指定儲存格範圍內的列或欄。舉例來說，要取得含有儲存格 A3 的作用中儲存格範圍的第 3 列儲存格時，可將程式碼寫成下列內容。

```
Range("A3").
CurrentRegion.Rows(3).
Select
```

⤴ Step up　取得列編號與欄編號

要取得列編號或欄編號可使用 Range 物件的 Row 屬性或 Column 屬性。此外，若已將儲存格範圍指定給 Range 物件，就會傳回該範圍的開頭列或第一欄的編號。

```
MsgBox Selection.Row
MsgBox Selection.Column
```

刪除、插入列與欄

要刪除或插入整列或整欄時，可使用 Range 物件的 Delete 方法與 Insert 方法。插入列 (欄) 的 Insert 方法可從相鄰的列 (欄) 之中挑選要套用的格式。此外，可透過 Hidden 屬性隱藏列或欄。

1 刪除列或欄

📝**Memo** 刪除整列與整欄

這次刪除的是第 5 列到第 7 列的範圍。使用的是 Range 物件的 Delete 方法。

刪除列

```
Sub 刪除列 ()
    Rows("5:7").Delete        ➊ 刪除第 5 列到第 7 列
End Sub
```

執行範例

❶ 將第 5 列到第 7 列

❷ 刪除

格式 **Delete 方法**

物件 .Delete([Shift])

解說	要刪除整列或整欄可使用 Delete 方法。
物件	指定 Range 物件。
參數	
Shift	可在刪除之後指定儲存格的位移方向。若是在整列指定給 Range 物件的時候，儲存格將向上位移，若指定的是整欄，則會向左位移。此外，有關刪除儲存格的部分請參考 Unit 36 的說明。

② 插入整列或整欄

插入整欄

```
Sub 插入欄 ()
    Columns("B:C").Insert copyorigin:=xlFormatFromRightOrBelow
End Sub
```

❶ 插入 B 欄：C 欄。此時將套用右欄的格式

執行範例

	A	B	C	D	E	F
1	新會員清單					
2						
3	會員編號	姓名	帳號	行動電話	電子郵件信箱	
4	1001	許郁文	takada	090-0000-XXXX	takada@example.com	
5	1002	張瑋礽	miki	080-0001-XXXX	miki@example.com	
6	1003	張銘仁	watanabe	090-0002-XXXX	watanabe@example.com	
7	1004	鄭羽晨	yayoi	080-0005-XXXX	yayoi@example.com	
8	1005	陳勝朋	kawano	090-0004-XXXX	kawano@example.com	
9	1006	王美雪	ueshima	090-0005-XXXX	ueshima@example.com	
10						

❶ 在 B 欄：C 欄

	A	B	C	D	E	F	G	H
1	新會員清單							
2								
3	會員編號			姓名	帳號	行動電話	電子郵件信箱	
4	1001			許郁文	takada	090-0000-XXXX	takada@example.com	
5	1002			張瑋礽	miki	080-0001-XXXX	miki@example.com	
6	1003			張銘仁	watanabe	090-0002-XXXX	watanabe@example.com	
7	1004			鄭羽晨	yayoi	080-0005-XXXX	yayoi@example.com	
8	1005			陳勝朋	kawano	090-0004-XXXX	kawano@example.com	
9	1006			王美雪	ueshima	090-0005-XXXX	ueshima@example.com	
10								

❷ 新增欄位

✎Memo　插入列或欄

這次利用 Range 物件的 Insert 方法在 B 欄：C 欄之間插入欄位，而且在插入欄位之後套用右欄的格式。若於 Excel 插入列或欄，可指定套用哪一列（欄）的格式（參考下方 Hint 的內容）。VBA 則是由 Insert 方法的參數指定。

格式　Insert 方法

物件 .Insert([Shift],[CopyOrigin])

解說　要插入列或欄可使用 Insert 方法。可透過參數設定插入列或欄之後，儲存格的位移方向，以及格式來源。

物件　指定 Range 物件。

參數

Shift　可在插入之後指定儲存格的位移方向。若是在整列指定給 Range 物件時，儲存格將向下位移，若指定的是整欄，則會向右位移。有關插入儲存格的部分請參考 Unit 36 的說明。

CopyOrigin　指定插入的列或欄的格式從哪一側複製的方向。

設定值	內容
xlFormatFromLeftOrAbove	從上列或左欄複製格式
xlFormatFromRightOrBelow	從下列或右欄複製格式

⚠Hint　插入列或欄（在 Excel 時的操作）

在 Excel 插入列或欄之後，點選顯示的按鈕 即可指定要套用哪一列（欄）的格式。

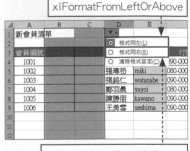

4-35

3 隱藏列或欄

✎Memo 隱藏列或欄

想讓列或欄暫時隱藏時,不一定要刪除列或欄,可先設定為隱藏就好。這次是將C欄:E欄隱藏。

隱藏欄

```
Sub 隱藏欄()
    Columns("C:E").Hidden = True
End Sub
```

❶ 隱藏C欄:E欄

執行範例

	A	B	C	D	E	F
1	新會員清單					
2						
3	會員編號	姓名	帳號	行動電話	電子郵件信箱	
4	1001	許郁文	takada	090-0000-XXXX	takada@example.com	
5	1002	張瑋礽	miki	080-0001-XXXX	miki@example.com	
6	1003	張銘仁	watanabe	090-0002-XXXX	watanabe@example.com	
7	1004	鄭羽晨	yayoi	080-0005-XXXX	yayoi@example.com	
8	1005	陳勝朋	kawano	090-0004-XXXX	kawano@example.com	
9	1006	王美雪	ueshima	090-0005-XXXX	ueshima@example.com	
10						

❶ 將C欄:E欄

	A	B	F	G	H	I	J	K
1	新會員清單							
2								
3	會員編號	姓名						
4	1001	許郁文						
5	1002	張瑋礽						
6	1003	張銘仁						
7	1004	鄭羽晨						
8	1005	陳勝朋						
9	1006	王美雪						
10								

❷ 隱藏

!Hint 重新顯示列或欄

要讓隱藏的列或欄重新顯示時,可將Hidden屬性設定為False。

```
Columns("C:E").Hidden = False
```

格式 Hidden 屬性

物件 .Hidden

解說 要指定列或欄是否顯示可使用 Range 物件的 Hidden 屬性。設定為 True 時,即可讓列或欄隱藏。

物件 指定 Range 物件。

第 **5** 章

調整表格的外觀

本章概要

本章要介紹的是用於設定表格或列表外觀的物件與屬性。要讓表格的標題更加搶眼可試著設定文字的格式或是對齊方式。此外我們也將介紹替表格與列表設定框線以及調整表格外觀的方法。

1　讓列高與欄寬一致

📝Memo　**調整表格的欄寬**

本章將介紹調整表格列高與欄寬的方法。除了能與 Excel 的操作一樣以數值設定，也能依照儲存格內的文字字數自動調整列高與欄寬。

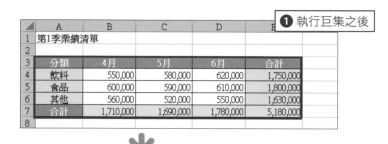

❶ 執行巨集之後

❷ 欄寬依照儲存格內容調整

2　設定儲存格的格式

📝Memo　**變更儲存格格式**

要讓表格或列表的標題更搶眼，不妨試著變更格式。讓我們一起指定文字的大小、顏色或是儲存格的顏色吧！取得代表字型或儲存格填色的物件後，再設定相關的格式。

❶ 執行巨集之後

❷ 指定表格標題的主題色

③ 套用框線

	A	B	C	D	E	F
1	家電專區業績表					
2						
3	商品編號	商品名稱	顏色	價格	數量	
4	T-001BK	循環風扇	黑色	15,000	1	
5	T-003WH	烤吐司機	白色	6,000	2	
6	T-001WH	循環風扇	白色	15,000	1	
7	T-002BK	自動咖啡機	黑色	6,500	1	
8	T-002WH	自動咖啡機	白色	6,500	1	
9	T-002NV	自動咖啡機	海藍色	6,500	1	
10	T-003BK	烤吐司機	黑色	6,000	1	
11	T-001RD	循環風扇	紅色	15,000	2	
12	T-003RD	烤吐司機	紅色	6,000	1	
13	T-003NV	烤吐司機	海藍色	6,000	1	

❶ 執行巨集之後

	A	B	C	D	E	F
1	家電專區業績表					
2						
3	商品編號	商品名稱	顏色	價格	數量	
4	T-001BK	循環風扇	黑色	15,000	1	
5	T-003WH	烤吐司機	白色	6,000	2	
6	T-001WH	循環風扇	白色	15,000	1	
7	T-002BK	自動咖啡機	黑色	6,500	1	
8	T-002WH	自動咖啡機	白色	6,500	1	
9	T-002NV	自動咖啡機	海藍色	6,500	1	
10	T-003BK	烤吐司機	黑色	6,000	1	
11	T-001RD	循環風扇	紅色	15,000	2	
12	T-003RD	烤吐司機	紅色	6,000	1	
13	T-003NV	烤吐司機	海藍色	6,000	1	

❷ 整張表格都套用了點狀的框線

📝Memo　在整張表格套用框線

本章將介紹在指定的儲存格範圍套用框線的方法。可設定套用框線的位置與框線的種類，也可在表格或列表套用格狀框線或是在標題下方套用粗底線。

④ 指定儲存格格式

	A	B	C	D	E	F
1	業績清單					
2						
3	日期	商品編號	商品名稱	數量	價格	
4	2016/1/10	S-001	2人坐沙發	2	45000	
5	2016/1/10	T-001	客廳桌	1	35000	
6	2016/1/11	T-001	客廳桌	1	35000	

❶ 執行巨集之後

	A	B	C	D	E	F
1	業績清單					
2						
3	日期	商品編號	商品名稱	數量	價格	
4	2016/1/10	S-001	2人坐沙發	2	45,000	
5	2016/1/10	T-001	客廳桌	1	35,000	
6	2016/1/11	T-001	客廳桌	1	35,000	

❷ 在該儲存格範圍的數值裡加入千分位樣式的逗號

📝Memo　於數值裡加入千分位樣式的逗號

這次要介紹如何簡單地設定數值與日期的顯示格式。要指定格式時，可使用格式符號，也可在數值裡加入千分位樣式的逗號，或是在日期裡加入星期。

Unit 40 變更列高與欄寬

一定要記住的關鍵字

- ☑ RowHeight 屬性
- ☑ ColumnWidth 屬性
- ☑ AutoFit 方法

要在 Excel 的環境下調整列高與欄寬可利用滑鼠拖曳或是以數值指定，也可雙按滑鼠左鍵自動調整。利用 VBA 調整列高與欄寬時，也可利用數值指定或是讓列高與欄寬隨著儲存格內的文字自動調整。

1 調整列高

✎Memo 指定列高

這次將第 4 列到第 6 列的列高設定為 25pt。使用的是 Range 物件的 RowHeight 屬性。

調整列高

```
Sub 指定列高 ( )
        Rows("4:6").RowHeight = 25
End Sub
```

 ❶ 將第 4 列：第 6 列的列高調整為 25pt

執行範例

	A	B	C	D	E	F
1	第1季業績清單					
2						
3	分類	4月	5月	6月	合計	
4	飲料	550,000	580,000	620,000	1,750,000	
5	食品	600,000	590,000	610,000	1,800,000	
6	其他	560,000	520,000	550,000	1,630,000	
7	合計	1,710,000	1,690,000	1,780,000	5,180,000	

❶ 將第 4 列：第 6 列的列高

	A	B	C	D	E	F
1	第1季業績清單					
2						
3	分類	4月	5月	6月	合計	
4	飲料	550,000	580,000	620,000	1,750,000	
5	食品	600,000	590,000	610,000	1,800,000	
6	其他	560,000	520,000	550,000	1,630,000	
7	合計	1,710,000	1,690,000	1,780,000	5,180,000	

❷ 調整為「25pt」

⤴Step up 設定標準列高

要設定標準列高時，可使用代表標準列高的 Range 物件的 UseStandardHeight 屬性。舉例來說，要讓第 4 列到第 6 列的列高恢復標準值時，可使用下列的程式碼。

```
Sub 恢復標準列高 ()
Range("4:6").UseStandardHeight = True
End Sub
```

格式 RowHeight 屬性

> **物件 .RowHeight**
>
> | **解說** | 要以數值指定列高時，可使用 Range 物件的 RowHeight 屬性。高度可利用 pt 單位指定。 |
> |---|---|
> | **物件** | 指定 Range 物件。 |

2 變更欄寬

變更欄寬

> ❶ 將 B 欄：D 欄的寬度設定為「12」

```
Sub 變更欄寬 ()
    Columns ("B:D") .ColumnWidth = 12
End Sub
```

Memo 指定欄寬

這次將 B 欄：D 欄設為「12」。可利用 Range 物件的 ColumnWidth 屬性指定。

執行範例

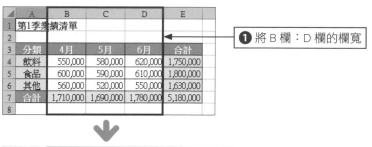

> ❶ 將 B 欄：D 欄的欄寬

> ❷ 設定為「12」

格式　ColumnWidth 屬性

物件 .ColumnWidth

解說	要指定欄寬時，可使用 ColumnWidth 屬性。指定欄寬時，可將文字的標準大小當成基準，以字數的合計寬度指定。
物件	指定 Range 物件。

Hint 變更含有指定儲存格的列或欄的大小

若以 Range 物件指定特定的儲存格，就能取得與指定含有該儲存格的列或欄的大小。舉例來說，將程式碼寫成「Range ("A10") .RowHeight = 20」，就能調整第 10 列的列高。

Step up 如何回復標準欄寬

若要回復標準欄寬可使用代表標準欄寬的 Range 物件的 UseStandardWidth 屬性。舉例來說，要讓 B 欄：C 欄回復標準欄寬時，可使用下列的程式碼。

```
Sub 恢復標準欄寬 ()
    Columns ("B:C") .UseStandardWidth = True
End Sub
```

3 自動調整列高與欄寬

Memo 自動調整列高與欄寬

這次以儲存格 A3：A3 為基準，自動調整含有該基準儲存格的欄位（從 A 欄：E 欄）的欄寬。使用的是 Range 物件的 AutoFit 方法。

自動調整欄寬

```
Sub 自動調整欄寬 ()
    Range("A3", Range("A3").End(xlToRight)) _
        .EntireColumn.AutoFit
End Sub
```

❶ 以儲存格 A3：A3 為基準，自動調整含有該基準儲存格的欄位（從 A 欄：E 欄）的欄寬

執行範例

❶ 以儲存格 A3：A3 為基準，讓含有該基準儲存格的欄位（從 A 欄：E 欄）

	A	B	C	D	E	F
1	第1季業績清單					
2						
3	分類	4月	5月	6月	合計	
4	飲料	550,000	580,000	620,000	1,750,000	
5	食品	600,000	590,000	610,000	1,800,000	
6	其他	560,000	520,000	550,000	1,630,000	
7	合計	1,710,000	1,690,000	1,780,000	5,180,000	
8						

❷ 依照儲存格內的文字長度自動調整

	A	B	C	D	E	F
1	第1季業績清單					
2						
3	分類	4月	5月	6月	合計	
4	飲料	550,000	580,000	620,000	1,750,000	
5	食品	600,000	590,000	610,000	1,800,000	
6	其他	560,000	520,000	550,000	1,630,000	
7	合計	1,710,000	1,690,000	1,780,000	5,180,000	
8						

格式 AutoFit 方法

物件 .AutoFit

解說	要讓列高與欄寬依照儲存格裡的文字大小或長度自動調整時，可使用 Range 物件的 AutoFit 方法。
物件	指定 Range 物件。

ⓘHint 自動調整列高

要自動調整列高也可使用 Range 物件的 AutoFit 方法。舉例來說，要自動調整第 3 列到第 7 列的列高時，可將程式碼寫成「Rows("3:7").AutoFit」。

4　依照儲存格範圍調整欄寬

依照儲存格範圍調整欄寬

```
Sub 依照儲存格範圍調整欄寬 ()
    Range("A3").CurrentRegion.Columns.AutoFit
End Sub
```

❶ 依照含有儲存格 A3 的作用中
儲存格範圍的內容自動調整欄寬

📝Memo　以特定的儲存格範圍
為基準調整欄寬

這次是以含有儲存格 A3 的作用
中儲存格範圍為基準調整欄寬。

執行範例

❶ 以此儲存格為基準

	A	B	C	D	E	F
1	第1季業績清單					
2						
3	分類	4月	5月	6月	合計	
4	飲料	550,000	580,000	620,000	1,750,000	
5	食品	600,000	590,000	610,000	1,800,000	
6	其他	560,000	520,000	550,000	1,630,000	
7	合計	1,710,000	1,690,000	1,780,000	5,180,000	
8						
9						

❷ 調整欄寬（忽略儲存格 A1的文字長度）

	A	B	C	D	E	F
1	第1季業績清單					
2						
3	分類	4月	5月	6月	合計	
4	飲料	550,000	580,000	620,000	1,750,000	
5	食品	600,000	590,000	610,000	1,800,000	
6	其他	560,000	520,000	550,000	1,630,000	
7	合計	1,710,000	1,690,000	1,780,000	5,180,000	
8						
9						

⚠️Hint　**標準樣式**

文字的標準大小會根據「一般」
樣式的文字大小調整。預設值
為「12pt」。要在 Excel 底下調
整「一般」樣式的文字大小時，
可切換到**常用**頁次按下**儲存格樣
式**，並在**一般**樣式按下滑鼠右鍵
之後點選**修改**。

⚠️Hint　**調整列高與欄寬（在 Excel 裡的操作）**

要在 Excel 底下以拖曳操作調整列高與欄寬時，可先選取列或欄，再拖曳列或欄的邊界。拖曳時，將顯示
列高與欄寬。在 VBE 指定列高或欄寬時，也與拖曳時顯示的值一樣，列高可以 pt 為單位指定，欄寬則以字
數指定。

設定儲存格的格式

在 Excel 的環境下可利用各種格式設定調整表格的外觀,而要利用 VBA 調整表格的外觀時,可先取得代表文字或儲存格填色的物件再設定格式。取得物件後,還可調整文字的大小或是將文字設為粗體或斜體。

1 調整文字的字型或大小

📝**Memo** 變更文字大小與字型

這次變更的是文字的字型與大小。取得代表文字相關資訊的 Font 物件之後,再利用 Font 物件的各種屬性設定格式。

變更字型與大小

撰寫與儲存格 A1 的字型相關的處理

```
Sub 設定文字格式1()
    With Range("A1").Font
        .Name = " 新細明體 "
        .Size = 20
    End With
End Sub
```

❶ 將字型設定為「新細明體」

❷ 大小設定為「20」

執行範例

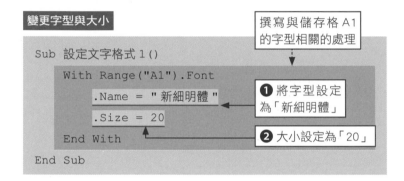

❶ 調整此儲存格的

❷ 文字大小與字型

💡**Hint** 取得 Font 物件

文字相關資訊都可透過操作 Font 物件設定。Font 物件可利用 Range 物件的 Font 屬性取得。

物件 .Font

物 件 指定 Range 物件。

格式 Name / Size 屬性

物件 .Name
物件 .Size

解說 字型資訊可透過 Font 物件的 Name 屬性設定,而文字大小可透過 Font 物件的 Size 屬性指定。文字大小可利用 pt 單位指定。

物件 指定 Font 物件。

② 將文字設為粗體、斜體或是套用底線

設定文字的格式

在此撰寫儲存格 A3：F3 的字型相關處理

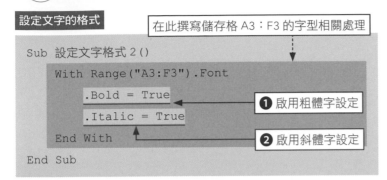

```
Sub 設定文字格式 2()

    With Range("A3:F3").Font

        .Bold = True          ❶ 啟用粗體字設定

        .Italic = True        ❷ 啟用斜體字設定

    End With

End Sub
```

執行範例

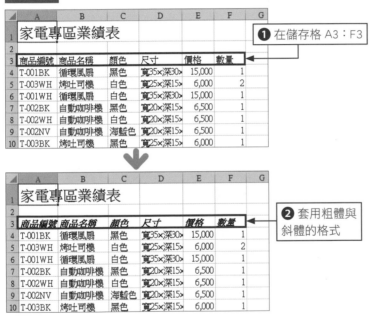

❶ 在儲存格 A3：F3

❷ 套用粗體與斜體的格式

格式　Bold ／ Italic ／ Underline 屬性

> **物件 .Bold**
> **物件 .Italic**
> **物件 .Underline**
>
> | 解說 | 要將文字設為粗體時可使用 Font 物件的 Bold 屬性，要設為斜體字則使用 Font 物件的 Italic 屬性。設為 True 則為套用，設為 False 則為解除套用。 |
> | 物件 | 指定 Font 物件。 |

📝 **Memo　在文字套用裝飾**

這次將表格的標題文字設定為粗體字與斜體字，使用的是 Font 物件的 Bold 屬性與 Italic 屬性。設定為 True 代表套用，設定為 False 代表解除套用。

❗ **Hint　也可利用 FontStyle 屬性指定**

文字的粗體或斜體樣式也可透過 Font 物件的 FontStyle 屬性指定。可設定的值包含「一般」、「斜體」、「粗體」、「粗體斜體」這類內容。舉例來說，可指定為「Range ("A1").Font. FontStyle="粗體"」的內容。

📝 **Memo　在文字套用底線**

要在文字套用底線時可使用 Font 物件的 Underline 屬性。與設定粗體或斜體相同，True 代表套用，False 代表解除套用。

🔼 **Step up　使用主題的字型**

要使用主題的字型可使用 Font 物件的 ThemeFont 屬性。指定主題的字型之後，字型將隨著指定的字型改變。有關主題的內容請參考 Unit 44。

物件 .ThemeFont

物件　指定 Range 物件。

設定值	內容
xlThemeFontMajor	使用標題的字型
xlThemeFontMinor	使用內文的字型
xlThemeFontNone	不使用主題字型

變更文字的對齊方式

要指定儲存格內的文字在左右方向的位置時,可使用 Range 物件的 HorizontalAlignment 屬性,而要指定上下方向的位置時,可使用 Range 物件的 VerticalAlignment 屬性。這次要試著將表格的標題配置在儲存格中央。

1 變更文字的對齊方式

讓文字置中對齊

```
Sub 文字的對齊方式 ()
    Range("A3:F3").HorizontalAlignment = xlCenter
End Sub
```

❶ 讓儲存格 A3:F3 的文字置中對齊

 Memo 變更文字的對齊方式

這次讓儲存格 A3:F3 的表格項目文字置中對齊。要指定文字的水平位置時,可使用 Range 物件的 HorizontalAlignment 屬性,要指定垂直位置時,可使用 VerticalAlignment 屬性。

執行範例

	A	B	C	D	E	F	G
1	家電專區業績表						
2							
3	商品編號	商品名稱	顏色	尺寸	價格	數量	
4	T-001BK	循環風扇	黑色	寬35×深30×高	15,000	1	
5	T-003WH	烤吐司機	白色	寬25×深15×高	6,000	2	
6	T-001WH	循環風扇	白色	寬35×深30×高	15,000	1	

❶ 將這些儲存格的文字

	A	B	C	D	E	F	G
1	家電專區業績表						
2							
3	商品編號	商品名稱	顏色	尺寸	價格	數量	
4	T-001BK	循環風扇	黑色	寬35×深30×高	15,000	1	
5	T-003WH	烤吐司機	白色	寬25×深15×高	6,000		

❷ 配置在儲存格中央

Hint 讓文字以直書的方式顯示

文字的方向可利用 Range 物件的 Orientation 屬性指定。相關的設定值如下。

設定值	內容
xlVertical	垂直
xlHorizontal	水平
-90 ~ 90 的數值	指定角度
xlDownward	往右旋轉 90 度
xlUpward	往左旋轉 90 度

格式 HorizontalAlignment 屬性

物件 .HorizontalAlignment

解說 根據儲存格的寬度指定文字的位置。可設定的位置如下。

物件 指定 Range 物件。

設定值	內容	設定值	內容
xlCenter	置中對齊	xlRight	靠右對齊
xlDistributed	分散對齊	xlGeneral	通用格式
xlJustify	對齊兩端	xlFill	填滿
xlLeft	靠左對齊	xlCenterAcrossSelection	在選擇範圍內置中對齊

② 文字換行顯示

讓文字換行顯示

```
Sub 文字的換行方式 ()
    Range("D4", Range("D4").End(xlDown)) _
        .WrapText = True
End Sub
```

❶ 以儲存格 D4：D4 為基準，讓從上方到下方邊緣的儲存格的文字換行顯示

執行範例

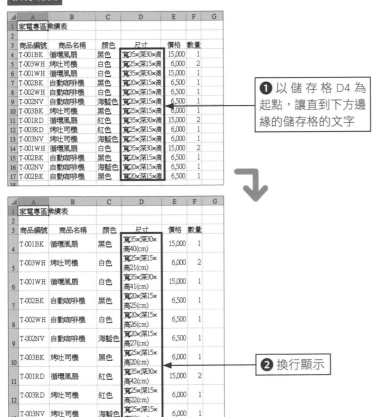

❶ 以儲存格 D4 為起點，讓直到下方邊緣的儲存格的文字

❷ 換行顯示

📝 **Memo**　讓儲存格內的文字換行顯示

這次以儲存格 D4 為起點，讓直到下方邊緣的儲存格文字換行顯示。要讓文字換行顯示，可使用 Range 物件的 WrapText 屬性。

📖 **Step up**　如何讓文字自動縮小

若要讓超出欄寬的文字自動縮小，可使用 Range 物件的 ShrinkToFit 屬性。指定為 True 代表讓文字縮小，指定為 False 則代表停用縮小設定。

格式 **WrapText 屬性**

物件 .WrapText

解說　要讓文字換行顯示時，可使用 Range 物件的 WrapText 屬性。指定為 True 即可讓文字換行，指定為 False 則代表不換行。

物件　指定 Range 物件。

設定文字與儲存格的顏色

要指定文字的顏色時，可使用 Font 物件的 Color 屬性或 ColorIndex 屬性。此外，儲存格內部的填色資訊或其他資訊可先取得 Interior 物件再設定。儲存格的背景色也可利用 Color 屬性或 ColorIndex 屬性指定。

① 變更文字或儲存格的顏色

變更文字或儲存格的顏色

撰寫有關儲存格 A3：E3 的處理

```
Sub 變更文字與儲存格的顏色 ()
    With Range ("A3:E3")
        .Font.Color = RGB(255, 255, 255)
        .Interior.Color = RGB(0, 0, 255)
    End With
End Sub
```

❶ 將文字設定為白色

❷ 將儲存格的填色設定為藍色

✎Memo 變更文字與儲存格的顏色

這次變更了表格裡的文字顏色。文字顏色可由 Font 物件的 Color 屬性或 ColorIndex 屬性做設定。

執行範例

❶ 設定表格的

❷ 文字與儲存格的顏色

⚠Hint 變更儲存格的填色

儲存格內部的填色可透過 Interior 物件的 Color 屬性或 ColorIndex 屬性指定。Interior 物件可透過 Range 物件的 Interior 屬性取得。

物件 .Color
物件 .ColorIndex

物件 指定 Interior 物件。

格式 Color ／ ColorIndex 屬性

> 物件 .Color
> 物件 .ColorIndex

解說　文字的顏色可利用 Font 物件的 Color 屬性或 ColorIndex 屬性指定。ColorIndex 屬性可指定的顏色共有 56 種顏色（參考下方內容）。若想指定其他顏色則可改用 Color 屬性。

物件　指定 Font 物件。

⊕Hint 以 Color 屬性指定顏色

要以 Color 屬性指定顏色時，可使用 RGB 函數。指定參數時，可利用 0 ～ 255 的整數分別指定紅、綠、藍的比例。

格式　RGB 函數
　　　　RGB (紅 , 綠 , 藍)

▼顏色指定範例

參數的指定	顏色	參數的指定	顏色
=RGB（0,0,0）	黑	=RGB（255,255,0）	黃
=RGB（255,0,0）	紅	=RGB（0,255,255）	青
=RGB（0,255,0）	綠	=RGB（255,0,255）	洋紅
=RGB（0,0,255）	藍	=RGB（255,255,255）	白

要在 Excel 的環境下確認顏色的感覺時，可在工作表的名稱按下滑鼠右鍵，選擇**索引標籤色彩 / 其他色彩**，再從色彩交談窗的**自訂**頁次確認。

此外，以 Color 屬性指定顏色時，也可直接指定 RGB 函數的傳回值。傳回值可利用「RGB（紅 , 綠 , 藍）」=（紅的數值）+（綠的數值 *256）+（藍的數值 *256^2）」的方式算出。以淡綠色為例，RGB 函數的設定為「RGB（146,208,80）」，所以傳回值就是「（146）+（208*256）+（80*256^2）」=5296274。若於錄製巨集時設定顏色，有時會直接指定為該傳回值。

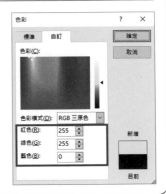

⊕Hint 以 ColorIndex 屬性指定

以 ColorIndex 屬性指定文字或儲存格的顏色時，設定值可以是索引值或是「自動」、「無設定」（參考下列表格）。想以顏色指定時，例如想將儲存格的顏色指定為黃色，可將程式碼寫成「Range ("A1") .Interior.ColorIndex = 6」。若要取消儲存格的顏色設定，則可寫成「Range ("A1") .Interior.ColorIndex =xlColorIndexNone」。

設定值	內容
xlColorIndexAutomatic	自動設定
xlColorIndexNone	無色彩
索引值	* 參照右圖

▼顏色與索引值的對應 (56 色)

	A	B	C	D	E	F	G	H
1	1	2	3	4	5	6	7	8
2								
3	9	10	11	12	13	14	15	16
4								
5	17	18	19	20	21	22	23	24
6								
7	25	26	27	28	29	30	31	32
8								
9	33	34	35	36	37	38	39	40
10								
11	41	42	43	44	45	46	47	48
12								
13	49	50	51	52	53	54	55	56
14								

指定佈景主題的顏色

要替文字指定主題色時，可使用 Font 物件的 ThemeColor 屬性與 TintAndShade 屬性。ThemeColor 屬性可指定為主題色，TintAndShade 屬性則可利用介於 0 ～ 1 之間的數值指定顏色的亮度。指定主題色之後，顏色將隨著選用的主題改變。

1 指定主題色

指定主題色

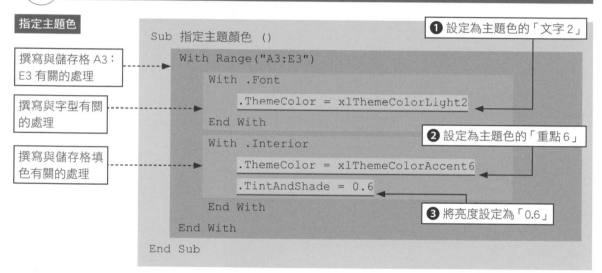

```
Sub 指定主題顏色 ()

    With Range("A3:E3")

        With .Font

            .ThemeColor = xlThemeColorLight2

        End With

        With .Interior

            .ThemeColor = xlThemeColorAccent6

            .TintAndShade = 0.6

        End With

    End With

End Sub
```

撰寫與儲存格 A3：E3 有關的處理

撰寫與字型有關的處理

撰寫與儲存格填色有關的處理

❶ 設定為主題色的「文字 2」

❷ 設定為主題色的「重點 6」

❸ 將亮度設定為「0.6」

Memo 指定佈景主題的顏色

這次是將表格裡的文字顏色設為佈景主題的顏色。要在 Excel 裡指定佈景主題的顏色時，可依照下一頁的步驟選擇。若以 VBA 指定，則可使用 Font 物件的 ThemeColor 屬性或 TintAndShade 屬性。

執行範例

❶ 將表格的文字顏色與儲存格顏色

❷ 設為佈景主題的顏色

格式 ThemeColor 屬性

物件 .ThemeColor

解說　要設定佈景主題色彩可使用 Font 物件的 ThemeColor 屬性。顏色的指定方法請參考下表。

物件　指定 Font 物件。

設定值	內容
xlThemeColorDark1	背景 1
xlThemeColorLight1	文字 1
xlThemeColorDark2	背景 2
xlThemeColorLight2	文字 2
xlThemeColorAccent1	深色 1
xlThemeColorAccent2	深色 2
xlThemeColorAccent3	深色 3
xlThemeColorAccent4	深色 4
xlThemeColorAccent5	深色 5
xlThemeColorAccent6	深色 6
xlThemeColorFollowedHyperlink	已點選的超連結顏色
xlThemeColorHyperlink	超連結顏色

格式 TintAndShade 屬性

物件 .TintAndShade

解說　要指定主題色彩的亮度時，可使用 TintAndShade 屬性。亮度可指定介於 -1 ～ 1 之間的數值，-1 為最暗，1 為最亮。

物件　指定 Font 物件。

✎ Memo　指定佈景主題色彩的亮度

要指定佈景主題色彩的亮度時，可使用 TintAndShade 屬性。

✓ Keyword　佈景主題

佈景主題就是文字的字型、大小、顏色與儲存格的顏色、圖形效果這些格式整理成一組再加以命名而成的設定，在 Excel 環境下，可從**版面配置**頁次的**佈景主題**選擇主題。套用佈景主題的字型與顏色之後，文字的字型與儲存格的顏色將自動隨著選擇的佈景主題改變。

① Hint　設定佈景主題的顏色（在 Excel 裡的操作）

要在 Excel 的環境下替文字或儲存格設定佈景主題色彩時，可從佈景主題的色盤裡選擇顏色。VBA 可利用 ThemeColor 屬性或 TintAndShade 屬性設定佈景主題色彩。相關的設定值請參考上表。

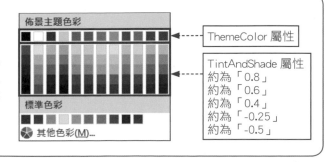

設定框線

要在儲存格套用框線，可利用 Border 物件與 Borders 集合來設定。使用 Border 物件與 Borders 集合，就能指定線條的種類與顏色。要於儲存格上下左右四個邊套用框線可使用 Borders 集合。

1 指定套用框線的位置

要在儲存格套用框線可利用 Border 物件與 Borders 集合。讓我們先了解取得 Border 物件與 Borders 集合的方法。要在儲存格上下左右四邊套用框線時，可使用代表四個 Border 物件的 Borders 集合。Borders 集合可透過 Range 物件的 Borders 屬性取得。

格式 Borders 屬性

物件 .Borders (index)

解說 要取得單個 Border 物件可使用 Borders 屬性。Borders 屬性可透過參數的設定值指定套用框線的位置。若不指定參數，直接設定為「物件 .Borders」時，可取得代表儲存格上下左右四條框線的 Borders 集合。

物件 指定 Range 物件。

參數 index 可指定下列表格裡的設定值。

設定值	內容	設定值	內容
xlDiagonalDown	從左上到右下的斜線	xlEdgeRight	右側
xlDiagonalUp	從左下到右上的斜線	xlEdgeTop	上方
xlEdgeBottom	下方	xlInsideHorizontal	內側（橫線）
xlEdgeLeft	左側	xlInsideVertical	內側（直線）

執行範例

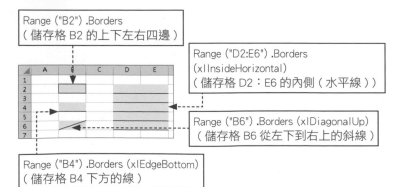

Range ("B2") .Borders
（儲存格 B2 的上下左右四邊）

Range ("D2:E6") .Borders
(xlInsideHorizontal)
（儲存格 D2：E6 的內側（水平線））

Range ("B6") .Borders (xlDiagonalUp)
（儲存格 B6 從左下到右上的斜線）

Range ("B4") .Borders (xlEdgeBottom)
（儲存格 B4 下方的線）

② 指定框線的種類

格式　LineStyle 屬性

物件 .LineStyle

解說　要指定框線種類可使用 LineStyle 屬性。設定值如下表。

物件　指定 Border 物件、Borders 集合。

設定值	內容	設定值	內容
xlContinuous	實線	xlDot	點線
xlDash	虛線	xlDouble	雙線
xlDashDot	單點鎖鍊線	xlLineStyleNone	無線
xlDashDotDot	雙點鎖鍊線	xlSlantDashDot	斜虛線

Memo　指定框線的種類與顏色

取得 Border 物件或 Borders 集合之後，可指定框線的位置、種類、粗細與顏色，可利用各種屬性指定框線相關的資訊。

③ 指定框線的粗細

格式　Weight 屬性

物件 .Weight

解說　要指定框線的粗細時，可指定 Weight 屬性。設定值請參考下列表格。

設定值	內容	設定值	內容
xlThin	極細	xlMedium	普通
xlHairline	細線（最細）	xlThick	粗線

物件　指定 Border 物件、Border 集合。

Memo　無法套用指定種類的框線時

指定框線的種類與粗細時，有時會因設定的組合導致某些設定被忽略。比方說，設定為粗雙重線時，就有可能無法如預期顯示。

④ 指定框線的顏色

格式　Color ／ ColorIndex ／ ThemeColor 屬性

物件 .Color
物件 .ColorIndex
物件 .ThemeColor

解說　指定框線顏色時，可使用 Color 屬性（參考 Unit 43）、ColorIndex 屬性（參考 Unit 43）、ThemeColor 屬性（參考 Unit 44）。Color 屬性可利用 RGB 函數設定顏色。ColorIndex 屬性可利用索引值或「自動」、「無」這類設定指定顏色。ThemeColor 屬性可利用佈景主題顏色指定顏色。

物件　指定 Border 物件或 Borders 集合。

5 套用格狀框線

Memo 套用格狀框線

這次要在含有儲存格 A3 的作用中儲存格範圍套用格狀框線。這次先取得 Borders 集合,並在儲存格的上下左右套用框線。

套用格狀框線

❶ 在含有儲存格 A3 的作用中儲存格範圍套用格狀框線。框線種類設為虛線

```
Sub 套用格狀框線 ()
    Range("A3").CurrentRegion.Borders_
        .LineStyle = xlDot
End Sub
```

執行範例

❶ 在含有儲存格 A3 的作用中儲存格範圍

	A	B	C	D	E	F
1	家電專區業績表					
2						
3	商品編號	商品名稱	顏色	價格	數量	
4	T-001BK	循環風扇	黑色	15,000	1	
5	T-003WH	烤吐司機	白色	6,000	2	
6	T-001WH	循環風扇	白色	15,000	1	
7	T-002BK	自動咖啡機	黑色	6,500	1	
8	T-002WH	自動咖啡機	白色	6,500	1	
9	T-002NV	自動咖啡機	海藍色	6,500	1	
10	T-003BK	烤吐司機	黑色	6,000	1	
11	T-001RD	循環風扇	紅色	15,000	2	
12	T-003RD	烤吐司機	紅色	6,000	1	
13	T-003NV	烤吐司機	海藍色	6,000	1	
14						

❷ 套用格狀框線

	A	B	C	D	E	F
1	家電專區業績表					
2						
3	商品編號	商品名稱	顏色	價格	數量	
4	T-001BK	循環風扇	黑色	15,000	1	
5	T-003WH	烤吐司機	白色	6,000	2	
6	T-001WH	循環風扇	白色	15,000	1	
7	T-002BK	自動咖啡機	黑色	6,500	1	
8	T-002WH	自動咖啡機	白色	6,500	1	
9	T-002NV	自動咖啡機	海藍色	6,500	1	
10	T-003BK	烤吐司機	黑色	6,000	1	
11	T-001RD	循環風扇	紅色	15,000	2	
12	T-003RD	烤吐司機	紅色	6,000	1	
13	T-003NV	烤吐司機	海藍色	6,000	1	
14						

Hint 在作用中儲存格範圍的內側(水平線)套用點線

要為了間隔列而在作用中儲存格範圍內側套用水平線,可將程式碼寫成下列內容。

```
Sub 套用分割列的框線 ()
    Range("A3:E13") ._
    Borders(xlInsideHorizontal)_
        .LineStyle = xlDot
End Sub
```

Keyword 點線與虛線

點線就是以連續的點所組成的線,虛線則是以略長的線組成的線。要注意的是,點線與虛線若指定了粗細,會無法如預期顯示。

6 在儲存格下方套用框線

在儲存格下方套用框線

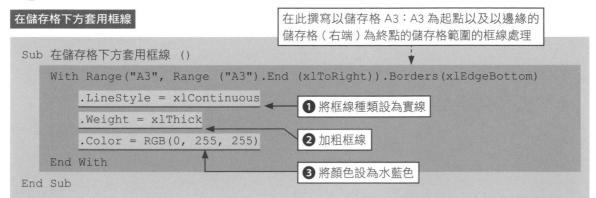

在此撰寫以儲存格 A3：A3 為起點以及以邊緣的
儲存格（右端）為終點的儲存格範圍的框線處理

```
Sub 在儲存格下方套用框線 ()

    With Range("A3", Range ("A3").End (xlToRight)).Borders(xlEdgeBottom)

        .LineStyle = xlContinuous           ❶ 將框線種類設為實線

        .Weight = xlThick                   ❷ 加粗框線

        .Color = RGB(0, 255, 255)           ❸ 將顏色設為水藍色

    End With

End Sub
```

執行範例

❶ 在起點為儲存格 A3：A3、終點
為右端儲存格的儲存格範圍下方

❷ 套用框線

ⓘHint 設定佈景主題的顏色

要套用佈景主題顏色的框線時，可使用 ThemeColor 屬性（參考 Unit 44）設定顏色。下面的範例是套用佈景
主題的深色 2 的框線。

```
Sub 套用佈景主題顏色的框線 ()

    With Range("A3:E13").Borders

        .LineStyle = xlDot

        .ThemeColor = xlThemeColorAccent2

        .TintAndShade = 0.2

    End With

End Sub
```

在選取範圍套用外框線

在儲存格範圍套用外框線

❶ 在含有儲存格 A3 的作用中儲存格範圍套用雙重藍線的外框線

```
Sub 套用外框線 ()
    Range("A3").CurrentRegion _
        .BorderAround LineStyle:=xlDouble, Color:=RGB (0, 0, 255)
End Sub
```

✎Memo 在儲存格範圍套用外框線

這次是在指定的儲存格範圍套用雙重藍線的外框線。要在儲存格範圍套用外框線時，可使用 Range 物件的 BorderAround 方法。

執行範例

❶ 在含有儲存格 A3 的作用中儲存格範圍

	A	B	C	D	E	F
1	家電專區業績表					
2						
3	商品編號	商品名稱	顏色	價格	數量	
4	T-001BK	循環風扇	黑色	15,000	1	
5	T-003WH	烤吐司機	白色	6,000	2	
6	T-001WH	循環風扇	白色	15,000	1	
7	T-002BK	自動咖啡機	黑色	6,500	1	
8	T-002WH	自動咖啡機	白色	6,500	1	
9	T-002NV	自動咖啡機	海藍色	6,500	1	
10	T-003BK	烤吐司機	黑色	6,000	1	
11	T-001RD	循環風扇	紅色	15,000	2	
12	T-003RD	烤吐司機	紅色	6,000	1	
13	T-003NV	烤吐司機	海藍色	6,000	1	
14						

❷ 套用外框線

	A	B	C	D	E	F
1	家電專區業績表					
2						
3	商品編號	商品名稱	顏色	價格	數量	
4	T-001BK	循環風扇	黑色	15,000	1	
5	T-003WH	烤吐司機	白色	6,000	2	
6	T-001WH	循環風扇	白色	15,000	1	
7	T-002BK	自動咖啡機	黑色	6,500	1	
8	T-002WH	自動咖啡機	白色	6,500	1	
9	T-002NV	自動咖啡機	海藍色	6,500	1	
10	T-003BK	烤吐司機	黑色	6,000	1	
11	T-001RD	循環風扇	紅色	15,000	2	
12	T-003RD	烤吐司機	紅色	6,000	1	
13	T-003NV	烤吐司機	海藍色	6,000	1	
14						

❗Hint 利用 ColorIndex 屬性指定顏色

框線的顏色也可用 ColorIndex 屬性指定。下面的範例就是利用 ColorIndex 屬性套用藍色框線。

```
Sub 套用藍色框線 ()
    With Range("A3:E13").Borders
        .LineStyle = xlDouble
        .ColorIndex = 5
    End With
End Sub
```

格式　　BorderAround 方法

物件 .BorderAround ([LineStyle],[Weight],[ColorIndex],[Color],[ThemeColor])

解說　　要在儲存格範圍套用外框線可使用 BorderAround 方法。參數可指定框線的顏色、種類與粗細。

物件　　指定 Range 物件。

參數

LineStyle　　　指定框線種類。相關的設定值請參考 LineStyle 屬性的設定值。

Weight　　　　指定框線的粗細。相關的設定值請參考 Weight 屬性的設定值。

ColorIndex　　指定框線的顏色。可指定為索引值或是「自動」、「無」的設定。指定方法請參考 Unit 43 的說明。

Color　　　　 指定框線的顏色。可利用 RGB 函數指定。

ThemeColor　 指定為佈景主題的顏色 (Excel 2010 之後)。可參考 Unit 44 的說明。

※ 顏色的指定可使用 Color、ColorIndex、ThemeColor 其中一種方法指定。

※ 框線的種類與粗細無法同時指定。若省略這兩種參數的設定,將套用預設的框線。

---

① Hint　刪除框線

若要刪除框線可利用 LineStyle 屬性指定「xlStyleNone」。例如要將儲存格範圍內的所有框線刪除,可寫成下列的程式碼。

	A	B	C	D	E
1	家電專區業績表				
2					
3	商品編號	商品名稱	顏色	價格	數量
4	T-001BK	循環風扇	黑色	15,000	1
5	T-003WH	烤吐司機	白色	6,000	2
6	T-001WH	循環風扇	白色	15,000	1
7	T-002BK	自動咖啡機	黑色	6,500	1
8	T-002WH	自動咖啡機	白色	6,500	1
9	T-002NV	自動咖啡機	海藍色	6,500	1
10	T-003BK	烤吐司機	黑色	6,000	1
11	T-001RD	循環風扇	紅色	15,000	2
12	T-003RD	烤吐司機	紅色	6,000	1
13	T-003NV	烤吐司機	海藍色	6,000	1
14					

→

	A	B	C	D	E
1	家電專區業績表				
2					
3	商品編號	商品名稱	顏色	價格	數量
4	T-001BK	循環風扇	黑色	15,000	1
5	T-003WH	烤吐司機	白色	6,000	2
6	T-001WH	循環風扇	白色	15,000	1
7	T-002BK	自動咖啡機	黑色	6,500	1
8	T-002WH	自動咖啡機	白色	6,500	1
9	T-002NV	自動咖啡機	海藍色	6,500	1
10	T-003BK	烤吐司機	黑色	6,000	1
11	T-001RD	循環風扇	紅色	15,000	2
12	T-003RD	烤吐司機	紅色	6,000	1
13	T-003NV	烤吐司機	海藍色	6,000	1
14					

```
Sub 刪除框線 ()
    With Range("A3") .CurrentRegion
        .Borders.LineStyle = xlLineStyleNone
        .Borders(xlDiagonalDown).LineStyle = xlLineStyleNone
        .Borders(xlDiagonalUp).LineStyle = xlLineStyleNone
    End With
End Sub
```

Unit 46 指定儲存格格式

在 Excel 的環境底下，可利用儲存格資料的顯示格式設定數值或日期，讓數值或日期更方便閱讀。要以 VBA 設定儲存格格式時，可使用 Range 物件的 NumberFormatLocal 屬性。格式內容可使用符號指定，所以讓我們一起熟悉符號的撰寫方法吧！

一定要記住的關鍵字

☑ NumberFormatLocal 屬性
☑ 顯示格式
☑ 格式符號

1 設定數值的顯示格式

設定數值的顯示格式

```
Sub 設定數值的顯示格式 ()
    Range("D4", Range("D4").End(xlToRight). _
        End(xlDown)).NumberFormatLocal = "#,##0"
End Sub
```

❶ 設定起點為儲存格 D4，終點為右下角邊緣的儲存格範圍的顯示格式

Memo 在數值套用千分位樣式

這次在起點為儲存格 D4，終點為右下角邊緣的儲存格範圍套用千分位樣式，所以顯示了千分位的逗號。

Hint 在不同情況下使用正值與負值的顯示格式

指定數值的顯示格式時，可根據資料的內容選擇設定為正數、負數、0 或是字串。

```
Range("A1").
NumberFormatLocal = _
"#,##0;[ 紅 ]-#,##0;-;@"
```

執行範例

	A	B	C	D	E	F
1	業績清單					
2						
3	日期	商品編號	商品名稱	數量	價格	
4	2017/1/10	S-001	雙人沙發	2	45000	
5	2017/1/10	T-001	茶几	1	35000	
6	2017/1/11	T-001	茶几	1	35000	
7	2017/1/12	S-001	雙人沙發	1	45000	

❶ 在起點為儲存格 D4，終點為右下角邊緣的儲存格範圍

	A	B	C	D	E	F
1	業績清單					
2						
3	日期	商品編號	商品名稱	數量	價格	
4	2017/1/10	S-001	雙人沙發	2	45,000	
5	2017/1/10	T-001	茶几	1	35,000	
6	2017/1/11	T-001	茶几	1	35,000	
7	2017/1/12	S-001	雙人沙發	1	45,000	

❷ 套用千分位樣式

格式 NumberFormatLocal 屬性

物件 .NumberFormatLocal

解說	要指定儲存格的顯示格式時，可使用 NumberFormatLocal 屬性。格式內容可使用格式符號指定。
物件	指定 Range 物件。

② 設定日期的顯示格式

設定日期的顯示格式

❶ 這次設定的是起點為儲存格 A4：A4 到下方邊緣儲存格的儲存格顯示方式

```
Sub 指定日期的顯示格式 ()
    Range("A4", Range("A4").End(xlDown) ) _
      .NumberFormatLocal = "yyyy 年 m 月 d 日 (aaa)"
End Sub
```

📝**Memo**　在日期顯示星期

指定日期的顯示格式之後，就能在日期顯示星期。這次在起點為儲存格 A4，終點為下方邊緣儲存格設定了儲存格格式，讓日期以「〇年〇月〇日（星期）」的格式顯示。

執行範例

❶ 在起點為儲存格 A4：A4 到下方邊緣儲存格的範圍指定儲存格顯示方式

	A	B	C	D	E	F
1	業績清單					
2						
3	日期	商品編號	商品名稱	數量	價格	
4	2017/1/10	S-001	雙人沙發	2	45,000	
5	2017/1/10	T-001	茶几	1	35,000	
6	2017/1/11	T-001	茶几	1	35,000	
7	2017/1/12	S-001	雙人沙發	1	45,000	
8	2017/1/12	S-002	單人沙發	2	30,000	
9	2017/1/13	S-001	雙人沙發	2	45,000	
10	2017/1/14	D-001	餐桌	1	65,000	
11	2017/1/14	D-002	餐桌椅	4	15,000	
12	2017/1/15	T-001	茶几	1	35,000	
13	2017/1/15	D-002	餐桌椅	2	15,000	

❷ 所以日期以「2017 年 1 月 10 日（週二）」的格式顯示

	A	B	C	D	E	F
1	業績清單					
2						
3	日期	商品編號	商品名稱	數量	價格	
4	2017年1月10日(週二)	S-001	雙人沙發	2	45,000	
5	2017年1月10日(週二)	T-001	茶几	1	35,000	
6	2017年1月11日(週三)	T-001	茶几	1	35,000	
7	2017年1月12日(週四)	S-001	雙人沙發	1	45,000	
8	2017年1月12日(週四)	S-002	單人沙發	2	30,000	
9	2017年1月13日(週五)	S-001	雙人沙發	2	45,000	
10	2017年1月14日(週六)	D-001	餐桌	1	65,000	
11	2017年1月14日(週六)	D-002	餐桌椅	4	15,000	
12	2017年1月15日(週日)	T-001	茶几	1	35,000	
13	2017年1月15日(週日)	D-002	餐桌椅	2	15,000	

📎**Step up**　在其他儲存格套用相同的格式

使用 NumberFormatLocal 屬性可將指定儲存格的顯示格式貼在其他儲存格。例如，要將儲存格 A1 的顯示格式貼在儲存格 B2，可將程式碼寫成「Range ("B2") .NumberFormatLocal=Range ("A1").NumberFormatLocal」。

要設定儲存格的顯示格式，可利用下列的格式符號指定格式。

▼ **數值的格式符號範例**

符號	內容	範例
#	代表數值的位數。位數裡若無數值，則顯示為空白	數值為「12」時，「#,##0」→「12」
0	代表數值的位數。位數裡若無數值，則顯示為「0」	數值為「15」時，「0000」→「0015」
,	代表千分位逗號的位置	數值為「1234567」時，「#,##0」→「1,234,567」
.	代表小數點的位置	數值為「15」時，「00.00」→「15.00」
%	以百分比格式顯示	數值為「0.05」時，「0%」→「5%」
$	代表貨幣符號	數值為「12」時，「$#,##0」→「$12」

▼ **日期與時間的格式符號範例**

符號	內容	範例
yyyy yy	以 4 位數顯示西曆 以 2 位數顯示西曆	日期為「2016/01/05 7:00:50」時，「yyyy」→「2016」 「yy」→「16」
mmmm mmm mm m	以英文顯示月份 以英文簡寫顯示月份 以兩位數顯示月份 以 1~2 位數顯示月份	日期為「2016/01/05 7:00:50」時，「mmmm」→「January」 「mmm」→「Jan」 「mm」→「01」 「m」→「1」
dd d	以兩位數顯示日期 以 1~2 位數顯示日期	日期為「2016/01/05 7:00:50」時，「dd」→「05」 「d」→「5」
dddd ddd	以英文顯示星期 以英文縮寫顯示星期	日期為「2016/01/05 7:00:50」時，「dddd」→「Tuesday」 「ddd」→「Tue」
aaaa aaa	以中文顯示星期 以中文簡寫顯示星期	日期為「2016/01/05 7:00:50」時，「aaaa」→「星期二」 「aaa」→「週二」
ggg gg	顯示年號 以縮寫顯示年號	日期為「2016/01/05 7:00:50」時，「ggg」→「中華民國」 「gg」→「民國」
ee	根據年號，以二位數顯示年份	日期為「2016/01/05 7:00:50」時，「ee」→「105」
hh h	以二位數顯示時間 以 1~2 位數顯示時間	日期為「2016/01/05 7:00:50」時，「hh」→「07」 「h」→「7」
mm m	以二位數顯示分鐘 以 1~2 位數顯示分鐘	日期為「2016/01/05 7:00:50」時，「hh:mm」→「07:00」 「"h 時 m 分"」→「7 時 0 分」
ss S	以二位數顯示秒 以 1~2 位數顯示秒	日期為「2016/01/05 7:00:50」時，「ss」→「50」 「s」→「50」
AM/PM A/P	在時間加上 AM 或 PM 在時間加上 A 或 P	日期為「2016/01/05 7:00:50」時，「AM/PM hh:mm」→「AM 07:00」 「A/P hh:mm」→「A 07:00」

*「mm」或「m」與「h」、「s」這類時間的格式符號一併指定時，代表的是時間的「分鐘」。若是單獨指定時，則代表日期的「月」。

▼ **顏色的指定方法**

符號	內容	範例
[黑]	黑色	數值為「1500」時
[紅]	紅色	「[藍色]#,##0;[紅色]-#,##0;[綠色]0」→「**1500**」
[藍]	藍色	
[紫]	紫色	數值為「-1500」時
[綠]	綠色	「[藍色]#,##0;[紅色]-#,##0;[綠色]0」→「**-1500**」
[黃]	黃色	
[青]	水藍色	數值為「0」時
[白]	白色	「[藍色]#,##0;[紅色]-#,##0;[綠色]0」→「**0**」

▼ **文字的格式符號範例**

符號	內容	範例
@	顯示文字	若文字為許郁文時，「@ "先生"」→「許郁文先生」

第 **6** 章

操作工作表與活頁簿

本章概要

Excel 可在單本活頁簿新增多張工作表，也能一次開啟多本活頁簿，透過切換進行不同操作。VBA 當然也能操作活頁簿與工作表。為了能靈活地操作活頁簿與工作表，就讓我們一起學會如何參照目標活頁簿與工作表的方法吧！

1 參照工作表

📝Memo **參照工作表後執行相關操作**

要以 VBA 操作工作表，就必須正確地參照目標工作表。這次介紹的是以從左側數來第○張工作表的方式以及直接利用工作表名稱參照的方式指定。

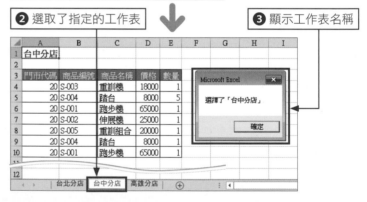

❶ 執行巨集後

❷ 選取了指定的工作表

❸ 顯示工作表名稱

2 移動與複製工作表

📝Memo **操作工作表**

這次介紹的是參照目標工作表之後，進行各項處理的方法。除了指定工作表名稱與變更工作表標題的顏色之外，也介紹移動與複製工作表的方法。

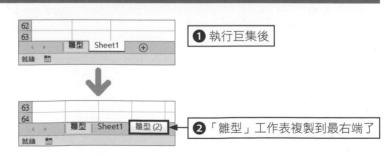

❶ 執行巨集後

❷ 「雛型」工作表複製到最右端了

③ 參照活頁簿

❶ 執行巨集後

❷ 啟用藏在後面的活頁簿

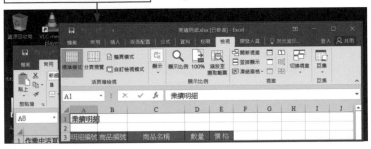

📝**Memo　參照活頁簿再進行
　　　　相關操作**

要利用 VBA 操作活頁簿必須先
正確地參照目標活頁簿。這次介
紹的是指定第○本開啟的活頁簿
或是直接以活頁簿名稱參照目標
活頁簿的方法。

④ 活頁簿的開啟與儲存

❶ 執行巨集後

❷ 開啟指定的活頁簿

📝**Memo　開啟或儲存活頁簿**

這次介紹的是與活頁簿相關的各
種處理，包含新增與開啟活頁簿
或是關閉與儲存活頁簿的方法。

參照工作表

在 Excel 的環境底下，一本活頁簿可新增多張工作表。要透過 VBA 操作工作表，就必須參照目標工作表。讓我們一起學習指定工作表的位置與名稱，藉此正確參照工作表的方法吧！

■ **代表工作表的物件**

工作表可分成用於製作表格或圖表的「工作表」，以及放大顯示圖表的「圖表工作表」。VBA 分別以「Worksheet 物件」以及「Chart 物件」代表這兩種工作表。Worksheet 物件的集合為「Worksheets 集合」，Chart 物件的集合為「Charts 集合」，而 Worksheet 物件與 Chart 物件的集合則稱為「Sheets 集合」。

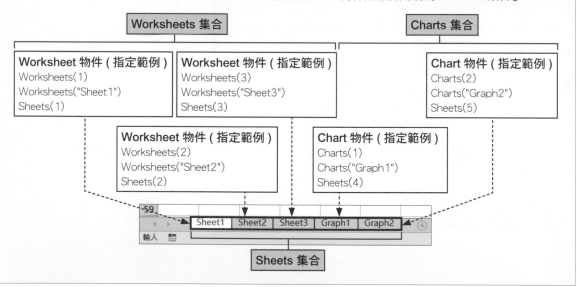

Worksheets 集合　　　　　　　　　　　　　**Charts 集合**

Worksheet 物件（指定範例）
Worksheets(1)
Worksheets("Sheet1")
Sheets(1)

Worksheet 物件（指定範例）
Worksheets(3)
Worksheets("Sheet3")
Sheets(3)

Chart 物件（指定範例）
Charts(2)
Charts("Graph2")
Sheets(5)

Worksheet 物件（指定範例）
Worksheets(2)
Worksheets("Sheet2")
Sheets(2)

Chart 物件（指定範例）
Charts(1)
Charts("Graph1")
Sheets(4)

-59

| Sheet1 | Sheet2 | Sheet3 | Graph1 | Graph2 |

輸入

Sheets 集合

✓ Keyword 圖表工作表

圖表工作表就是放大顯示圖表的工作表。建立圖表時，可選擇在工作表或圖表工作表建立。

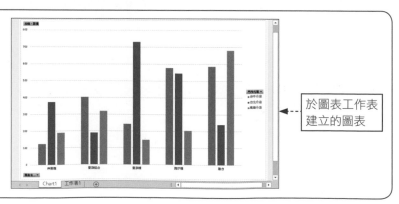

於圖表工作表建立的圖表

① 參照工作表

參照工作表

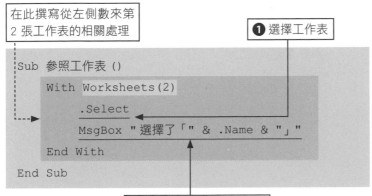

在此撰寫從左側數來第 2 張工作表的相關處理

❶ 選擇工作表

```
Sub 參照工作表 ()
    With Worksheets(2)
        .Select
        MsgBox "選擇了「" & .Name & "」"
    End With
End Sub
```

❷ 於視窗顯示工作表名稱

✎ **Memo** 以位置或名稱指定工作表

這次選取的是從左側數來第 2 張工作表，並於視窗顯示工作表名稱。要參照特定工作表可先取得 Worksheet 物件集合的 Worksheets 集合，再從中指定工作表。要取得 Worksheets 集合可使用 Worksheets 屬性。

執行範例

❶ 執行巨集之後

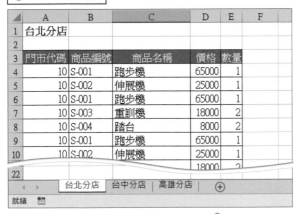

❷ 選擇從左側數來第 2 張工作表

❸ 顯示工作表名稱

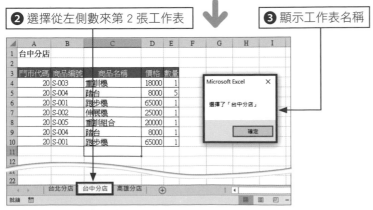

⚠ **Hint** 參照特定工作表

要取得集合內特定物件時，可利用從集合傳回單一物件的 Item 屬性。不過，Item 屬性可省略，所以程式碼不需寫成「集合.Item(索引編號)」、「集合.Item(名稱)」，而是可指定寫成「集合 (索引編號)」與「集合 (名稱)」。

📑 **Step up** 也有「Sheets ("業績表 ")」的寫法

參照特定工作表的方法還有先取得代表所有工作表的 Sheets 集合，再從中指定工作表的方法。Sheets 集合可透過 Application 物件的 Sheets 屬性取得。此時不需在意工作表是一般的工作表還是圖表工作表，只需要直接以左側數來第幾張工作表或是工作表名稱的方式就能指定工作表。

```
Sheets(3)
Sheets("Sheet3")
```

格式 WorkSheets 屬性

> 物件 .Worksheets(索引編號)
> 物件 .Worksheets(名稱)

| 解說 | 以索引編號參照工作表（例如參照從左數來第 [3] 張工作表）時，程式碼可寫成「Worksheets[3]」這種內容。

若以工作表名稱參照工作表（例如工作表名稱為「Sheet3」），程式碼可寫成「Worksheets("Sheet3")」。

即便不知道工作表名稱，只要知道位置就能以索引編號參照工作表。反之，不知道位置，只知道工作表名稱時，則可透過工作表名稱參照。 |
| 物件 | 指定 Workbook 物件。省略物件時，將直接以作用中活頁簿為基準。 |

② 參照多張工作表

選擇多張工作表

```
Sub 參照多張工作表 ()
    Worksheets(Array(" 台北分店 ", " 高雄分店 ")).Select
    Worksheets(" 高雄分店 ").Activate
End Sub
```

❶ 選擇「台北分店」工作表與「高雄分店」工作表

❷ 啟用「高雄分店」工作表

執行範例

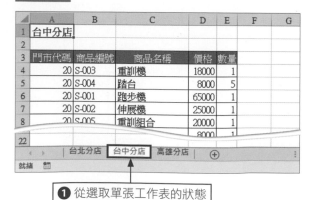

❶ 從選取單張工作表的狀態

❷ 切換成選取多張工作表的狀態，同時啟用「高雄分店」工作表

③ 參照所有的工作表

選取所有工作表

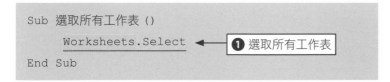

```
Sub 選取所有工作表()
        Worksheets.Select          ❶ 選取所有工作表
End Sub
```

執行範例

❶ 執行巨集之後

❷ 選取所有的工作表

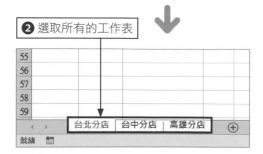

變更工作表名稱與工作表標題的顏色

為了方便分類工作表，Excel 可設定標題名稱與工作表標題的顏色。要利用 VBA 指定標題名稱時，可使用 Worksheet 物件的 Name 屬性。此外，要指定標題顏色時，可使用代表工作表標題的 Tab 物件。

① 變更工作表名稱

變更工作表名稱

```
Sub 變更工作表名稱 ()
    Worksheets(1).Name = Range("A1").Value
End Sub
```

❶ 將左側數來第 1 張的工作表更名為儲存格 A1 的內容

✎**Memo** **變更左側數來第一張工作表的名稱**

這次變更的是左側工作表的名稱，將名稱變更為儲存格 A1 的內容。

執行範例

❶ 變更這張工作表的名稱

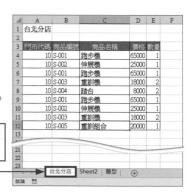

❷ 將作用中工作表更名為儲存格 A1 的內容

格式 **Name 屬性**

> **物件 .Name**
>
> **解說** 要指定工作表的標題時，可使用 Worksheet 物件的 Name 屬性。
>
> **物件** 指定 Worksheet 物件。

② 變更工作表標題顏色

變更工作表標題的顏色

❶ 將左側數來第 3 張工作表的標題變更為黃色

```
Sub 變更工作表標題的顏色()
    Worksheets(3).Tab.Color = RGB(255, 255, 0)
End Sub
```

執行範例

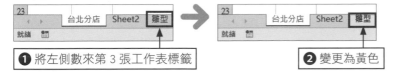

❶ 將左側數來第 3 張工作表標籤

❷ 變更為黃色

格式　**Color ∕ ColorIndex 屬性**

> **物件 .Color**
> **物件 .ColorIndex**

解說　利用 Color 屬性或 ColorIndex 屬性指定工作表標題的顏色。

物件　指定 Tab 物件。

⑴Hint 以 ColorIndex 屬性指定顏色

要以 ColorIndex 屬性指定顏色時，可利用索引編號或是「無色彩」、「自動」這類方式指定 (參照 Unit 43)。

```
Sub 變更工作表標題的顏色2()
    Worksheets(3).Tab.ColorIndex = xlColorIndexNone
End Sub
```

📄Step up 指定佈景主題的顏色

要指定佈景主題的顏色可使用 Tab 物件的 ThemeColor 屬性。佈景主題顏色的亮度可使用 TintAndShade 屬性指定 (參照 Unit 44)。

```
Sub 變更工作表標題的顏色3()
    With Worksheets(3).Tab
        .ThemeColor = xlThemeColorAccent6
        .TintAndShade = 0.2
    End With
End Sub
```

移動與複製工作表

Excel 可調動工作表的顯示順序，也能複製工作表。要以 VBA 移動工作表，可使用 Worksheet 物件的 Move 方法，要複製工作表則可改用 Worksheet 物件的 Copy 方法。方法的參數可設定目標移動位置與目標複製位置。

① 移動工作表

移動工作表

```
Sub 移動工作表 ()
    Worksheets(1).Move After:=Worksheets(" 雛型 ")
End Sub
```

❶ 將最左端的工作表移動至「雛型」工作表的後面

Memo 變更工作表的順序

這次將最左端的工作表移動到「雛型」工作表的後面。要移動工作表可使用 Worksheet 物件的 Move 方法。參數可指定目標移動位置。目標移動位置可利用「在○○工作表之前」或「在○○工作表之後」的方式指定。

執行範例

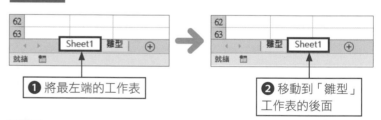

❶ 將最左端的工作表

❷ 移動到「雛型」工作表的後面

Hint 將工作表移動至新的活頁簿

若同時省略 Move 方法的 Before 參數與 After 參數，就會先新增活頁簿，再讓工作表移動至新的活頁簿。

格式 Move 方法

物件 .Move([Before],[After])

解說	目標移動位置可透過 Before 參數或 After 參數指定。
物件	指定 Worksheet 物件。
參數	
Before	指定目標移動位置的工作表。工作表將移動到指定的工作表之前。
After	指定目標移動位置的工作表。工作表將移動到指定的工作表之後。

② 複製工作表

複製工作表

❶ 將「雛型」工作表複製到最右端

```
Sub 複製工作表 ()
    Worksheets(" 雛型 ").Copy _
        After:=Worksheets(Worksheets.Count)
End Sub
```

執行範例

❶ 將「雛型」工作表　　　　　　　❷ 複製到最右端

📝**Memo** 複製工作表

這次將「雛型」工作表複製到最右端的位置。要複製工作表可使用 Worksheet 物件的 Copy 方法。參數可指定目標複製位置。目標複製位置能以「在○○工作表之前」或「在○○工作表之後」的方式指定。

⚠**Hint** 將工作表複製到新的活頁簿

若同時省略 Copy 方法的 Before 參數與 After 參數，就會先新增活頁簿，再讓工作表複製至新的活頁簿。

格式 **Copy 方法**

物件 .Copy([Before],[After])

解說　可利用 Before 參數或 After 參數指定目標複製位置。

物件　指定 WorkSheet 物件。

參數

Before　指定目標複製位置的工作表。工作表將複製到指定的工作表之前。

After　指定目標複製位置的工作表。工作表將複製到指定的工作表之後。

⚠**Hint** 讓工作表移動 (複製) 到最右端 (左端)

要讓工作表移動 (複製) 到最右端時，必須先算出工作表的總張數，再讓工作表根據總張數移動 (複製)，要取得工作表的總張數可使用 Worksheets 集合的 Count 屬性。

```
Worksheets(" 練習 ").Move After:=Worksheets(Worksheets.Count)
```

此外，若要讓工作表移動 (複製) 到最左端，則可指定為從左側數來第一張之前的位置。

```
Worksheets(" 練習 ").Move Before:=Worksheets(1)
```

新增與刪除工作表

一定要記住的關鍵字

- ☑ Add 方法
- ☑ Delete 方法
- ☑ Visible 屬性

Excel 可視情況新增或刪除工作表,而 VBA 要新增工作表可使用 Worksheets 集合的 Add 方法,要刪除工作表則可使用 Worksheet 物件的 Delete 方法。

1 新增工作表

新增工作表

❶ 在第一張工作表的左側新增 2 張工作表

❷ 將最左側的工作表更名為「新增工作表 1」

```
Sub 新增工作表()
    Worksheets.Add Before:=Worksheets(1), Count:=2
    Worksheets(1).Name = "新增工作表 1"
    Worksheets(2).Name = "新增工作表 2"
End Sub
```

❸ 將左側數來第 2 張的工作表更名為「新增工作表 2」

Memo 新增兩張工作表

這次在作用中活頁簿新增 2 張工作表,並且命名這 2 張新增的工作表。要新增工作表可使用 Worksheets 集合的 Add 方法。參數可指定新增位置以及新增的張數。

Hint 於最右端(左端)新增工作表

要於所有工作表的最右端新增工作表時,可先取得工作表的總張數,再根據該張數新增工作表,要取得工作表的總數可使用 Worksheets 集合的 Count 屬性。

```
Worksheeets.Add After:= _
Worksheets(Worksheets.Count)
```

執行範例

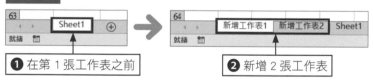

❶ 在第 1 張工作表之前

❷ 新增 2 張工作表

格式 Add 方法

物件 .Add([Before],[After],[Count],[Type])

解說	利用 Worksheets 集合的 Add 方法可新增工作表。若同時省略 Before 參數與 After 參數,將於作用中工作表之前新增工作表。
物件	指定 Worksheets 集合。
參數	
Before	指定目標新增位置的工作表。工作表將新增至指定的工作表之前。
After	指定目標新增位置的工作表。工作表將新增至指定的工作表之後。
Count	指定工作表的新增數量。省略時,將自動預設為 1。
Type	指定工作表的種類。省略時,將自動指定為一般的工作表。

② 刪除工作表

刪除工作表

❶ 刪除左側數來第 1 張的工作表

```
Sub 刪除工作表 ()
    Worksheets(1).Delete
End Sub
```

執行範例

63				
64				
		新增工作表1	新增工作表2	
就緒				

56				
63				
64				
			新增工作表2	Sheet1
就緒				

❶ 將左側數來第 1 張工作表

❷ 刪除

格式　Delete 方法

物件 .Delete

| 解說 | 要刪除工作表可使用 Worksheet 物件的 Delete 方法。 |
| 物件 | 指定 Worksheet 物件。 |

📝 Memo　刪除最左端的工作表

這次刪除的是從左側數來第 1 張的工作表。要刪除工作表可使用 Worksheet 物件的 Delete 方法。

🔖 Step up　隱藏刪除時的提醒訊息

Excel 2013 之前的版本會在利用 Delete 方法刪除工作表之後顯示確認訊息。若不想顯示確認訊息可利用 Application 物件的 DisplayAlerts 屬性。

```
Sub 刪除工作表 ()
  Application.DisplayAlerts = False
  Worksheets(1).Delete
  Application.DisplayAlerts = True
End Sub
```

❗ Hint　隱藏工作表

若只要想隱藏而非刪除工作表，可使用 Worksheet 屬性的 Visible 屬性。設定值請參考右側表格。

xlSheetVeryHidden	隱藏（無法手動切換為顯示）
xlSheetHidden 或 False	隱藏（可手動切換為顯示）
xlSheetVisible 或 True	顯示

```
Worksheets(2).Visible = xlSheetVeryHidden
```

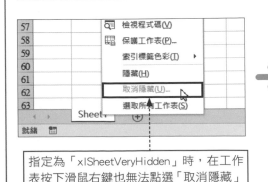

指定為「xlSheetVeryHidden」時，在工作表按下滑鼠右鍵也無法點選「取消隱藏」

指定為「xlSheetHidden」時，在工作表按下滑鼠右鍵可點選「取消隱藏」，讓工作表重新顯示

Unit 52 參照活頁簿

一定要記住的關鍵字
- ☑ Workbooks 集合
- ☑ Workbook 物件
- ☑ ActiveWorkbook 屬性

Excel 可以開啟多本活頁簿，一邊切換一邊操作。VBA 也能參照指定的活頁簿進行相關的操作。此時可透過活頁簿名稱或是活頁簿開啟的順序參照活頁簿，也可指定為作用中活頁簿或是啟用巨集的活頁簿。

■ **代表活頁簿的物件**　　Excel 可同時開啟多本活頁簿。VBA 則以「Workbook 物件」代表活頁簿。Workbook 物件的集合稱為「Workbooks 集合」。

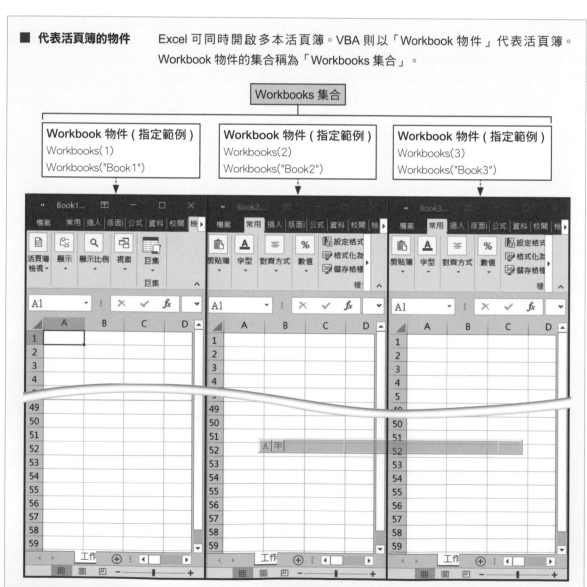

Workbooks 集合

| Workbook 物件 (指定範例)
Workbooks(1)
Workbooks("Book1") | Workbook 物件 (指定範例)
Workbooks(2)
Workbooks("Book2") | Workbook 物件 (指定範例)
Workbooks(3)
Workbooks("Book3") |

1 參照活頁簿

切換活頁簿

❶ 啟用「業績明細」活頁簿

```
Sub 切換活頁簿()
    Workbooks("業績明細").Activate
End Sub
```

📝 **Memo** 依照開啟順序與名稱指定活頁簿

這次要從多本開啟的活頁簿中，啟用「業績明細」活頁簿。要參照特定的活頁簿可先取得代表 Workbook 物件集合的 Workbooks 集合，再從中指定活頁簿。要取得 Workbooks 集合可使用 Workbooks 屬性。

執行範例

❶ 讓隱藏在後面的「業績明細」

❷ 啟用

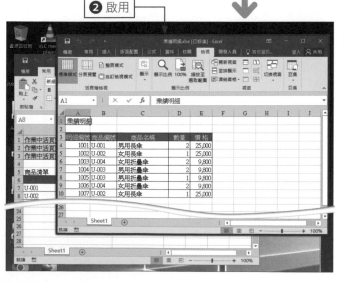

💡 **Hint** 顯示副檔名的情況

若設定顯示副檔名，則在指定活頁簿名稱時，必須連同副檔名一併指定。

📝 **Memo** 啟用活頁簿

要啟用活頁簿可使用 Workbook 物件的 Activate 方法。此外，若是在不同的視窗開啟相同的活頁簿，則將啟用第一個視窗的活頁簿。

Memo 參照特定的活頁簿

要取得集合內的特定物件可利用從集合傳回單一物件的 Item 屬性的參數指定，但 Item 屬性通常可以省略，所以程式碼不需寫成「集合.Item(索引編號)」、「集合.Item(名稱)」，只需要簡寫成「集合(索引編號)」或「集合(名稱)」即可。

格式　Workbooks 屬性

物件.Workbooks(索引編號)
物件.Workbooks(名稱)

解說　要從多本活頁簿之中參照特定的活頁簿，可使用索引編號或用活頁簿名稱來指定，若以索引編號指定，則可依照活頁簿的開啟順序或編號指定。以名稱指定時，則可利用雙引號括住活頁簿名稱。

物件　指定 Application 物件。一般會省略不指定。

2　參照作用中的活頁簿

Memo 變更作用中活頁簿

這次要在訊息交談窗裡顯示作用中活頁簿的路徑與名稱。要參照作用中活頁簿可使用 Application 物件的 ActiveWorkbook 屬性。

參照作用中活頁簿的路徑與名稱

```
Sub 操作作用中活頁簿()
    MsgBox ActiveWorkbook.FullName
End Sub
```

❶ 顯示作用中活頁簿的路徑與檔案名稱

執行範例

❶ 取得作用中活頁簿的路徑與名稱

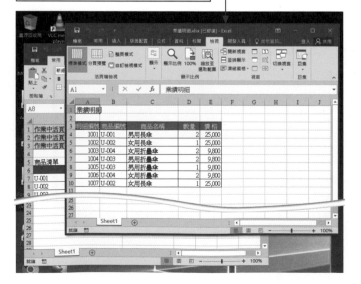

Hint 隱藏的活頁簿

活頁簿也可以設為隱藏，但隱藏的活頁簿仍具有索引編號，因此以索引編號參照活頁簿時要特別小心這點。比方說，若將巨集儲存在個人巨集活頁簿(參考 1-9 頁」，自行於 Excel 開啟的活頁簿編號則為「2」。

❷ 於訊息交談窗顯示

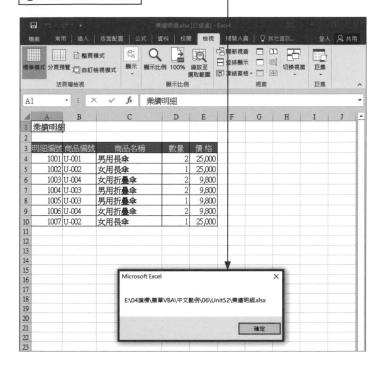

Memo 取得活頁簿的
儲存路徑與檔案名稱

要取得活頁簿的儲存路徑與檔案名稱時，可使用 Workbook 物件的 FullName 屬性。這次為取得作用中活頁簿的路徑與檔案名稱，而指定為「ActiveWokrbook.FullName」。詳細設定請參考下一頁的説明。

格式 **ActiveWorkbook 屬性**

> **物件 .ActiveWorkbook**
>
> | **解說** | 參照作用中活頁簿。 |
> |---|---|
> | **物件** | 指定 Application 物件。物件的敘述通常省略。 |

> **Step up** **如何參照啟用巨集的活頁簿**
>
> 若要參照啟用巨集的活頁簿，可使用 Application 物件的 ThisWorkbook 屬性。物件的敘述通常可以省略。
>
> **物件 .ThisWorkbook**
>
> | **物件** | 指定 Application 物件。 |
> |---|---|
>
> ```
> Sub 參照啟用巨集的活頁簿 ()
>     MsgBox ThisWorkbook.FullName
> End Sub
> ```

③ 參照活頁簿的路徑與檔案名稱

顯示活頁簿的名稱與位置

在此撰寫作用中活頁簿左端工作表的相關處理

```
Sub 參照活頁簿名稱與路徑名稱()
    With ThisWorkbook.Worksheets(1)
        .Range("B1").Value = ActiveWorkbook.Name
        .Range("B2").Value = ActiveWorkbook.Path
        .Range("B3").Value = ActiveWorkbook.FullName
    End With
End Sub
```

❶ 在儲存格 B1 顯示作用中活頁簿的名稱

❷ 在儲存格 B2 顯示作用中活頁簿的路徑

❸ 在儲存格 B3 顯示作用中活頁簿的路徑與名稱

📝**Memo** **取得活頁簿的路徑與檔案名稱**

要取得活頁簿的名稱、路徑以及路徑與名稱，可使用 Workbook 物件的 Name 屬性、Path 屬性與 FullName 屬性。這次使用上述這三個屬性取得作用中活頁簿的名稱與路徑。

執行範例

❶ 參照作用中的活頁簿

ⓘHint 透過 Path 屬性取得儲存位置

要取得與作用中活頁簿、啟用巨集活頁簿相同的資料夾時，可使用 Path 屬性。下列的範例可開啟與啟用巨集活頁簿相同位置的「業績明細」檔案。利用 Path 屬性取得的路徑與資料夾名稱需以「\」連接，才能開啟指定資料夾裡的檔案。

```
Sub 開啟檔案()
    Dim 儲存位置 As String
    Dim 檔案名稱 As String
    儲存位置 = ThisWorkbook.Path
    檔案名稱 = "業績明細"
    Workbooks.Open 儲存位置 & "\" & 檔案名稱
End Sub
```

❷ 顯示作用中活頁簿的名稱與路徑

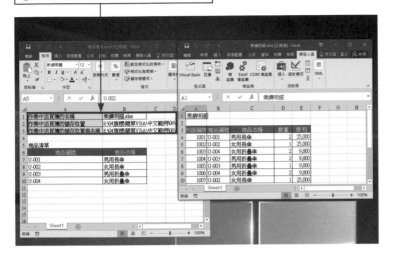

ⓘ Hint　有無 \ 與副檔名的指定

使用 Name 屬性或 Path 屬性指定檔案或資料夾的位置時，若巨集無法如預期執行，可確認是否少了「\」或是檔案的副檔名。尤其是以 Path 屬性取得的路徑，不會以「\」結尾，所以得視情況自行加上「\」。有關連接字串的運算子請參考 3-5 頁。

格式　**Name ／ Path ／ FullName 屬性**

```
物件 .Name
物件 .Path
物件 .FullName
```

| 解說 | 活頁簿的名稱可透過 Name 屬性參照，活頁簿的路徑可透過 Path 屬性參照，路徑與活頁簿名稱可透過 FullName 屬性參照。 |
| 物件 | 指定 Workbook 物件。 |

✎ Memo　**檔案尚未儲存的情況**

若檔案尚未儲存，就無法取得正確的路徑。若使用 Name 屬性或 FullName 屬性取得路徑，將傳回「Book1」這個暫時的名稱。

✎ Memo　**儲存位置的指定方法**

開啟或儲存活頁簿的時候，都必須指定儲存位置。若在 Excel 底下手動執行上述處理，不需知道儲存位置，也能自行指定代替的資料夾。但若是透過 VBA 指定儲存位置，一旦找不到對應的儲存位置就會發生錯誤。VBA 指定檔案儲存位置的方法共有下列表格裡的這幾種，例如直接指定檔案的路徑名稱，或是以「與作用中活頁簿相同的位置」、「與啟用巨集活頁簿相同的位置」這種方式指定。 只要巧妙地使用上述這些方法，就能在開啟與儲存活頁簿的時候，避免找不到儲存位置的錯誤。

儲存位置的指定方式	開啟檔案	儲存檔案
指定檔案的路徑	參考 6-20 頁	參考 6-25 頁
指定目前資料夾	參考 6-21 頁	參考 6-24 頁
指定儲存作用中活頁簿的資料夾	參考 6-16 頁	參考 6-26 頁
指定啟用巨集活頁簿的資料夾	參考 6-17 頁	參考 6-17 頁

Unit

53 開啟與關閉活頁簿

一定要記住的關鍵字

- ☑ Open 方法
- ☑ Close 方法
- ☑ Add 方法

在 Excel 開啟或關閉活頁簿的時候，可指定檔案的儲存位置與名稱，而要利用 VBA 開啟或關閉活頁簿時，則可使用相關的方法。此外，這些方法的參數也可指定檔案的儲存位置或檔案名稱。

1 開啟檔案

開啟活頁簿

❶ 開啟「C:\Users\user001\Documents\ 商品清單 .xlsx」的活頁簿

```
Sub 開啟活頁簿 ()
    Workbooks.Open _
        Filename:="C:\Users\user001\Documents\ 商品清單 .xlsx"
End Sub
```

請將 user001 換成您電腦的使用者名稱

請自行開啟 Excel 建立一個「商品清單 .xlsx」的檔案，並複製到此路徑下，以便進行練習

📝Memo 開啟指定的檔案

這次開啟的是於指定資料夾儲存的「商品清單」活頁簿。要開啟檔案可使用 Workbooks 集合的 Open 方法。參數可指定檔案的儲存位置與名稱。若是省略檔案的儲存位置，將開啟目前資料夾的活頁簿。

執行範例

❶ 執行巨集後

❷ 開啟指定資料夾的「商品清單」活頁簿

6-20

格式　Open 方法

物件 .Open([Filename], [UpdateLinks],[ReadOnly],[Format],[Password],
[WriteResPassword],[IgnoreReadOnlyRecommended],[Origin],[Delimiter],
[Editable],[Notify],[Converter],[AddToMru],[Local],[CorruptLoad])

解說　開啟檔案。可利用參數指定檔案的儲存位置與檔案名稱。此外，省略檔案的儲存位置時，將開啟目前資料夾內的活頁簿。

物件　指定 Workbooks 集合。

參數

設定值	內容
1	自訂更新方法
2	不更新連結
3	更新連結

FileName　指定檔案名稱。

UpdateLinks　指定連結的更新方法（請見右表）。省略時，將顯示確認訊息。

ReadOnly　要以唯讀模式開啟檔案時，可指定為 True。

Format　開啟純文字檔案時，可利用此參數指定間隔字元（請見右表）。

Password　開啟以密碼保護的活頁簿時，可用此參數指定密碼。

WriteResPassword　開啟嵌有密碼的活頁簿時，可利用此參數指定內嵌密碼。

IgnoreReadOnlyRecommended　不想顯示唯讀專用建議訊息時，可將此參數指定為 True。

Origin　開啟純文字檔案時，指定檔案格式（請見右表）。

Delimiter　Format 參數指定為 6 時，可指定間隔字元。

※ 其他參數的內容請參考說明。

設定值	內容
1	定位點
2	逗號
3	空白字元
4	分號
5	無
6	自訂字元（※ 可利用參數 Delimiter 指定）

設定值	內容
xlMacintosh	Macintosh
xlWindows	Microsoft Windows
xlMSDOS	MS-DOS

①Hint 開啟目前資料夾的檔案

開啟檔案時若省略路徑，就會使用預設的目前資料夾路徑。若目前資料夾裡有指定的活頁簿，就會開啟該活頁簿。

```
Sub 開啟目前資料夾裡的活頁簿()
    Workbooks.Open _
        Filename:="商品清單.xlsx"
End Sub
```

② 新增活頁簿

📝 Memo 新增活頁簿

這次新增了活頁簿，使用的是
Workbooks 集合的 Add 方法。

新增活頁簿

```
Sub 新增活頁簿()
    Workbooks.Add          ❶ 新增活頁簿
End Sub
```

執行範例

❶ 執行巨集後

❷ 新增活頁簿

ⓘHint 成為作用中活頁簿

以 Add 方法新增的活頁簿將自
動成為作用中活頁簿。作用中活
頁簿可利用 Application 物件的
ActiveWorkbook 屬性參照。

格式 Add 方法

物件 .Add([Template])

解說	利用 Add 方法新增活頁簿。

物件	指定 Workbooks 集合。

參數

Template　　指定新增的工作表種類（請見右表）。
可新增含有指定工作表的活頁簿。省略時，將新增含
有預設工作表的活頁簿。

設定值	內容
xlWBATChart	圖表工作表
xlWBATExcel4IntMacroSheet	Excel 4 的全域巨集工作表
xlWBATExcel4MacroSheet	Excel 4 的巨集工作表
xlWBATWorksheet	工作表

③ 關閉檔案

關閉活頁簿

❶ 關閉「商品清單」活頁簿

```
Sub 關閉活頁簿()
    Workbooks("商品清單.xlsx").Close
End Sub
```

執行範例

❶ 執行巨集之後

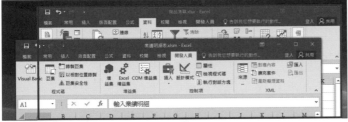

❷ 關閉指定的活頁簿

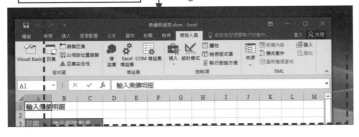

📝 Memo 關閉開啟中的活頁簿

要關閉檔案時，可使用 Workbook 物件的 Close 方法。可利用參數指定是否要儲存變更。

⚠ Hint 關閉所有的活頁簿

要關閉所有的活頁簿可對 Workbooks 集合使用 Close 方法。若活頁簿的內容有所變更，將顯示是否儲存的確認訊息。

```
Workbooks.Close
```

📝 Memo 關閉作用中活頁簿

要關閉作用中活頁簿可將程式碼寫成下列內容。

```
ActiveWorkbook.Close
```

格式　Close 方法

物件.Close([SaveChanges],[FileName],[RouteWorkbook])

解說　關閉檔案。參數可指定是否要儲存變更的內容。

物件　指定 Workbook 物件。

參數

SaveChanges　當活頁簿的內容有所變更時，可利用此參數設定是否儲存變更的內容（請見右表）。

FileName　指定變更後的檔案名稱。

RouteWorkbook　設定了活頁簿的共同瀏覽之後，可透過此參數指定是否傳送活頁簿。若要將活頁簿傳送給下一個人，可將此參數設定為 True，若不傳送則設定為 False。若是省略此參數，將顯示是否傳送活頁簿的確認訊息。

設定值	內容
True	儲存活頁簿的變更內容。在活頁簿尚未儲存時，可利用 FileName 參數指定的檔案名稱儲存。若未指定 FileName 參數，則將開啟儲存檔案的視窗
False	不儲存變更的內容
省略	顯示是否儲存檔案的確認訊息

儲存活頁簿

在 Excel 儲存活頁簿的時候，可選擇覆寫或是另存新檔的方式儲存，而要以 VBA 覆寫活頁簿時，可使用 Workbook 物件的 Save 方法。若要以另存新檔的方式儲存，則可改用 Workbook 物件的 SaveAs 方法。參數可指定檔案的儲存位置與名稱。

1 覆寫活頁簿

📝Memo 覆寫活頁簿

這次要覆寫的是作用中活頁簿。

⚠️Hint 活頁簿若未儲存過

若活頁簿一次都未儲存過，將以「Book1」這種暫用的名稱於目前資料夾儲存。

覆寫活頁簿

```
Sub 覆寫活頁簿()
        ActiveWorkbook.Save          ❶ 覆寫作用中活頁簿
End Sub
```

執行範例   ❶ 覆寫活頁簿（畫面不會有任何改變）

格式 Save 方法

> **物件.Save**
>
> | 解說 | 覆寫指定的活頁簿。 |
> | 物件 | 指定 Workbook 物件。 |

2 替活頁簿重新命名，另存新檔

📝Memo 替開啟中的活頁簿命名再儲存

這次先新增活頁簿，並將該活頁簿命名為「儲存練習1」之後儲存活頁簿。要先命名再儲存活頁簿時，可使用 SaveAs 方法。參數可指定活頁簿的儲存位置與名稱。

替活頁簿重新命名再儲存   ❶ 新增活頁簿

```
Sub 命名後於目前資料夾儲存()
    Workbooks.Add
    Range("A1").Value = "練習"           ❷ 在儲存格 A1 輸入「練習」的文字
    ActiveWorkbook.SaveAs _
        Filename:=" 儲存練習1.xlsx"
End Sub
```

❸ 再將這個作用中的活頁簿命名為「儲存練習1」，然後於目前的資料夾儲存

執行範例   ❶ 執行巨集後

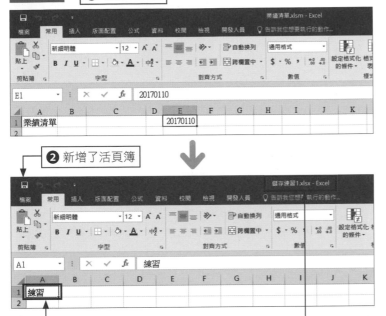

❷ 新增了活頁簿

❸ 在儲存格 A1 裡輸入資料

❹ 於目前的資料夾儲存

格式 **SaveAs 方法**

物件 .SaveAs([FileName],[FileFormat],[Password],[WriteResPassword],
[ReadOnlyRecommended],[CreateBackup],[AccessMode],[ConflictResolution],
[AddToMru],[TextCodepage],[TextVisualLayout],[Local])

解說   替活頁簿命名再儲存。參數可指定活頁簿的儲存位置與名稱。

物件   指定 Workbook 物件、Worksheet 物件、Chart 物件。

參數

FileName   指定檔案名稱。若省略了路徑，則將於目前的資料夾儲存。

FileFormat   指定檔案格式。

Password   指定讀取密碼。

WriteResPassword   指定內嵌密碼。

ReadOnlyRecommended 要顯示唯讀專用建議訊息時，可將此參數指定為 True。

※ 其餘參數的內容請參考右表說明。

設定值	內容
xlOpenXMLWorkbook	Excel 活頁簿
xlExcel8	Excel 97-2003 活頁簿
xlOpenXMLWorkbookMacroEnabled	啟用巨集的活頁簿
xlText	純文字檔案 （以定位點為間隔字元）
xlCSV	CSV （以逗號為間隔字元）

3 與作用中活頁簿儲存於相同位置

Memo 於作用中活頁簿的
儲存位置新增活頁簿

這次先新增活頁簿,再將該活頁簿以「儲存練習 1」的名稱儲存於作用中活頁簿的儲存位置。第一步先取得作用中活頁簿的路徑,再將檔案儲存於該處。

與作用中活頁簿儲存於相同位置

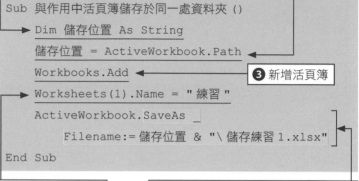

❶ 宣告變數(儲存位置)

❷ 將作用中活頁簿的路徑
儲存至變數(儲存位置)

```
Sub 與作用中活頁簿儲存於同一處資料夾 ()
    Dim 儲存位置 As String
    儲存位置 = ActiveWorkbook.Path
    Workbooks.Add
    Worksheets(1).Name = " 練習 "
    ActiveWorkbook.SaveAs _
        Filename:= 儲存位置 & "\ 儲存練習 1.xlsx"
End Sub
```

❸ 新增活頁簿

❹ 將最左端的工作
表更名為「練習」

❺ 將作用中活頁簿以「儲存練習 1」
的名稱儲存在變數指向的儲存位置裡

執行範例

❶ 執行巨集之後

❷ 新增了活頁簿

❹ 與作用中活頁簿
儲存於相同的位置

Hint 活頁簿尚未儲存過
的情況

若作用中活頁簿尚未儲存過,一執行巨集就會顯示錯誤訊息。

❸ 最左端的工作表名稱改變了

6-26

④ 儲存活頁簿的副本

儲存活頁簿的副本

❶ 宣告變數（儲存位置）

❷ 將啟用巨集的活頁簿的路徑存入變數（儲存位置）

❸ 複製「商品清單」活頁簿，再以「商品清單的副本」這個名稱將檔案儲存在變數指向的儲存位置

```
Sub 儲存活頁簿副本 ()
    Dim 儲存位置 As String
    儲存位置 = ThisWorkbook.Path
    Workbooks(" 商品清單 ").SaveCopyAs _
        Filename:= 儲存位置 & "\ 商品清單的副本 .xlsx"
End Sub
```

執行範例

❶ 複製「商品清單」活頁簿

❷ 與啟用巨集的活頁簿儲存於相同位置

📝 Memo　將活頁簿的副本儲存於其他位置

這次將「商品清單」活頁簿的副本以「商品清單的副本」名稱儲存在指定的資料夾（範例是儲存在與啟用巨集的活頁簿相同位置裡）裡。要複製活頁簿可使用 SaveCopyAs 方法，參數可指定活頁簿的儲存位置與名稱。

格式　SaveCopyAs 方法

> ### 物件 .SaveCopyAs([fileName])
>
> **解說**　複製活頁簿。參數可指定活頁簿的儲存位置與名稱。
>
> **物件**　指定 Workbook 物件。
>
> **參數**
>
> FileName　指定檔案名稱。

⚠ Hint　原始的活頁簿不會跟著儲存

即便另存了活頁簿的副本，也不代表原始的活頁簿會跟著儲存。要儲存原始的活頁簿可使用 Save 方法。

使用事件程序

一定要記住的關鍵字
☑ 事件
☑ 事件程序
☑ 物件模組

VBA 可在選擇、雙按工作表、開啟、關閉活頁簿這類指定的時間點自動執行巨集。而這類巨集又稱為**事件程序**。事件程序必須寫在預設的位置。

■ **執行程式的時間點** VBA 可於各種時間點，例如選取工作表或是輸入資料的時候自動執行巨集。這類時間點稱為「事件」，而在事件觸發時執行的處理稱為「事件程序」。

■ **與工作表有關的事件** 在操作工作表時觸發的事件分成很多種類，例如下列這些種類。

事件	時間點
Activate	啟用工作表的時候
BeforeDoubleClick	工作表被滑鼠左鍵雙按的時候
Change	工作表的儲存格內容有所改變的時候
Deactivate	工作表被停用的時候
SelectionChange	工作表的儲存格選取範圍有所變更的時候

■ **與活頁簿有關的事件** 活頁簿與工作表相同，也可在事件觸發時自動執行程式。與活頁簿有關的事件有下列這些類型。

事件	時間點
Activate	啟用活頁簿的時候
NewSheet	於活頁簿新增工作表的時候
Open	開啟活頁簿的時候
BeforeClose	關閉活頁簿的時候
BeforePrint	列印活頁簿之前
BeforeSave	儲存活頁簿之前

■ **撰寫事件程序的位置**　事件程序可寫在「Microsoft Excel Objects」模組裡。與活頁簿有關的內容可寫在「ThisWorkbook」模組，與工作表有關的內容則可寫在工作表各自的模組裡。

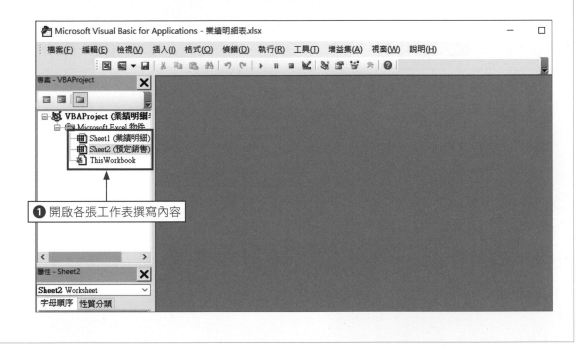

❶ 開啟各張工作表撰寫內容

1 在選取工作表時進行處理

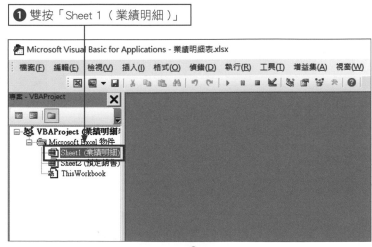

❶ 雙按「Sheet 1（業績明細）」

> 📝 **Memo** **在選取工作表的時候，選取指定的儲存格**
>
> 要在操作工作表的過程中，利用觸發的事件自動進行某些處理時，可將處理的內容寫在「Microsoft Excel Objects」的物件模組裡。這次要撰寫的是選取「業績明細」時的處理，所以請開啟「業績明細表」活頁簿的「業績明細」工作表的模組程式碼視窗，選取事件後再撰寫相關的內容。

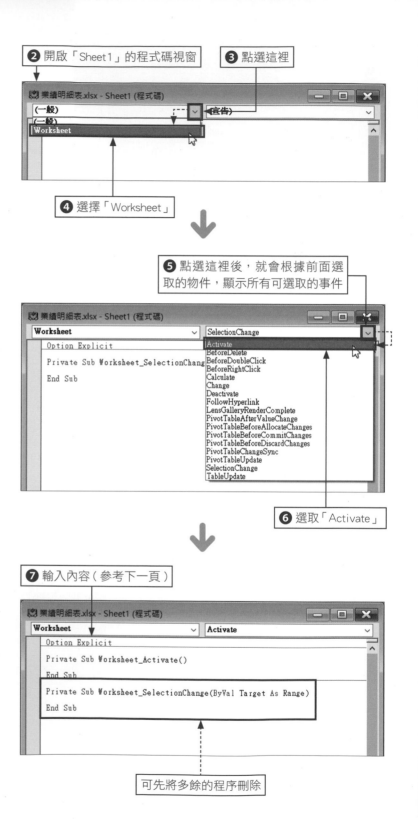

Memo　Activate 事件

工作表的 Activate 事件是啟用工作表時觸發的事件。這次要在「業績明細」工作表啟用時，將作用中儲存格移動至資料的輸入欄位。主要是在 Activate 事件的事件程序裡撰寫內容。

⚠Hint　顯示工作表

要開啟工作表的物件模組程式碼視窗，可在**專案總管**裡雙按目標工作表的物件模組。此外，也可在**專案總管**點選目標工作表的物件模組，再按下**檢視程式碼**。再者，在**專案總管**點選目標工作表的物件模組，按下**檢視物件**，就會切換成 Excel 畫面，接著就會顯示與在**專案總管**選取的物件模組對應的工作表。

❹ 選擇「Worksheet」

❺ 點選這裡後，就會根據前面選取的物件，顯示所有可選取的事件

❻ 選取「Activate」

❼ 輸入內容（參考下一頁）

可先將多餘的程序刪除

輸入的程式碼

```
Private Sub Worksheet_Activate()
    Cells(Rows.Count, 1).End(xlUp).Offset(1).Select
End Sub
```

❶ 從 A 欄的最終列儲存格往上搜尋輸入資料
的儲存格，再選取該儲存格下方一格的儲存格

執行範例

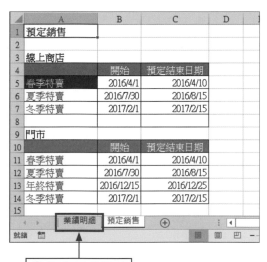

❶ 切換至「業績
明細」工作表之後

❷ 選取了 A 欄
最後一筆資料
的下方儲存格

⑴Hint　自動命名事件程序

事件程序的名稱會自動命名為
「物件名稱 _ 事件名稱」。選擇
物件名稱或事件之後，將自動建
立該程序，所以可在程序裡撰寫
相關內容。

**⑴Hint　自動新增事件程序
的情況**

點選程式碼視窗的「物件方
塊」，就會顯示寫有物件既定事
件的事件程序欄位。事件程序欄
位可視情況刪除，也可視情況新
增。

② 在雙按工作表的時候執行處理

於雙按工作表的時候執行巨集

這次要在雙按「預定銷售」工作表時，變更儲存格的顏色與文字顏色。請開啟「預定銷售」工作表的物件程式碼視窗，再從事件清單選擇「BeforeDoubleClick」，然後輸入處理的內容。

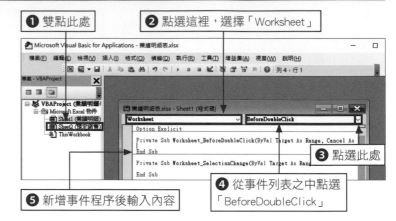

❶ 雙點此處
❷ 點選這裡，選擇「Worksheet」
❸ 點選此處
❹ 從事件列表之中點選「BeforeDoubleClick」
❺ 新增事件程序後輸入內容

輸入的程式碼

將所有與選取中的儲存格有關的處理寫在一起

```
Private Sub Worksheet_BeforeDoubleClick(ByVal Target As Range, Cancel As Boolean)
    With Selection
        .Font.Strikethrough = True
        .Font.Color = RGB(234, 234, 234)
        .Interior.Color = RGB(77, 77, 77)
    End With
    Cancel = True
End Sub
```

❶ 套用刪除線
❷ 將文字顏色設定為淺灰色
❸ 將填色設定為灰色
❹ 取消雙按選取的操作

Hint Cancel=True

事件也內建了不同的參數，例如 BeforeDoubleClick 事件的語法為「BeforeDoubleclick(Target,Cancel)」，擁有的是下列兩種參數。

Target 雙按時，傳遞離滑鼠游標最近的儲存格的資訊。若要撰寫與雙按時的儲存格有關的內容，則可使用此參數。
Cancel 事件觸發後，將傳遞 False。若將此參數設為 True，程序結束後就無法進行雙按的操作。

執行範例

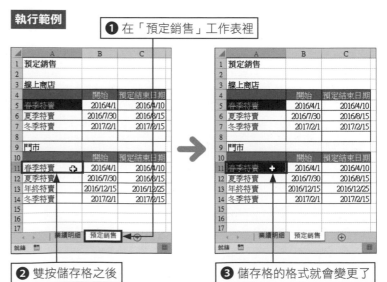

❶ 在「預定銷售」工作表裡
❷ 雙按儲存格之後
❸ 儲存格的格式就會變更了

③ 於活頁簿開啟時執行處理

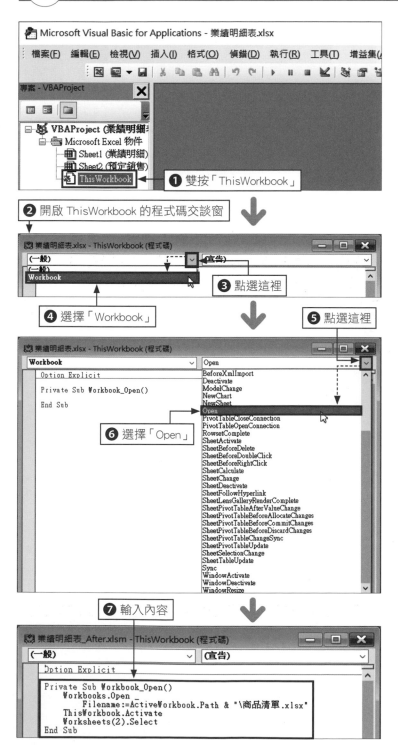

① 雙按「ThisWorkbook」

② 開啟 ThisWorkbook 的程式碼交談窗

③ 點選這裡

④ 選擇「Workbook」

⑤ 點選這裡

⑥ 選擇「Open」

⑦ 輸入內容

```
Private Sub Workbook_Open()
    Workbooks.Open _
        Filename:=ActiveWorkbook.Path & "\商品清單.xlsx"
    ThisWorkbook.Activate
    Worksheets(2).Select
End Sub
```

Memo 在活頁簿開啟時執行巨集

這次要撰寫的是在活頁簿開啟時開啟指定活頁簿的巨集。要在操作活頁簿時利用觸發的事件自動進行某些處理時，可在「Microsoft Excel Objects」的物件模組裡撰寫處理內容。開啟 ThisWorkbook 的模組程式碼視窗，選擇事件之後再撰寫相關的處理內容。

Hint 既有的事件

從程式碼視窗的「物件方塊」選取物件後，將自動顯示物件的既有事件程序欄位。Open 事件是 Workbook 物件的既有事件，所以若在執行步驟❹後顯示 Open 事件程序，就不需執行步驟❺～❻，直接撰寫內容即可。

❶ 開啟與作用中活頁簿相同位置的「商品清單」

```
Private Sub Workbook_Open()
    Workbooks.Open _
        Filename:=ActiveWorkbook.Path & "\ 商品清單 .xlsx"
    ThisWorkbook.Activate
    Worksheets(2).Select
End Sub
```

❷ 將啟用這個巨集的活頁簿設定為啟用

❸ 選擇從左側數來第 2 張工作表

執行範例

❶ Hint 自動命名事件程序

事件程序的名稱會自動命名為「物件名稱 _ 事件名稱」。選擇物件名稱或事件之後，將自動建立該程序，所以可在程序裡撰寫相關內容。

❶ 開啟檔案後

❷ 自動開啟「商品清單」檔案

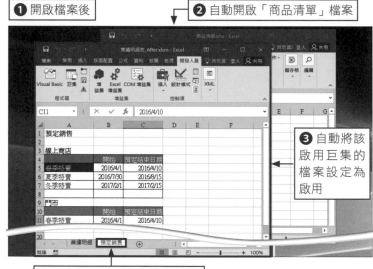

❸ 自動將該啟用巨集的檔案設定為啟用

❹ 選取左側數來第 2 張工作表

---

❶ Hint 顯示訊息時

若開啟含有巨集的活頁簿，通常會以停用巨集的方式開啟 (參考 Unit 06)。假設活頁簿含有以 Open 事件設定在開啟活頁簿時執行的巨集，該巨集將在啟用之後才會執行。若是停用該巨集，就不會執行 Open 事件的內容。假設是安全性不明的檔案，建議最好不要啟用巨集。

要停用巨集時，直接關閉訊息列即可

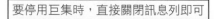

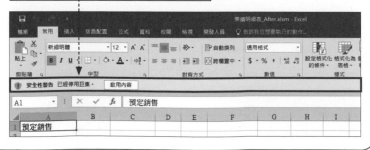

第 **7** 章

了解條件判斷處理 與迴圈處理

本章概要

一定要記住的關鍵字
☑ 條件
☑ 條件判斷
☑ 迴圈處理

要利用巨集自動化各種處理，有時會因為巨集是由上而下執行而無法實現想執行的處理。本章將介紹如何視情況執行不同處理的條件判斷與迴圈處理。讓我們一起學會條件判斷與迴圈處理吧！

1 依照條件判斷處理

✎Memo 依照條件判斷處理

本章要介紹在條件成立與不成立的情況下，執行不同處理的方法，也要介紹如何根據多個條件，分別進行多種情況的處理。

❶ 當儲存格 D7 比「1(100%)」小的時候

❷ 將作用中工作表的名稱設為紅色，否則就隱藏工作表

2 重複相同的處理

✎Memo 重複執行指定的處理

這次要介紹的是執行重複處理的方法。除了指定執行的次數，還可指定條件，在條件成立的情況下重複執行。

❶ 從第 5 列到 15 列為止，重複每隔 1 列就隱藏 1 列的處理

❷ 每隔 1 列就隱藏 1 列

③ 對工作表或活頁簿執行重複的處理

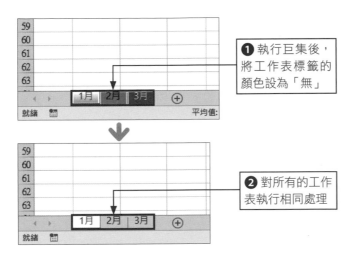

❶ 執行巨集後，將工作表標籤的顏色設為「無」

❷ 對所有的工作表執行相同處理

Memo 對所有的工作表或活頁簿執行相同的處理

這次介紹的是對活頁簿裡所有工作表或對開啟的活頁簿執行相同處理的方法。此外，也可以對指定的儲存格範圍進行相同處理。

④ 查詢工作表或活頁簿是否存在

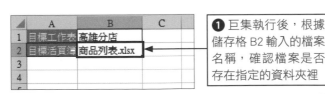

❶ 巨集執行後，根據儲存格 B2 輸入的檔案名稱，確認檔案是否存在指定的資料夾裡

❷ 若是存在，則開啟該檔案

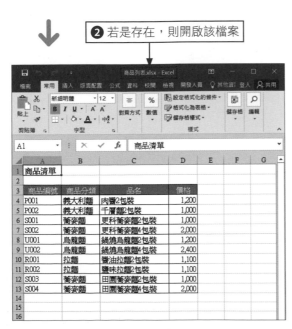

Memo 工作表或活頁簿的操作

要對工作表或活頁簿執行各種操作時，都必須先確認作為目標的工作表或活頁簿是否存在，不然就會發生錯誤。為了避免這種錯誤發生，必須先學會事先確認工作表或活頁簿是否存在的方法。可透過這些方法確認「工作表是否存在」、「活頁簿是否已開啟」或是「指定的資料夾裡是否有指定的活頁簿」。

依照條件進行不同處理

透過 VBA 撰寫巨集，就能將程式碼寫成「若儲存格 A1 的值為 10 時，執行○○處理」、「否則就執行△△處理」這種依照條件是否成立執行不同處理的內容。條件判斷的寫法有很多種，請視處理的內容或目的使用。

1　只在條件成立時執行的處理

條件一致時，變更工作表標籤的顏色

❶ 當儲存格 D7 大於等於「1(100%)」時

```
Sub 條件判斷 1 ()
    If Range("D7").Value >= 1 Then
        ActiveSheet.Tab.Color = RGB (0, 255, 0)
    End If
End Sub
```

❷ 將作用中工作表的標籤設為綠色

📝 Memo　**只在指定的條件成立時執行巨集**

這次要在儲存格 D7 的值大於等於「1(100%)」的時候，將工作表標籤的顏色設定為綠色。也就是只在指定的條件成立時執行處理。

執行範例

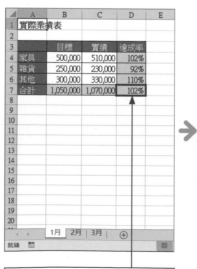

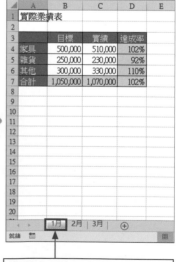

❶ 當儲存格 D7 大於等於「1(100%)」時

❷ 將作用中工作表的標籤設定為綠色

格式　If…Then 陳述式

```
If 條件式 Then
        處理內容
End If
```

解說　可在 If 之後指定能以「True(是)」或「False(否)」回答的條件式，並且撰寫只在條件成立時執行的「處理內容」。

!Hint　處理內容過短時，可將條件式寫成一列

假設在撰寫條件成立時才執行的處理，處理的內容只有一列，則可寫成「If 條件式 Then 處理內容」這種將所有內容統整為 1 列的格式。

② 依照條件執行不同處理

連條件不成立時的處理也一併撰寫

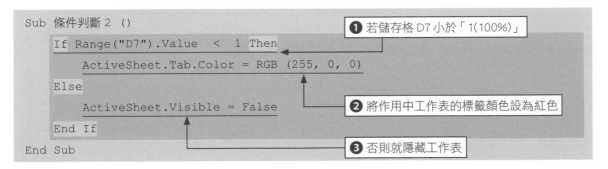

```
Sub 條件判斷 2 ()
    If Range("D7").Value < 1 Then
        ActiveSheet.Tab.Color = RGB (255, 0, 0)
    Else
        ActiveSheet.Visible = False
    End If
End Sub
```

❶ 若儲存格 D7 小於「1(100%)」

❷ 將作用中工作表的標籤顏色設為紅色

❸ 否則就隱藏工作表

執行範例

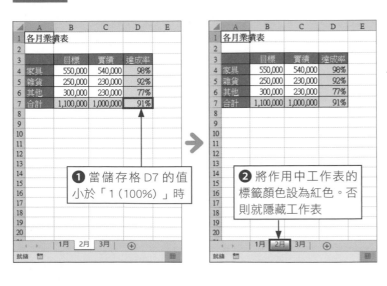

❶ 當儲存格 D7 的值小於「1(100%)」時

❷ 將作用中工作表的標籤顏色設為紅色。否則就隱藏工作表

Memo　指定條件不成立時的處理

這次在儲存格 D7 小於「1(100%)」時將工作表標籤的顏色設定為紅色。否則（儲存格 D7 的值大於等於「1(100%)」）就隱藏工作表。要指定條件不成立時的處理，可使用 If…Then…Else 陳述式。

⚠Hint 處理內容較短時，可以寫成一行

撰寫條件成立的處理時，若是處理內容可以寫成一行，可依照「If 條件式 Then 處理內容 A Else 處理內容 B」的格式，將處理寫成一行。

格式　If…Then…Else 陳述式

```
If 條件式 Then
        處理內容 A
Else
        處理內容 B
End if
```

**解說　** 在 If 後面接上能以「True」或「False」回答的條件式。條件成立時執行的內容可寫成「處理內容 A」，條件不成立時的執行內容可寫成「處理內容 B」。

③ 根據多項條件執行不同的處理

依序判斷多項條件

```
Sub 條件判斷 3 ()
    If Range("B4").Value = "" Then          ❶ 在儲存格 B4 未輸入資料時
        MsgBox " 請輸入目標 "                 ❷ 顯示訊息
    ElseIf Range("D7").Value < 0.9 Then
        ActiveSheet.Tab.Color = RGB (255, 0, 0)
    ElseIf Range("D7").Value < 1 Then       ❸ 若儲存格 B4 已輸入資料，可根據儲存格 D7 的值變更作用中工作表的標籤顏色
        ActiveSheet.Tab.Color = RGB(255, 255, 0)
    Else
        ActiveSheet.Visible = False          ❹ 若所有條件皆不成立，則隱藏作用中工作表
    End If
End Sub
```

📝Memo 依序判斷多項條件

若希望指定多項條件，例如條件 A 成立時的處理、條件 B 成立時的處理、條件 C 成立時的處理，再依條件執行不同處理時，可使用 If…Then…ElseIf 陳述式。這次要根據儲存格 D7 的值變更工作表標籤顏色或是隱藏工作表。

執行範例

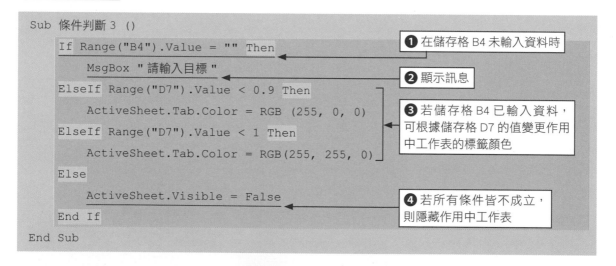

	A	B	C	D	E
1	各月業績表				
2					
3		目標	實績	達成率	
4	家具	600,000	650,000	108%	
5	雜貨	300,000	280,000	93%	
6	其他	300,000	300,000	100%	
7	合計	1,200,000	1,230,000	103%	
8					

❶ 若儲存格 B4 為空白則顯示訊息

❷ 否則就依照儲存格 D7 的值變更工作表標籤的顏色

❸ 若所有條件皆不成立（儲存格 D7 的值大於「1(100%)」時，則隱藏工作表

格式　If…Then…ElseIf 陳述式

```
If 條件式 A Then
        處理內容 A
ElseIf 條件式 B Then
        處理內容 B
ElseIf 條件式 C Then
        處理內容 C
    ⋮
Else
        處理內容 D
End If
```

(!)Hint　**Else 可省略**

若所有條件皆不成立時，不需要特別執行處理，則可省略此部分的內容。此時可省略「Else」與「處理內容 D」的部分。

解說　在 If 之後指定最先判斷的「條件式 A」。若是此條件成立就執行「處理內容 A」。若是「條件式 A」不成立，則判斷下一個條件「條件式 B」，條件成立時執行「處理內容 B」。若所有條件皆不成立，則執行「處理內容 D」。

(!)Hint 可在條件式裡使用比較運算子

指定條件時，也可像是利用 True 與 Flase 一樣，使用比較運算子進行判斷。舉例來說，可使用下表的比較運算子。

運算子	內容	範例
=	等於	「Range ("A1") .Value=1」當儲存格 A1 的值等於 1 時為 True，否則就為 Flase
>	大於	「Range ("A1") .Value>1」當儲存格 A1 的值大於 1 時為 True，否則就為 Flase
> =	大於等於	「Range ("A1") .Value>=1」當儲存格 A1 的值大於等於 1 時為 True，否則就為 Flase
<	小於	「Range ("A1") .Value < 1」當儲存格 A1 的值小於 1 時為 True，否則就為 Flase
< =	小於等於	「Range ("A1") .Value < =1」當儲存格 A1 的值小於等於 1 時為 True，否則就為 Flase
< >	不等於	「Range ("A1") .Value < >1」當儲存格 A1 的值不等於 1 時為 True，否則就為 Flase

---

Step up 將兩個條件組合起來

指定條件時，還可以利用邏輯運算子將多個條件組合成單一條件。邏輯運算子的種類請參考下表。

運算子	內容	範例
And	所有條件成立時傳回 True，否則就傳回 False	Range ("A1") .Value=10 And Range ("A2") .Value=10 儲存格 A1 等於 10 且儲存格 A2 等於 10 的時候傳回 True，否則傳回 False。
Or	其中一項條件成立時傳回 True，否則就傳回 False	Range ("A1") .Value=10 Or Range ("A2") .Value=10 儲存格 A1 等於 10 或儲存格 A2 等於 10 的時候傳回 True，否則傳回 False。

依照多個條件分別進行不同處理

要根據多項重條件執行不同處理時，可使用前一單元介紹的方法，或是使用 Select Case 陳述式。此時可先指定條件的比較對象，之後再依序撰寫條件式與處理內容。

1 判斷多項條件

依序判斷多項條件

```
Sub 指定多項條件 ()
    Select Case Range ("D7") .Value                    ❶ 將儲存格 D7 的值視為比較對象
        Case Is  <  0.5
            ActiveSheet.Tab.Color = RGB (255, 0, 0)
        Case Is  <  0.7
            ActiveSheet.Tab.Color = RGB (255, 200, 200)  ❷ 依照儲存格 D7 的值
                                                            變更工作表標籤的顏色
        Case Is  <  1
            ActiveSheet.Tab.Color = RGB (255, 255, 0)
        Case Else
            ActiveSheet.Visible = False                ❸ 若所有條件皆不成立則隱藏工作表
    End Select
End Sub
```

Memo 判斷多項條件

這次要依照儲存格 D7 的值變更工作表標籤的顏色。若所有條件皆不成立（儲存格 D7 的值大於等於「1(100%)」），就隱藏工作表。這次是利用 Select Case 陳述式撰寫條件判斷處理。

執行範例

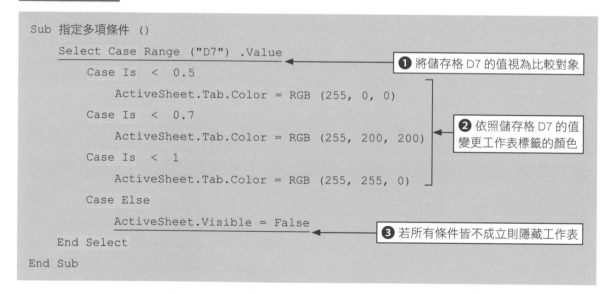

	A	B	C	D	E	F
1	實際業績表					
2						
3		目標	實績	達成率		
4	家具	500,000	510,000	102%		
5	雜貨	250,000	230,000	92%		
6	其他	300,000	330,000	110%		
7	合計	1,050,000	1,070,000	102%		
8						

❶ 依照此儲存格的值變更工作表標籤的顏色

❷ 若所有條件皆不成立

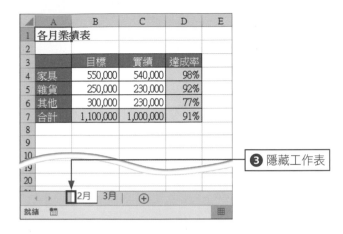

❸ 隱藏工作表

①Hint 與 If⋯Then⋯ElseIf 陳述式的不同之處

Select Case 陳述式會將接在 Select Case 之後的指定條件的比較對象與接在 Case 陳述式之後的指定內容比較，無法中途變更比較對象。相對的，If⋯ Then⋯ElseIf 陳述式則可變更每項條件的比較對象。

格式 Select Case 陳述式

```
Select Case  條件的比較對象
        Case 條件式 A
                處理內容 A
        Case 條件式 B
                處理內容 B
                ⋮
        Case Else
                處理內容 D
End Select
```

解說 在 Select Case 之後撰寫條件判斷的比較對象。指定的對象與 Case 之後的指定內容比較後，依照結果執行不同的處理。假設最初的「條件式 A」成立，則執行「處理內容 A」，不成立時，則判斷「條件式 B」是否成立。若是所有條件皆不成立，則執行「處理內容 D」。

①Hint 指定條件範圍

於 Case 陳述式之後指定條件的內容時，除了特定值，也可指定值的範圍或多個值。指定的方式請參考下列表格。

範例	內容
Case " 合計 "	條件的對象為「合計」時
Case 10	條件的對象為「10」時
Case 10,15,20	條件的對象為 10 或 15 或 20（指定多個值時，可使用逗號間隔）
Case 10 To 15	條件的對象大於等於 10，小於等於 15 時（可利用「小值 To 大值」這種以 To 間隔數值的格式指定）
Case Is >= 10	條件的對象大於等於 10 的時候

依照指定次數
重複相同的處理

要重複執行相同的處理時，不需要撰寫好幾次相同的內容，可寫得更簡潔易懂。迴圈處理的寫法有很多種，例如依照指定次數重複執行或是重複執行至條件不成立為止。

■ **依照指定次數重複執行的處理**

要依照指定次數重複執行時，可使用 For…Next 陳述式。

■ **在條件成立的期間不斷重複執行處理**

在條件成立的期間不斷重複執行處理的寫法有很多種，本書將在 Unit 60 介紹四種寫法。

	在重複執行處理之前 判斷條件	在重複執行處理之後 判斷條件
在條件成立之前不斷地重複執行處理	Do Until…Loop（7-14 頁）	Do…Loop Until（7-16 頁）
在條件成立的期間執行處理	Do While…Loop（7-15 頁）	Do…Loop While（7-17 頁）

1 依照指定次數重複執行處理

重複執行三次相同的處理

在變數（數）遞增為 3 之前重複執行處理。以 Next 讓變數（數）遞增 1，再回到重複的處理裡

❶ 宣告 Integer 類型的變數（數）

```
Sub 迴圈處理1 ()
    Dim 數 As Integer
    For 數 = 1 To 3
        Worksheets.Add Before:=Worksheets（數）
        ActiveSheet.Name = "練習" & 數
    Next 數
End Sub
```

❷ 新增工作表，並將工作表名稱命名為「練習」+ 變數（數）

執行範例

❶ 執行巨集之後

	A	B	C	D
1	免費體驗參加者列表			
2				
3	姓名	英文	行動電話	
4	許郁文	Barista	090-0000-XXXX	
5	（備註）			
6	張瑋礽	Allen	080-0000-XXXX	
7	（備註：參訪）			
8	張銘仁	Shyan	080-0000-XXXX	
9	（備註）			
10	鄭羽晨	Emily	090-0000-XXXX	
11	（備註：租用）			
12	陳勝朋	Benson	080-0000-XXXX	
13	（備註）			
14	王美雪	Michelle	090-0000-XXXX	
15	（備註）			
16				

工作表1　工作表2　⊕

⬇

	A	B	C	D	E	F	G

❷ 重複新增工作表，並且命名工作表的操作執行 3 次

練習1　練習2　練習3　工作表1　工作表2　⊕

> **Memo 重複執行三次相同的內容**
>
> 這次重複執行三次新增工作表並且命名工作表的操作。要依照預設的次數重複執行處理時，可使用 For…Next 陳述式。

> **Hint 利用變數的變化**
>
> 這次讓變數（數）的值從「1」遞增為「2」與「3」。當變數（值）為 1 時，在左側數來第 1 張工作表之前新增工作表，再將新增的工作表命名為「練習 1」，接著讓變數（值）遞增 1，並在變數（值）為 2 的時候，在左側數來第 2 張的工作表之前新增工作表，並將工作表命名為「練習 2」，之後每當變數（值）加 1，就執行相同的處理。

格式　For…Next 陳述式

```
Dim 計數器變數 As 資料類型
For 計數器變數 = 初始值 To 最終值 [Step 遞增值 ]
     重複執行的內容
Next [ 計數器變數 ]
```

> **解說**　For…Next 陳述式為了管理重複執行的次數而需使用變數（計數器變數）。第一步先宣告變數，接著指定變數的初始值、是否遞增最終值，然後再撰寫要重複執行的內容。利用最後的 Next 變數遞增 1。Next 後面的變數名稱可省略。

② 每隔1個的處理

每隔 1 列隱藏列

❶ 宣告 Integer 類型的變數（數）

讓變數（數）從 5 遞增至 15 的時候，在每次跳過一個數字(5,7,9,11,13,15)的條件下重複處理。利用 Next 讓變數（數）遞增 2 再回到重複的處理裡

```
Sub 迴圈處理 2 ()

    Dim 數 As Integer

For 數 = 5 To 15 Step 2

        Cells (數, 1) .EntireRow.Hidden = True

    Next

End Sub
```

❷ 讓 A 欄的「第 " 變數（數）" 列」整列隱藏

Memo 每隔○次重複執行指定的處理

這次執行了在第 5 列到 15 列之間，每隔 1 列就隱藏整列的處理。在利用 For…Next 陳述式重複執行的處理之中，要讓計數器變數不是遞增 1，而是遞增 2、3、-2 或 -3 時，可直接將該數值指定給遞增值。

執行範例

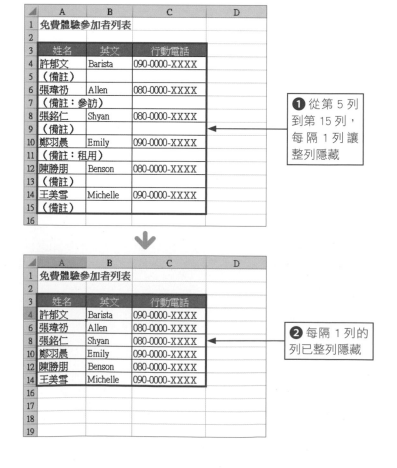

	A	B	C	D
1	免費體驗參加者列表			
2				
3	姓名	英文	行動電話	
4	許郁文	Barista	090-0000-XXXX	
5	（備註）			
6	張瑋礽	Allen	080-0000-XXXX	
7	（備註：參訪）			
8	張銘仁	Shyan	080-0000-XXXX	
9	（備註）			
10	鄭羽晨	Emily	090-0000-XXXX	
11	（備註：租用）			
12	陳勝朋	Benson	080-0000-XXXX	
13	（備註）			
14	王美雪	Michelle	090-0000-XXXX	
15	（備註）			
16				

❶ 從第 5 列到第 15 列，每隔 1 列讓整列隱藏

	A	B	C	D
1	免費體驗參加者列表			
2				
3	姓名	英文	行動電話	
4	許郁文	Barista	090-0000-XXXX	
6	張瑋礽	Allen	080-0000-XXXX	
8	張銘仁	Shyan	080-0000-XXXX	
10	鄭羽晨	Emily	090-0000-XXXX	
12	陳勝朋	Benson	080-0000-XXXX	
14	王美雪	Michelle	090-0000-XXXX	
16				
17				
18				
19				

❷ 每隔 1 列的列已整列隱藏

③　中途跳離迴圈處理

中途跳離迴圈

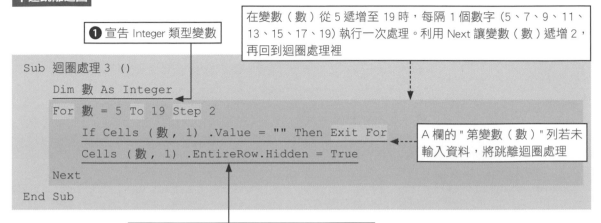

❶ 宣告 Integer 類型變數

在變數（數）從 5 遞增至 19 時，每隔 1 個數字（5、7、9、11、13、15、17、19）執行一次處理。利用 Next 讓變數（數）遞增 2，再回到迴圈處理裡

```
Sub 迴圈處理 3 ()
    Dim 數 As Integer
    For 數 = 5 To 19 Step 2
        If Cells ( 數 , 1) .Value = "" Then Exit For
        Cells ( 數 , 1) .EntireRow.Hidden = True
    Next
End Sub
```

A 欄的 " 第變數（數）" 列若未輸入資料，將跳離迴圈處理

❷ 讓 A 欄的「第 " 變數（數）" 列」整列隱藏

執行範例

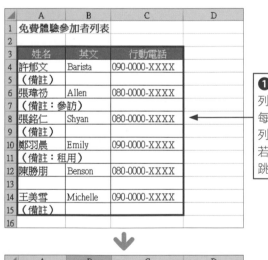

❶ 在第 5 列到第 19 列之間，重複執行每隔 1 列就隱藏整列的處理。不過，若是出現空白列就跳離迴圈處理

❷ 每隔 1 列隱藏整列

第 13 列為空白，則進行到此會跳離迴圈處理，第 15 列的資料就不會被隱藏

✎ **Memo** **在指定的條件成立時，跳離迴圈處理**

要在執行重複處理的過程中跳離 For…Next 陳述式的迴圈時，可使用 Exit For 陳述式。這個陳述式可在迴圈處理執行時，條件成立後，後續的處理不再需要執行時使用。

⚠ **Hint** **中斷無限迴圈**

在依照指定條件執行迴圈處理時，若是指定了錯誤的條件，有可能會陷入所謂的「無限迴圈」，而要強制中斷無限迴圈，可按下 Esc 鍵或是 Ctrl + Break 鍵。巨集中斷後，請確認與修正條件的指定方式，再逐行執行巨集，確認執行的過程（參考 A-14 頁）。

在條件成立時，重複相同的處理

VBA 內建了很多種依照條件執行迴圈處理的方法，在此僅就其中四種介紹，而這四種主要可分成在執行迴圈處理之前還是之後判斷條件，以及在條件指定方法上的差異。

1 在條件成立之前重複執行處理 (事先判斷條件)

在儲存格為空白之前新增列

在作用中儲存格為空白之前，重複執行下列處理

```
Sub 每隔 2 列新增 1 列 1 ()
    Range ("A4") .Select
    Do Until ActiveCell.Value = ""
        ActiveCell.Offset (2) .EntireRow.Insert
        ActiveCell.Offset (3) .Select
    Loop
End Sub
```

❶ 選取儲存格 A4

❷ 在作用中儲存格的下方第二格插入列

❸ 選取作用中儲存格的下方第三格

Memo 在○○成立之前重複相同的處理

這次要重複執行的是從儲存格 A4 往下依序確認儲存格的內容，直到儲存格為空白，就執行「在下方第二格的列插入整列」處理。這次使用的是 Do Until… Loop 陳述式，可在執行迴圈處理之前先判斷條件。

執行範例

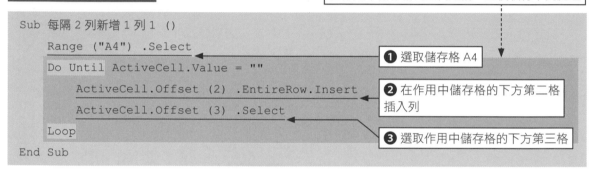

	A	B	C	D
1	免費體驗參加者列表			
2				
3	姓名	英文	行動電話	
4	許郁文	Barista	090-0000-XXXX	
5	（備註）			
6	張瑋礽	Allen	080-0000-XXXX	
7	（備註：參訪）			
8	張銘仁	Shyan	080-0000-XXXX	
9	（備註）			
10	鄭羽晨	Emily	090-0000-XXXX	

❶ 想重複執行在儲存格為空白之前插入列的操作

ⓘHint 利用變數操作插入列的位置

這次為了讓重複執行的內容更清晰具體才一邊移動作用中儲存格一邊插入列，但要利用 VBA 插入列不一定非得移動作用中儲存格。若是在處理大量資料的情況，可先宣告儲存列編號的變數，再撰寫能一邊指定要操作的儲存格編號，一邊進行處理的內容。少了多餘的操作，迴圈的執行速度也會變快。

```
Sub 每隔 2 列新增 1 列 ()
    Dim 數 As Long
    數 = 4
    Do Until Cells (數, 1) .Value = ""
        Cells (數 + 2, 1) .EntireRow.Insert
        數 = 數 + 3
    Loop
End Sub
```

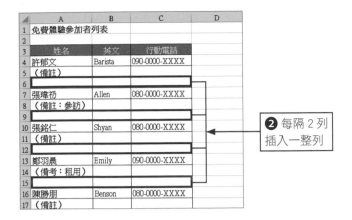

❷ 每隔 2 列
插入一整列

ⓘHint　套用上面或下面的列的格式

這次利用 Insert 方法插入列。Insert 方法可在利用參數插入列之後，指定要套用上列或下列的格式。一般來說，只要插入列，就會套用上列的格式，而想套用下列的格式時，可透過參數指定。相關方法請參考 Unit 38。

格式　Do Until…Loop 陳述式

> **Do Until 條件式**
> 　　　在條件成立之前執行的內容
> **Loop**
>
> **解說**　在執行迴圈處理之前先判斷條件，並在條件成立之前重複執行迴圈處理。假設條件一開始就成立，就有可能一次都不執行迴圈處理。

② 在條件成立的期間重複執行迴圈處理 (先判斷條件)

在儲存格有資料的情況下新增列

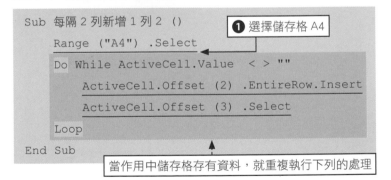

❶ 選擇儲存格 A4

當作用中儲存格存有資料，就重複執行下列的處理

```
Sub 每隔 2 列新增 1 列 2 ()
    Range ("A4") .Select
    Do While ActiveCell.Value < > ""
        ActiveCell.Offset (2) .EntireRow.Insert
        ActiveCell.Offset (3) .Select
    Loop
End Sub
```

✎Memo　在○○成立的期間重複相同的處理

這次重複的是從儲存格 A4 往下依序確認儲存格內容，並在儲存格不為空白時，「在下方第二列插入列」的操作。這次使用的是 Do While…Loop 陳述式，並於執行迴圈處理之前判斷條件。

格式　Do While…Loop 陳述式

> **Do While 條件式**
> 　　　在條件成立期間重複執行的處理
> **Loop**
>
> **解說**　在執行迴圈處理之前先判斷條件，並在條件成立的期間下重複執行迴圈處理。假設一開始條件就不成立，就有可能一次都不執行迴圈處理。

在儲存格為空白之前新增列

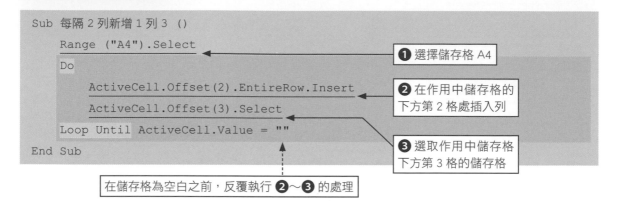

```
Sub 每隔 2 列新增 1 列 3 ()
    Range ("A4").Select                          ❶ 選擇儲存格 A4
    Do
        ActiveCell.Offset(2).EntireRow.Insert    ❷ 在作用中儲存格的
                                                    下方第 2 格處插入列
        ActiveCell.Offset(3).Select
    Loop Until ActiveCell.Value = ""             ❸ 選取作用中儲存格
                                                    下方第 3 格的儲存格
End Sub
```

在儲存格為空白之前，反覆執行 ❷～❸ 的處理

Memo 在○○成立之前重複相同的處理 (最後才判斷條件)

這次重複的是從儲存格 A4 往下依序確認儲存格的內容，再於「下方第二列之處插入列」的處理。迴圈處理會在儲存格為空白之前重複執行。這次使用的是 Do…Loop Until 陳述式，會在迴圈處理結束後判斷條件。

格式 Do…Loop Until 陳述式

> **Do**
>   **在條件成立之前重複執行的處理**
> **Loop Until 條件式**

解說 在迴圈處理結束後，才首次判斷條件是否成立，然後在條件成立之前重複執行迴圈處理。即便條件一開始就成立，也至少會執行一次迴圈處理。

在儲存格不為空白時新增列

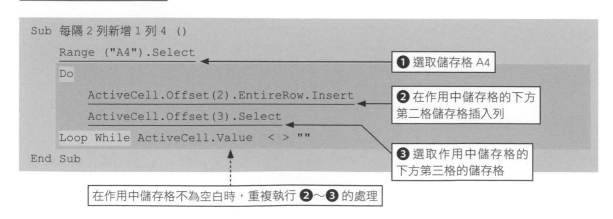

```
Sub 每隔 2 列新增 1 列 4 ()
    Range ("A4").Select                          ❶ 選取儲存格 A4
    Do
        ActiveCell.Offset(2).EntireRow.Insert    ❷ 在作用中儲存格的下方
                                                    第二格儲存格插入列
        ActiveCell.Offset(3).Select
    Loop While ActiveCell.Value < > ""           ❸ 選取作用中儲存格的
                                                    下方第三格的儲存格
End Sub
```

在作用中儲存格不為空白時，重複執行 ❷～❸ 的處理

格式 Do⋯Loop While 陳述式

```
Do
    在條件成立時執行的處理
Loop While 條件式
```

解說 在迴圈處理執行後才首次判斷條件是否成立，並在條件成立時不斷重複執行迴圈處理。即便一開始條件就不成立，也會至少執行一次處理。

✎Memo 在○○成立之間，重複執行相同的處理（最後才判斷條件）

這次重複的是從儲存格 A4 往下依序確認儲存格內容，並且「在下方第二列插入列」的操作。這次的迴圈處理會在儲存格不為空白時執行，使用的則是 Do⋯Loop While 陳述式，並於執行迴圈處理之後判斷條件。

---

①Hint 一邊確認變數值，一邊執行程式

若迴圈處理無法順利執行，光看執行結果也看不出問題的徵結。此時可試著一邊觀察變數的變化，一邊逐行執行巨集（參考 A-14 頁）。只要在執行的過程中，將滑鼠游標移至變數的位置，就能確認變數值。此外，執行『**檢視 / 區域變數視窗**』，開啟**區域變數**視窗，就能一邊觀察變數值，一邊確認執行內容。

能確認變數的值

區域變數視窗

可確認變數名稱與變數值

以工作表或活頁簿為對象，進行重複的處理

要對活頁簿裡的所有工作表執行相同處理，或是對所有開啟的活頁簿進行相同處理時，不妨先記住本單元介紹的方法，就能將針對所有目標執行的處理寫得更為簡潔。

1 對所有工作表進行重複的處理

對所有工作表執行處理

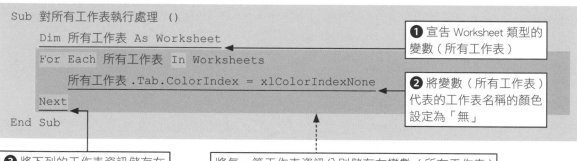

```
Sub 對所有工作表執行處理 ()
    Dim 所有工作表 As Worksheet
    For Each 所有工作表 In Worksheets
        所有工作表 .Tab.ColorIndex = xlColorIndexNone
    Next
End Sub
```

❶ 宣告 Worksheet 類型的變數（所有工作表）

❷ 將變數（所有工作表）代表的工作表名稱的顏色設定為「無」

❸ 將下列的工作表資訊儲存在變數（所有工作表）裡

將每一筆工作表資訊分別儲存在變數（所有工作表）裡，直到所有的目標工作表輪完之前重複執行處理

Memo 對指定的物件執行重複的處理

For Each…Next 陳述式 可對指定集合裡的每個物件執行重複的處理。這次的範例指定了代表 Worksheet 物件集合的 Worksheets 集合，並對各工作表執行重複的處理。

執行範例

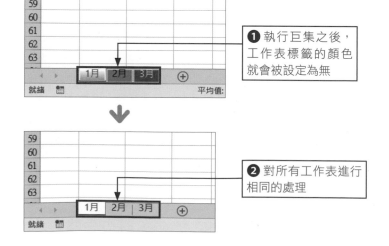

❶ 執行巨集之後，工作表標籤的顏色就會被設定為無

❷ 對所有工作表進行相同的處理

格式　For Each…Next 陳述式

> Dim 物件變數 As 物件種類
> For Each 物件變數 in 集合
> 　　　重複執行的內容
> Next [物件變數]

解說　For Each…Next 陳述式可對指定集合裡的每個物件執行
重複的處理。Next 之後的物件變數可省略。

!Hint　**對所有工作表執行重複的處理**

要利用 For Each…Next 陳述式
針對所有工作表執行重複處理
時，可將程式碼寫成下列格式。
Next 之後的物件變數可省略。

> Dim 變數名稱 As Worksheet
> For Each 變數名稱 In Worksheets
> 　　　要重複執行的內容
> Next [變數名稱]

② 對所有活頁簿執行重複的處理

對所有活頁簿執行重複的處理

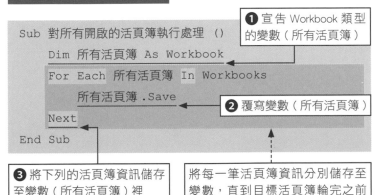

❶ 宣告 Workbook 類型的變數（所有活頁簿）

```
Sub 對所有開啟的活頁簿執行處理 ()
    Dim 所有活頁簿 As Workbook
    For Each 所有活頁簿 In Workbooks
        所有活頁簿 .Save
    Next
End Sub
```

❷ 覆寫變數（所有活頁簿）

❸ 將下列的活頁簿資訊儲存至變數（所有活頁簿）裡

將每一筆活頁簿資訊分別儲存至變數，直到目標活頁簿輪完之前執行重複的處理

📝Memo　**將所有活頁簿當成執行處理的目標**

這次要覆寫儲存所有開啟中的
活頁簿。For Each…Next 陳述
式可對指定集合裡的每個物件
執行重複的處理。這次指定的
是代表 Workbook 物件集合的
Workbooks 集合，並對所有活頁
簿執行重複的處理。

執行範例

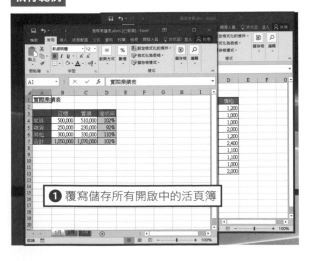

❶ 覆寫儲存所有開啟中的活頁簿

!Hint　**對所有開啟中的活頁簿執行重複的處理**

要利用 For Each…Next 陳述式
對所有開啟中的活頁簿執行重複
的處理，可將程式碼寫成下列的
格式。Next 後面的物件變數可
省略。

> Dim 變數名稱 As Workbook
> For Each 變數名稱 in Workbooks
> 　　　重複執行的內容
> Next [變數名稱]

針對指定的儲存格
進行重複的處理

一定要記住的關鍵字
- ☑ For Each…Next 陳述式
- ☑ 物件
- ☑ Exit For 陳述式

For Each…Next 陳述式可對指定的儲存格範圍執行重複的處理。對目標對象執行重複處理時，可搭配 If…Then…Else 陳述式，寫成條件判斷的格式。

① 對指定的儲存格範圍執行重複的處理

對指定的儲存格範圍執行處理

```
Sub 針對特定的儲存格範圍執行處理 ()
    Dim 儲存格範圍 As Range          ← ❶ 宣告 Range 類型的變數（儲存格範圍）
    For Each 儲存格範圍 In Range ("A4:A9")
        If 儲存格範圍 .Value = " ○ " Then
            儲存格範圍 .Resize (1, 4) .Interior.Color = RGB (0, 255, 255)
        Else
            儲存格範圍 .EntireRow.Hidden = True
        End If
    Next
End Sub
```

將指定的儲存格範圍分別儲存至變數（儲存格範圍），直到目標儲存格輪完之前，重複執行下列的處理

當變數（儲存格範圍）的內容為「○」，則將右側四格的儲存格填滿水藍色，否則就隱藏含有該變數（儲存格範圍）的列

📝Memo 對指定的儲存格範圍執行處理

若指定的儲存格範圍輸入了「○」，就將含有該儲存格的列填滿水藍色，否則就隱藏該列。這次使用的是 For Each…Next 陳述式，對指定的儲存格範圍執行重複的處理。

執行範例

	A	B	C	D	E
1	免費體驗參加者列表				
2					
3	入會申請	姓名	行動電話號碼	電子郵件信箱	
4	○	許郁文	090-0000-XXXX	takada@example.com	
5	○	張瑋礽	080-0000-XXXX		
6		張銘仁		watanabe@example.com	
7	○	鄭羽晨	090-0000-XXXX	yayoi@example.com	
8		陳勝朋		kawano@example.com	
9	○	王美雪	090-0000-XXXX		
10					

❶ 執行巨集之後，將對指定的儲存格範圍執行相同的處理

	A	B	C	D	E
1	免費體驗參加者列表				
2					
3	入會申請	姓名	行動電話號碼	電子郵件信箱	
4	○	許郁文	090-0000-XXXX	takada@example.com	
5	○	張瑋祊	080-0000-XXXX		
7	○	鄭羽晨	090-0000-XXXX	yayoi@example.com	
9	○	王美雪	090-0000-XXXX		
10					
11					
12					

❷ 當儲存格的內容為「○」，則將右側四格的儲存格填滿水藍色，否則就隱藏含有該儲存格的列

①Hint **中途跳離迴圈處理**

要中途跳離 For Each…Next 陳述式寫成的迴圈處理，可使用 Exit For 陳述式（參考 7-13 頁）。即便迴圈處理正在執行，只要指定的條件成立，而且後續的處理已不需要時，就能使用 Exit For 陳述式跳離迴圈處理。

格式　For Each…Next 陳述式

```
Dim 變數名稱 As Range
For Each 變數名稱 In 儲存格範圍
        重複執行的內容
Next [ 變數名稱 ]
```

解說　這次利用 For Each…Next 陳述式對指定的儲存格範圍執行相同的處理。Next 之後的物件變數可以省略。

①Hint **在迴圈處理執行之前判斷條件**

要對工作表、活頁簿、儲存格範圍這類目標執行相同的處理時，若想依照條件執行不同的處理，可搭配 If…Then 陳述式。舉例來說，下面的例子就對非「工作表 2」的工作表執行重複的處理。

```
Sub 變更工作表標題的顏色 ()
    Dim 所有工作表 As Worksheet
    For Each 所有工作表 In Worksheets
        With 所有工作表
            If .Name < > " 工作表 2" Then
                .Tab.Color = RGB (255, 255, 0)
            End If
        End With
    Next
End Sub
```

Unit 63 查詢工作表或活頁簿是否存在

一定要記住的關鍵字
☑ For Each…Next 陳述式
☑ Do While…Loop 陳述式
☑ Dir 函數

對特定的工作表或活頁簿進行處理時，若是要操作的工作表或活頁簿不存在就會出現錯誤。所以為了避免發生這類錯誤，我們將介紹檢查指定的活頁簿是否已開啟，或是資料夾裡是否存在著指定的活頁簿。

1 查詢指定的工作表是否存在

查詢指定的工作表是否存在

```
Sub 搜尋工作表 ()
    Dim 搜尋工作表 As String        ❶ 宣告 String 類型的        ❷ 宣告 Worksheet 類型的
    Dim 所有工作表 As Worksheet       變數（搜尋工作表）           變數（所有工作表）
    搜尋工作表 = Range ("B1") .Value
                                   ❸ 將儲存格 B1 的內容儲存
    For Each 所有工作表 In Worksheets    在變數（搜尋工作表）裡
        If 所有工作表 .Name = 搜尋工作表 Then
            Worksheets （搜尋工作表）.Select
            MsgBox 搜尋工作表 & " 工作表存在 "      將工作表的資訊分別儲存在
            Exit Sub                            變數（所有工作表）裡，並
        End If                                  在所有目標工作表輪完之
    Next                                        前，重複執行下列的處理
    MsgBox 搜尋工作表 & " 找不到 "
End Sub
```

若變數（所有工作表）的工作表名稱與變數（搜尋工作表）相同，就選擇變數（搜尋工作表）並顯示訊息，然後結束巨集

❹ 若找不到變數（搜尋工作表）就顯示訊息

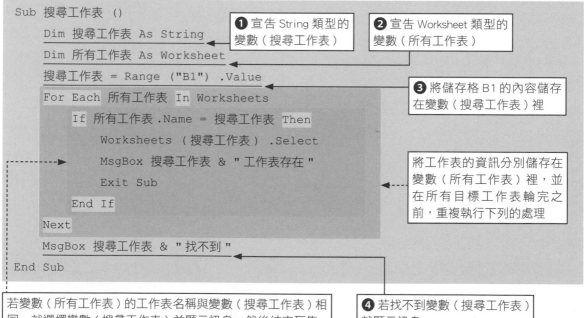

 Memo 查詢目標工作表是否存在

這次要以儲存格 B1 的工作表名稱查詢工作表是否存在，並於訊息交談窗顯示結果。使用 For Each…Next 陳述式對所有工作表進行工作表名稱確認的處理，若是找到與指定工作表相同的名稱則顯示訊息。

執行範例

❶ 確認工作表名稱是否存在

	A	B	C	D	E
1	目標工作表	高雄分店			
2	目標活頁簿	商品列表.xlsx			
3					
4					

請開啟「分店業績表 .xlsm」

❸ 顯示訊息

❷ 若工作表存在
則選擇工作表

② 查詢指定的活頁簿是否已開啟

查詢指定的活頁簿是否已開啟

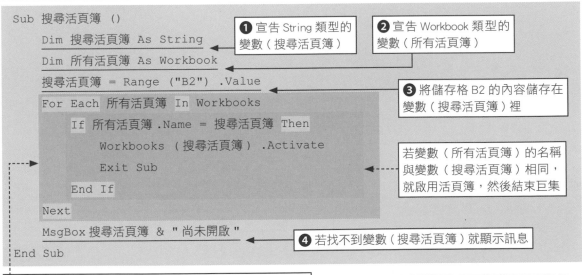

```
Sub 搜尋活頁簿 ()
    Dim 搜尋活頁簿 As String
    Dim 所有活頁簿 As Workbook
    搜尋活頁簿 = Range ("B2") .Value
    For Each 所有活頁簿 In Workbooks
        If 所有活頁簿 .Name = 搜尋活頁簿 Then
            Workbooks (搜尋活頁簿) .Activate
            Exit Sub
        End If
    Next
    MsgBox 搜尋活頁簿 & " 尚未開啟 "
End Sub
```

❶ 宣告 String 類型的
變數（搜尋活頁簿）

❷ 宣告 Workbook 類型的
變數（所有活頁簿）

❸ 將儲存格 B2 的內容儲存在
變數（搜尋活頁簿）裡

若變數（所有活頁簿）的名稱
與變數（搜尋活頁簿）相同，
就啟用活頁簿，然後結束巨集

❹ 若找不到變數（搜尋活頁簿）就顯示訊息

將活頁簿的資訊分別儲存在變數（所有活頁簿）裡，並在
所有目標活頁簿輪完之前，重複執行下列的處理

執行範例

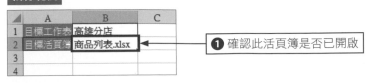

❶ 確認此活頁簿是否已開啟

**Memo　查詢指定的活頁簿
是否已開啟**

這次要以儲存格 B2 的活頁簿名
稱查詢活頁簿是否已開啟，並於
訊息交談窗顯示結果。若是指定
的活頁簿已開啟則啟用該活頁
簿。使用 For Each…Next 陳述
式對所有活頁簿重複執行活頁簿
名稱確認的處理。

若要中途結束巨集可使用 Exit Sub 陳述式。例如可在迴圈處理執行的過程中，指定條件成立時，不需要繼續執行巨集的時候使用這個陳述式。

❷ 當活頁簿開啟時，啟用該活頁簿

3　對資料夾內的所有活頁簿執行相同處理

對資料夾內的所有活頁簿執行相同處理

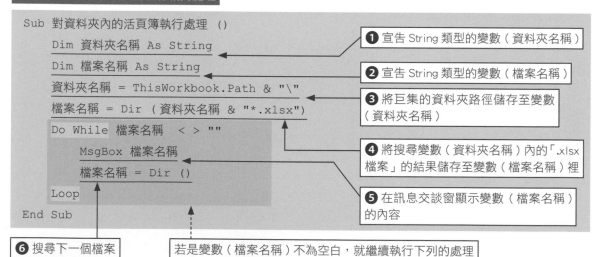

```
Sub 對資料夾內的活頁簿執行處理 ()
    Dim 資料夾名稱 As String
    Dim 檔案名稱 As String
    資料夾名稱 = ThisWorkbook.Path & "\"
    檔案名稱 = Dir (資料夾名稱 & "*.xlsx")
    Do While 檔案名稱 < > ""
        MsgBox 檔案名稱
        檔案名稱 = Dir ()
    Loop
End Sub
```

❶ 宣告 String 類型的變數（資料夾名稱）

❷ 宣告 String 類型的變數（檔案名稱）

❸ 將巨集的資料夾路徑儲存至變數（資料夾名稱）

❹ 將搜尋變數（資料夾名稱）內的「.xlsx 檔案」的結果儲存至變數（檔案名稱）裡

❺ 在訊息交談窗顯示變數（檔案名稱）的內容

❻ 搜尋下一個檔案

若是變數（檔案名稱）不為空白，就繼續執行下列的處理

Memo　**對資料夾的所有活頁簿執行處理**

這次對指定資料夾內的所有活頁簿執行重複的處理。範例使用 Dir 函數尋找活頁簿，再於訊息交談窗顯示該活頁簿的名稱。使用 Do While…Loop 陳述式在找到活頁簿的期間不斷執行相同的處理。

執行範例

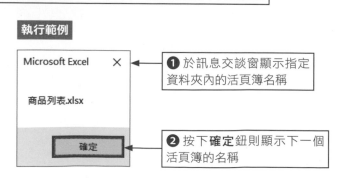

❶ 於訊息交談窗顯示指定資料夾內的活頁簿名稱

❷ 按下**確定**鈕則顯示下一個活頁簿的名稱

✅ **Keyword**　Dir 函數

Dir 函數可在參數指定要搜尋的檔案或資料夾。搜尋檔案之後，若要再以相同的條件搜尋檔案，不需要重新指定參數，直接寫成「Dir()」即可。若是找不到符合的檔案名稱則傳回長度為 0 的字串。

Dir ([pathname],[attributes])
pathname　指定要搜尋的檔案名稱或資料夾名稱。
attributes　指定檔案的屬性。細節請參考說明。

④ 查詢指定的活頁簿是否存在於資料夾

查詢指定的活頁簿是否存在於資料夾

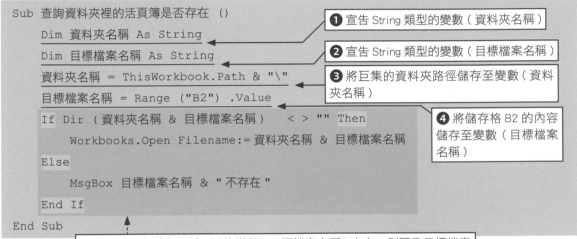

```
Sub 查詢資料夾裡的活頁簿是否存在 ()
    Dim 資料夾名稱 As String
    Dim 目標檔案名稱 As String
    資料夾名稱 = ThisWorkbook.Path & "\"
    目標檔案名稱 = Range ("B2") .Value
    If Dir (資料夾名稱 & 目標檔案名稱)  < > "" Then
        Workbooks.Open Filename:=資料夾名稱 & 目標檔案名稱
    Else
        MsgBox 目標檔案名稱 & " 不存在 "
    End If
End Sub
```

❶ 宣告 String 類型的變數（資料夾名稱）

❷ 宣告 String 類型的變數（目標檔案名稱）

❸ 將巨集的資料夾路徑儲存至變數（資料夾名稱）

❹ 將儲存格 B2 的內容儲存至變數（目標檔案名稱）

若是變數（資料夾名稱）裡的變數（目標檔案名稱）存在，則開啟目標檔案名稱的檔案。若是不存在，則於訊息交談窗顯示找不到目標檔案的訊息

執行範例

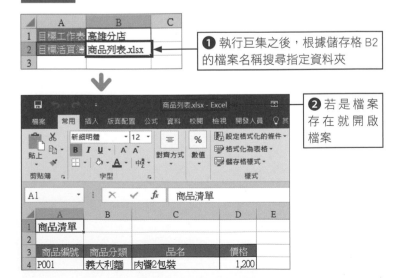

❶ 執行巨集之後，根據儲存格 B2 的檔案名稱搜尋指定資料夾

❷ 若是檔案存在就開啟檔案

✏️ **Memo**　**查詢目標活頁簿是否存在**

根據儲存格 B2 的活頁簿名稱搜尋指定資料夾，若是活頁簿存在就開啟活頁簿。這次同樣利用 Dir 函數搜尋檔案。

OneDrive 是 Microsoft 公司提供的網路檔案共享空間。只要註冊 Microsoft 帳號，就能使用專屬的檔案共享空間。在 Excel 2013 之後就能開啟儲存在 OneDrive 的檔案或是將檔案儲存在 OneDrive。此外，VBA 也能開啟儲存在 OneDrive 的檔案，或是將檔案儲存在 OneDrive，但是要複製檔案或操作資料夾，有時會發生找不到路徑的錯誤。此時可試著將 OneDrive 指派為網路磁碟來解決這個問題。

將 OneDrive 的位置指派為網路磁碟

將 OneDrive 的位置指派為網路磁碟之後，就能透過檔案總管操作 OneDrive 的資料夾與檔案。

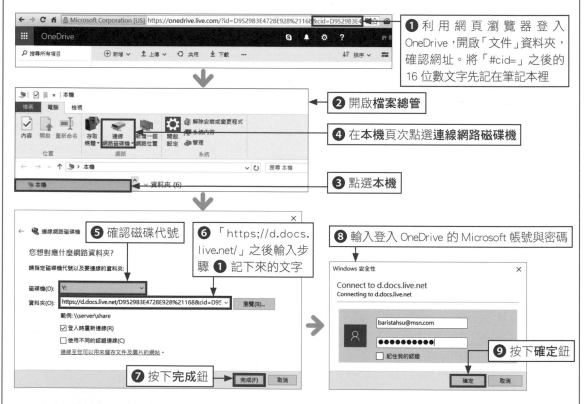

❶ 利用網頁瀏覽器登入 OneDrive，開啟「文件」資料夾，確認網址。將「#cid=」之後的 16 位數文字先記在筆記本裡

❷ 開啟檔案總管

❹ 在本機頁次點選連線網路磁碟機

❸ 點選本機

❺ 確認磁碟代號

❻「https://d.docs.live.net/」之後輸入步驟 ❶ 記下來的文字

❼ 按下完成鈕

❽ 輸入登入 OneDrive 的 Microsoft 帳號與密碼

❾ 按下確定鈕

在檔案總管裡顯示 OneDrive

在網路位置新增 OneDrive 之後，**檔案總管**視窗就會顯示 OneDrive 磁碟，點選該磁碟就能顯示內容。此外，用於存取 OneDrive 的路徑名稱就是步驟 ❺ 顯示的磁碟名稱。要利用 VBA 指定 OneDrive 這類位置時，可使用該路徑名稱（例如「Y:」）。

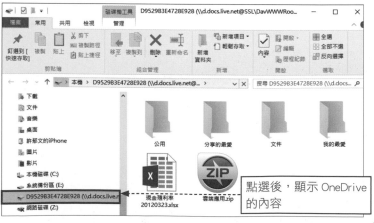

點選後，顯示 OneDrive 的內容

第 **8** 章

排序與篩選資料

本章概要

一定要記住的關鍵字

☑ 排序
☑ 尋找、取代
☑ 篩選

本章要介紹的是排序、篩選資料這些讓資料變得更方便閱讀的方法。此外，為了能輕鬆地應用列表格式的資料，還要介紹將列表轉換成表格的方法。只要轉換成表格，就能輕鬆篩選出目標資料。

1 排序資料

✎ **Memo** 排序資料

要輕鬆地將列表格式的資料整理得方便閱讀，可先排序資料。排序的條件可指定多項。

❶ 執行巨集後

❷ 依序排列「上班地點」。同一上班地點的人會再依照英文的順序排列

2 尋找與取代資料

✎ **Memo** 尋找與取代文字

這次要介紹搜尋指定字串以及將字串置換成其他字串的方法。可先指定尋找與取代的儲存格範圍再行操作。

❶ 執行巨集之後

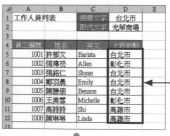

❷ 在儲存格 D5：D12 裡尋找儲存格 D1 的文字，再換成儲存格 D2 的文字，再強調置換之後的文字

③ 篩選資料

❶ 執行巨集之後

	A	B	C	D	E	F	G	H
1	業績清單							
2								
3	明細編號	日期	商品編號	商品名稱	數量	價格	合計	
4	1001	1/10(週二)	S-001	雙人沙發	2	45,000	90,000	
5	1002	1/10(週二)	T-001	茶几	1	35,000	35,000	
6	1003	1/11(週三)	T-001	茶几	1	35,000	35,000	
7	1004	1/12(週四)	S-001	雙人沙發	1	45,000	45,000	
8	1005	1/12(週四)	S-002	單人沙發	2	30,000	60,000	
9	1006	1/13(週五)	S-001	雙人沙發	2	45,000	90,000	
10	1007	1/14(週六)	D-001	餐桌	1	65,000	65,000	
11	1008	1/14(週六)	D-002	餐桌椅	4	15,000	60,000	
12	1009	1/15(週日)	T-001	茶几	1	35,000	35,000	
13	1010	1/15(週日)	D-002	餐桌椅	2	15,000	30,000	
14								

❷ 只顯示「商品編號」為「T-001」的資料

	A	B	C	D	E	F	G	H
1	業績清單							
2								
3	明細編▼	日期 ▼	商品編▼	商品名▼	數▼	價格▼	合計▼	
5	1002	1/10(週二)	T-001	茶几	1	35,000	35,000	
6	1003	1/11(週三)	T-001	茶几	1	35,000	35,000	
12	1009	1/15(週日)	T-001	茶几	1	35,000	35,000	

📝**Memo** 篩選資料

這次要介紹篩選指定資料的方法。讓我們一起學習如何透過 VBA 執行常用的 Excel 操作吧。

④ 將儲存格範圍轉換成表格

❶ 執行巨集之後

	A	B	C	D	E	F	G	H
1	業績清單							
2								
3	明細編號	日期	商品編號	商品名稱	數量	價格	合計	
4	1001	42745	S-001	雙人沙發	2	45000	90000	
5	1002	42745	T-001	茶几	1	35000	35000	
6	1003	42746	T-001	茶几	1	35000	35000	
7	1004	42747	S-001	雙人沙發	1	45000	45000	
8	1005	42747	S-002	單人沙發	2	30000	60000	
9	1006	42748	S-001	雙人沙發	2	45000	90000	
10	1007	42749	D-001	餐桌	1	65000	65000	
11	1008	42749	D-002	餐桌椅	4	15000	60000	
12	1009	42750	T-001	茶几	1	35000	35000	
13	1010	42750	D-002	餐桌椅	2	15000	30000	

❷ 列表轉換成表格

	A	B	C	D	E	F	G	H
1	業績清單							
2								
3	明細編號▼	日期▼	商品編號▼	商品名稱▼	數量▼	價格▼	合計▼	
4	1001	42745	S-001	雙人沙發	2	45000	90000	
5	1002	42745	T-001	茶几	1	35000	35000	
6	1003	42746	T-001	茶几	1	35000	35000	
7	1004	42747	S-001	雙人沙發	1	45000	45000	
8	1005	42747	S-002	單人沙發	2	30000	60000	
9	1006	42748	S-001	雙人沙發	2	45000	90000	
10	1007	42749	D-001	餐桌	1	65000	65000	
11	1008	42749	D-002	餐桌椅	4	15000	60000	
12	1009	42750	T-001	茶几	1	35000	35000	
13	1010	42750	D-002	餐桌椅	2	15000	30000	

📝**Memo** 使用表格功能

為了輕鬆地使用列表格式的資料，可先將儲存格範圍轉換成表格。表格也能用來篩選資料。

排序資料

在 Excel 環境下排序資料時,可指定作為排序基準的欄或順序。要利用 VBA 排序資料則可使用具有排序相關資訊的 Sort 物件。此外,Range 物件的 Sort 方法也能排序資料。

① 排序儲存格的資料

排序儲存格的資料

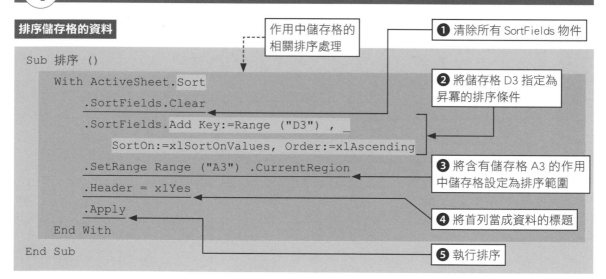

```
Sub 排序 ()
    With ActiveSheet.Sort
        .SortFields.Clear
        .SortFields.Add Key:=Range ("D3") , _
            SortOn:=xlSortOnValues, Order:=xlAscending
        .SetRange Range ("A3") .CurrentRegion
        .Header = xlYes
        .Apply
    End With
End Sub
```

作用中儲存格的相關排序處理

❶ 清除所有 SortFields 物件

❷ 將儲存格 D3 指定為昇冪的排序條件

❸ 將含有儲存格 A3 的作用中儲存格設定為排序範圍

❹ 將首列當成資料的標題

❺ 執行排序

📝Memo 排序儲存格的資料

這次以含有儲存格 A3 的作用中儲存格範圍作為排序範圍。範例以「上班地點」的欄位為基準,以昇冪方式重新排序資料。要在 Excel 環境下設定排序條件時,可如 8-7 頁般新增 Key,而 VBA 則是使用 Sort 物件。新增 SortField 物件後,可指定條件的內容。

執行範例

❶ 以「上班地點」為基準

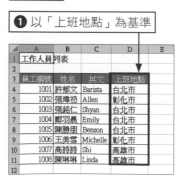

❷ 昇冪排序資料

格式 **Sort 屬性**

物件 .Sort

解說 使用 Sort 物件的各種方法與屬性，就能指定各種排序條件。共有下列的方法與屬性可供使用，而 Sort 物件可透過 Sort 屬性取得。

▼方法

Apply	開始排序
SetRange	指定要排序的儲存格範圍

▼屬性

Header	指定首列是否包含標頭
MatchCase	指定是否區分大小寫英文字母
Orientation	指定排序方向
SortFields	取得 SortFields 集合

物件 指定 Worksheet 物件、AutoFilter 物件、ListObject 物件、QueryTable 物件。

格式 **Add 方法**

物件 .Add (Key,[Sorton],[Order],[CustomOrder],[DataOption])

解說 要利用 Sort 物件以各種條件排序資料，可使用代表排序條件的 SortField 物件。SortField 物件可利用 SortFields 集合的 Add 方法增加。

物件 指定 SortFields 集合。

參數

Key 指定作為排序基準的欄位。

SortOn 指定排序基準。

設定值	內容
SortOnCellColor	儲存格顏色
SortOnFontcolor	文字顏色
SortOnIcon	圖示
SortOnValues	值

Order 指定排序順序。

設定值	內容
xlAscending	升冪（預設值）
xlDescending	降冪

CustomOrder 以使用者設定的列表排序時，指定使用的列表。

DataOption 指定排序方式。設定值請參考下表。

設定值	內容
xlSortNormal	數值與文字分別排序
xlSortTextAsNumbers	將文字當成數值排序

2 指定多項條件

以多項條件排序

作用中儲存格的
相關排序處理

```
Sub 以多項條件排序 ()
    With ActiveSheet.Sort
        .SortFields.Clear
        .SortFields.Add Key:=Range ("D3") , _
            SortOn:=xlSortOnValues, Order:=xlAscending
        .SortFields.Add Key:=Range ("C3") , _
            SortOn:=xlSortOnValues, Order:=xlAscending
        .SetRange Range ("A3") .CurrentRegion
        .Header = xlYes
        .Apply
    End With
End Sub
```

❶ 清除所有的 SortFields 物件

❷ 將儲存格 D3 指定為昇冪的
排序條件

❸ 將儲存格 C3 指定為昇冪的
排序條件

❹ 將含有儲存格 A3 的作用中
儲存格設定為排序範圍

❺ 將首列當成資料的標題

❻ 執行排序

✏Memo 以多項條件排序

這次以包含儲存格 A3 的作用中
儲存格為排序對象。除了以昇冪
方式排序上班地點之外,若是上
班地點相同,則以英文名字排
序。指定多項排序條件之後再執
行排序。

執行範例

❶ 以「上班地點」為基準

❷ 升冪排序資料。同一上班
地點的人則以英文名排序

❗Hint 使用 Sort 方法

要執行排序時,也可使用
Range 物件的 Sort 方法。Sort
方法雖無法指定以文字顏色
這類複雜的條件,但如果只
是要以簡單的條件排序,就
能使用這個方法簡潔地指定
條件。

❶ 替包含儲存格 A3 的作用中儲存格範圍排序資料。排序的條件
除了升冪排序上班地點外,若上班地點相同,再以英文名排序

```
Sub 以多項條件排序 2 ()
    Range ("A3") .Sort _
        Key1:=Range ("D3") , Order1:=xlAscending, _
        Key2:=Range ("C3") , Order2:=xlAscending, _
        Header:=xlYes
End Sub
```

!Hint 以多項條件排序資料（在 Excel 時的操作）

在 Excel 環境底下按下**資料**頁次的**排序**鈕，就能新增排序條件。VBA 則是以 SortField 物件來指定條件。

Step up 各種排序方式

● 以顏色為排序基準

要以顏色為排序基準可使用 Add 方法的 SortOn 參數將排序方式指定為「顏色」，指定排序顏色的順序。下面的範例將依照橘色、藍色的順序排序資料。

```
Sub 以顏色為基準排序 ()
    With ActiveSheet.Sort
        .SortFields.Clear
        .SortFields.Add (Key:=Range ("C3") , SortOn:=xlSortOnCellColor, _
            Order:=xlAscending) .SortOnValue.Color = RGB (255, 192, 0)
        .SortFields.Add (Key:=Range ("C3") , SortOn:=xlSortOnCellColor, _
            Order:=xlAscending) .SortOnValue.Color = RGB (0, 176, 240)
        .SetRange Range ("A3") .CurrentRegion
        .Header = xlYes
        .Apply
    End With
End Sub
```

● 以自訂的順序排序

若想以自訂的順序取代升冪或降冪的方式排序，可使用 Add 方法的 CustomOrder 參數指定排序的順序。比方說，要以高雄市、彰化市、台北市的順序排序 8-4 頁的表格，可將程式碼寫成下列內容。

```
Sub 以指定的順序排序 ()
    With ActiveSheet.Sort
        .SortFields.Clear
        .SortFields.Add Key:=Range ("D3") , CustomOrder:=" 高雄市，彰化市，台北市 "
        .SetRange Range ("A3") .CurrentRegion
        .Header = xlYes
        .Apply
    End With
End Sub
```

Unit 66 搜尋資料

一定要記住的關鍵字

- ☑ Find 方法
- ☑ FindNext 方法
- ☑ FindFormat 屬性

要在 Excel 環境底下搜尋資料，可按下**常用**頁次的**尋找與選取**鈕的**尋找**，開啟**尋找及取代**交談窗再指定要搜尋的資料。VBA 則可利用 Range 物件的 Find 方法搜尋。Find 方法的參數與**尋找及取代**交談窗的選項一樣，都可指定細膩的搜尋條件。

1 搜尋儲存格的資料

搜尋儲存格的資料

```
Sub 資料搜尋 2 ()
    Dim 搜尋結果 As Range
    Set 搜尋結果 = Range ("B4:B11") .Find (What:=Range ("D1") .Value, _
        LookAt:=xlWhole)
    If Not 搜尋結果 Is Nothing Then
        搜尋結果 .Select
    Else
        MsgBox " 找不到符合的結果 "
    End If
End Sub
```

❶ 宣告 Range 類型的變數（搜尋結果）

❷ 在儲存格 B4：B11 裡搜尋儲存格 D1 的文字，再將結果儲存至變數（搜尋結果）

❸ 若是搜尋結果為文字，則選取變數（搜尋結果）的儲存格。若搜尋不到文字則顯示訊息

📝Memo 搜尋資料

這次搜尋的是儲存格 D1 的文字。VBA 可利用 Range 物件的 Find 方法搜尋。

✅Keyword Not 運算子的「Not 公式」

Not 運算子是邏輯運算子的一種，可指定「若非～」的條件。例如「Not Range ("A1") ="ABC"」的意思就是儲存格 A1 的值若非「ABC」時傳回 True，若為「ABC」就傳回 False。「Not 搜尋結果 Is Nothing」則是，「搜尋結果（變數）儲存的是物件時」的意思。

執行範例

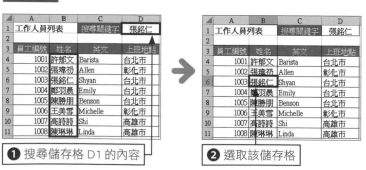

❶ 搜尋儲存格 D1 的內容

❷ 選取該儲存格

格式 **Find 方法**

> 物件 .Find (What,[After],[LookIn],[LookAt],[SearchOrder],[SearchDirection],[MatchCase],[MatchByte],[SearchFormat])

解說 要搜尋儲存格的資料可使用 Find 方法。參數可指定要搜尋的文字或條件。找不到符合的結果就會傳回 Nothing。

物件 指定 Range 物件。

參數

What 指定要搜尋的文字。

After 指定儲存格的位置。會從這裡指定的儲存格的下一個儲存格開始搜尋。省略時，將自動指定為目標儲存格範圍的左上角儲存格。

LookIn 指定搜尋對象。

設定值	內容
xlFormulas	公式
xlValues	值
xlComments	註解

LookAt 指定搜尋條件。

設定值	內容
xlWhole	完全一致
xlPart	部分一致

SearchOrder 指定搜尋方向。

設定值	內容
xlByRows	列方向
xlByColumns	欄方向

SearchDirection 指定搜尋方向。

設定值	內容
xlNext	搜尋下一筆資料
xlPrevious	搜尋上一筆資料

MatchCase 要於搜尋時區分大小寫英文字母則設定為 True，不區分則設定為 False。

MatchByte 要於搜尋時區分全形／半形英文字母則設定為 True，不區分則設定為 False。

SearchFormat 要指定搜尋的儲存格格式時指定為 True，否則指定為 False。

---

①Hint 指定搜尋條件 (在 Excel 時的操作)

要於 Excel 的環境底下搜尋時，可按下**常用**頁次的**尋找與選取**，再從中點選**尋找**。接著於**尋找及取代**交談窗裡指定要搜尋的文字。此外，上述介紹的 Find 方法的參數內容與 Excel 的**尋找及取代**視窗的內容相對應。

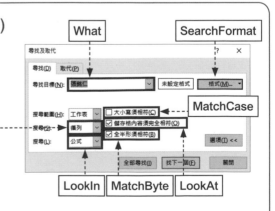

搜尋下一筆資料

❶ 宣告 Range 類型的變數（搜尋結果）

❷ 宣告 String 類型的變數（原始位置）

❸ 搜尋儲存格 D1 的文字，再將搜尋結果儲存至變數（搜尋結果）

```
Sub 搜尋下一筆資料 ()
    Dim 搜尋結果 As Range
    Dim 原始位置 As String
    With Range ("D4:D11")
        Set 搜尋結果 = .Find (What:=Range ("D1") .Value, _
            LookAt:=xlWhole)
        If Not 搜尋結果 Is Nothing Then
            原始位置 = 搜尋結果 .Address
            Do
                Range (搜尋結果 .Address) .AddComment " ★ "
                Set 搜尋結果 = .FindNext (搜尋結果)
            Loop Until 搜尋結果 .Address = 原始位置
        Else
            MsgBox " 找不到符合的結果 "
        End If
    End With
End Sub
```

若搜尋到文字，則將變數（搜尋結果）的位置儲存至變數（原始位置）（保留找到第一筆資料的位置），然後再重複執行相同的處理。若找不到文字則顯示訊息

當變數（搜尋結果）的位置與第一筆找到的搜尋位置（變數（原始位置））相同之前，在搜尋的位置新增註解與★符號

✎**Memo** 搜尋下一筆資料

這次要在搜尋文字之後，繼續搜尋下一筆文字。先搜尋儲存格 D1 的文字，再於找到時，在儲存格新增註解。接著再搜尋下一筆資料。在回到最初的搜尋位置之前重複執行處理。

執行範例

❶ 在儲存格 D4：D11 裡搜尋儲存格 D1 的文字

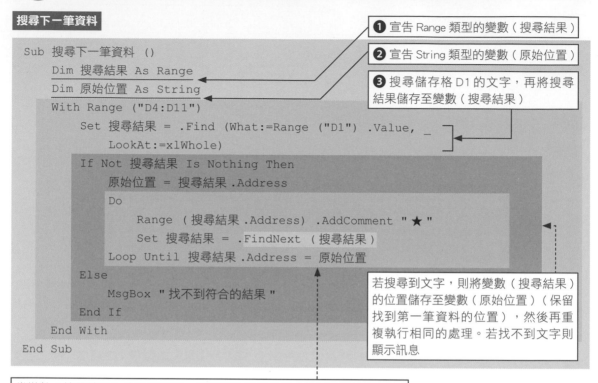

	A	B	C	D	E
1	工作人員列表		搜尋關鍵字	彰化市	
2					
3	員工編號	姓名	英文	上班地點	
4	1001	許郁文	Barista	台北市	
5	1002	張瑋礽	Allen	彰化市	
6	1003	張銘仁	Shyan	台北市	
7	1004	鄭羽晨	Emily	台北市	
8	1005	陳勝朋	Benson	台北市	
9	1006	王美雪	Michelle	彰化市	
10	1007	高詩詩	Shi	高雄市	
11	1008	陳琳琳	Linda	高雄市	
12					

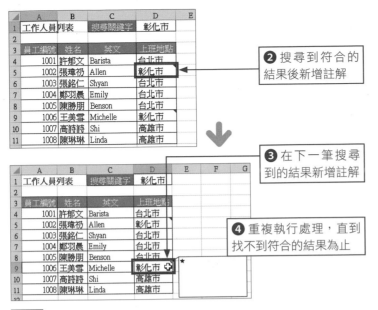

❷ 搜尋到符合的結果後新增註解

❸ 在下一筆搜尋到的結果新增註解

❹ 重複執行處理，直到找不到符合的結果為止

8-11

Memo　取得儲存格的位址

要取得儲存格範圍的位址可使用 Address 屬性。

Hint　無法如預期搜尋時

省略 Find 方法的目標對象（LookIn）、搜尋條件（LookAt）、搜尋方向（SearchOrder）、區分全形／半形字母（MatchByte）這些參數，就會根據**尋找及取代**交談窗所指定的內容搜尋。這些設定會在每次的搜尋保存，所以若無法如預期搜尋時，就別省略參數的指定吧！

格式　**FindNext 方法**

物件 .FindNext ([After])

解說	要在 Find 方法搜尋資料之後搜尋下一筆資料時，可使用 FindNext 方法。
物件	指定 Range 物件。
參數	
After	指定儲存格的位置。搜尋會從這裡指定的儲存格的下一格儲存格開始搜尋。省略時，將自動設定為目標儲存格左上角的儲存格。

只要搜尋過一次，下次的搜尋就會沿襲前一次搜尋的條件。開啟**尋找及取代**交談窗可確認搜尋條件

Step up　**指定格式搜尋**

要以指定的格式搜尋時，可使用 Application 物件的 FindFormat 屬性。取得代表格式搜尋條件的 CellFormat 物件，再指定格式的內容。格式的內容可利用 CellFormat 物件的 Font 屬性或 Interior 屬性指定。

```
Sub 以格式搜尋 ()
    With Application.FindFormat
        .Font.Bold = True
        .Interior.Color = RGB (255, 192, 0)
    End With
    Cells.Find (What:="", SearchFormat:=True) .Activate
End Sub
```

取代資料

在 Excel 環境底下置換資料時，可按下**常用**頁次的**尋找與選取**，在**尋找及取代**交談窗裡進行。VBA 則可利用 Range 物件的 Replace 方法完成同樣的目的。方法的參數能與**尋找及取代**交談窗指定相同的搜尋條件。

1 取代儲存格的資料

取代儲存格的資料

❶ 在儲存格 D5：D12 裡尋找儲存格 D1 的文字，再置換成儲存格 D2 的文字

```
Sub 取代資料1 ()
    Range ("D5:D12") .Replace What:=Range ("D1") .Value, _
        Replacement:=Range ("D2") .Value, LookAt:=xlWhole
End Sub
```

格式 **Replace 方法**

物件 .Replace (What,Replacement,[LookAt],[SearchOrder],[MatchCase],[MatchByte], [SearchFormat].[ReplaceFormat])

解說 要取代文字可使用 Range 物件的 Replace 方法。參數可指定要搜尋的文字、取代的文字與搜尋條件。

物件 指定 Range 物件。

參數

What	指定要搜尋的文字。
LookAt	指定搜尋條件。

設定值	內容
xlWhole	完全一致
xlPart	部分一致

MatchCase	要於搜尋時區分大小寫英文字母則設定為 True，不區分則設定為 False。
MatchByte	要於搜尋時區分全形／半形英文字母則設定為 True，不區分則設定為 False。
SearchFormat	要指定搜尋的儲存格格式。
ReplaceFormat	要指定取代的儲存格格式。

Replacement	指定取代的文字
SearchOrder	指定搜尋方向。

設定值	內容
xlByRows	列方向
xlByColumns	欄方向

執行範例

❶ 在儲存格 D5：D12 尋找儲存格 D1 的文字

❷ 再置換成儲存格 D2 的內容

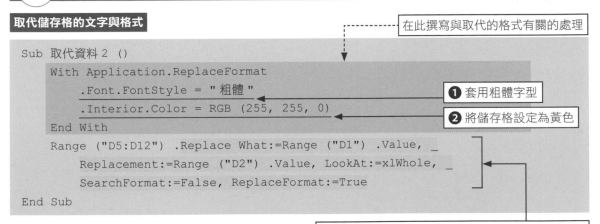

Memo 將文字置換成其他文字

搜尋儲存格 D1 的文字後，再取代成儲存格 D2 的文字。取代文字可使用 Range 物件的 Replace 方法。

② 在搜尋到的儲存格設定格式取代儲存格的文字與格式

取代儲存格的文字與格式

在此撰寫與取代的格式有關的處理

```
Sub 取代資料2 ()
    With Application.ReplaceFormat
        .Font.FontStyle = "粗體"
        .Interior.Color = RGB (255, 255, 0)
    End With
    Range ("D5:D12") .Replace What:=Range ("D1") .Value, _
        Replacement:=Range ("D2") .Value, LookAt:=xlWhole, _
        SearchFormat:=False, ReplaceFormat:=True
End Sub
```

❶ 套用粗體字型

❷ 將儲存格設定為黃色

❸ 在儲存格 D5：D12 搜尋儲存格 D1 的文字，再取代成儲存格 D2 的文字，然後套用取代後的格式

執行範例

❶ 在儲存格 D5：D12 搜尋儲存格 D1 的文字

❷ 再取代成儲存格 D2 的文字。接著將儲存格的文字設定為粗體字型，再將填色設定為黃色

Memo 取代時也變更格式

這次搜尋了儲存格 D1 的文字，並將該文字取代成儲存格 D2 的文字。此時可順便指定取代後的儲存格格式。指定儲存格格式可使用 Application 物件的 ReplaceFormat 屬性取得代表取代後格式的 CellFormat 物件再指定格式。格式的內容可使用 CellFormat 物件的 Font 屬性與 Interior 屬性。

篩選資料

要從列表格式的資料篩選出符合條件的資料時，可使用「自動篩選」功能或是「進階篩選」功能。VBA 也能利用 AutoFilter 方法或 AdvancedFilter 方法完成相同的處理。

1 使用自動篩選功能篩選資料

以自動篩選功能篩選資料

```
Sub 篩選資料 ()
    Range ("A3") .AutoFilter Field:=3, Criteria1:="T-001"
End Sub
```

❶ 參照儲存格 A3 執行自動篩選功能。篩選條件設定為左側數來第三欄為「T-001」

 Memo 使用自動篩選功能

這次篩選的是「商品編號」為「T-001」的資料。在 Excel 的環境下，要快速從列表格式的資料篩選出需要的資料時，可使用「篩選功能」。VBA 則可使用 Range 物件的 AutoFilter 方法完成同樣的目的。

執行範例

❶ 執行巨集後

	A	B	C	D	E	F	G
1	業績清單						
2							
3	明細編號	日期	商品編號	商品名稱	數量	價格	合計
4	1001	1/10(週二)	S-001	雙人沙發	2	45,000	90,000
5	1002	1/10(週二)	T-001	茶几	1	35,000	35,000
6	1003	1/11(週三)	T-001	茶几	1	35,000	35,000
7	1004	1/12(週四)	S-001	雙人沙發	1	45,000	45,000
8	1005	1/12(週四)	S-002	單人沙發	2	30,000	60,000
9	1006	1/13(週五)	S-001	雙人沙發	2	45,000	90,000
10	1007	1/14(週六)	D-001	餐桌	1	65,000	65,000
11	1008	1/14(週六)	D-002	餐桌椅	4	15,000	60,000
12	1009	1/15(週日)	T-001	茶几	1	35,000	35,000
13	1010	1/15(週日)	D-002	餐桌椅	2	15,000	30,000

❷ 以自動篩選功能篩選出「商品編號」為「T-001」的資料

	A	B	C	D	E	F	G
1	業績清單						
2							
3	明細編號	日期	商品編號	商品名稱	數量	價格	合計
5	1002	1/10(週二)	T-001	茶几	1	35,000	35,000
6	1003	1/11(週三)	T-001	茶几	1	35,000	35,000
12	1009	1/15(週日)	T-001	茶几	1	35,000	35,000

格式 **AutoFilter 方法**

> 物件 .AutoFilter ([Field],[Criteria1],[Operator],[Criteria2],[VisibleDropDown])

解說 要執行自動篩選功能可使用 Range 物件的 AutoFilter 方法,並以參數指定篩選條件。

物件 指定 Range 物件。

參數

Field 以編號指定作為條件的欄位。從列表最左側的欄位開始,依序以 1、2、3…的順序指定。

Criteria1 指定篩選條件。

範例	內容
" 商品 A"	商品 A
"* 商品 A*"	包含商品 A
" 商品 A*"	以商品 A 為開頭
" < > 商品 A"	商品 A 以外
" < >* 商品 A*"	不包含商品 A
"=3"	等於 3
">3"	大於 3

範例	內容
">=3"	大於等於 3
" < 3"	小於 3
" < =3"	小於等於 3
" < >3"	除了 3 之外
""	空白儲存格
" < >"	非空白的儲存格

Operator 從下列指定篩選條件的指定方法。例如,希望將篩選條件指定為「"10"」,並且希望是「從前面數來的 10%」時,可將此參數指定為「xlTop10Percent」。

設定值	內容
xlAnd	以 AND 條件指定篩選條件 1 與篩選條件 2
xlBottom10Items	顯示到從下方數來第○筆(由篩選條件 1 指定的數值)資料
xlBottom10Percent	顯示到從下方數來前○ %(由篩選條件 1 指定的數值)資料
xlOr	以 OR 條件指定篩選條件 1 與篩選條件 2
xlTop10Items	顯示到從上方數來第○筆(由篩選條件 1 指定的數值)資料
xlTop10Percent	顯示到從上方數來前○ %(由篩選條件 1 指定的數值)資料
xlFilterCellColor	指定儲存格的顏色
xlFilterDynamic	指定動態篩選
xlFilterFontColor	指定字型的顏色
xlFilterIcon	指定篩選圖示
xlFilterValues	指定篩選值

Criteria2 指定第二個篩選條件。這個參數能與篩選條件的指定方法搭配使用。可於利用 AND 條件以及 OR 條件指定多項條件時使用。

VisibleDropDown 若希望顯示下拉式按鈕則設定為 True,希望隱藏則指定為 False。

Step up **指定「○○以上、○○以下」這種篩選條件**

要指定兩個篩選條件可將條件指定給 Criteria1 與 Criteria2,此外也可利用 AND 條件或 OR 條件指定。舉例來說,若要從左側數來第一個欄位篩選出「大於等於 1003 且小於等於 1007」的資料,可將程式碼寫成「Range ("A3").AutoFilter Field:=1, Criteria1:=">=1003" , Operator:=xlAnd, Criteria2:=" < =1007"」。

關閉自動篩選的設定

使用 Range 物件的 AutoFilter 方法之後，就能切換是否執行自動篩選功能。下面的範例會偵測自動篩選功能的篩選模式是否啟動，並在啟動時才切換自動篩選的設定。有關條件判斷的方法請參考 Unit 57。

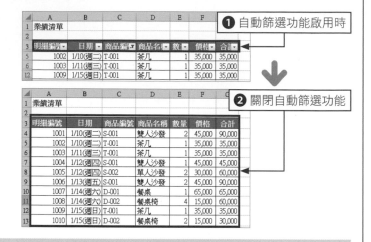

❶ 自動篩選功能啟用時

❷ 關閉自動篩選功能

```
Sub 解除篩選 ()
    If ActiveSheet.AutoFilterMode = True Then
        Range ("A3") .AutoFilter
    End If
End Sub
```

2 利用進階篩選功能篩選資料

篩選出符合條件的資料

```
Sub 進階篩選的設定 ()
    Range ("A5") .CurrentRegion.AdvancedFilter _
        Action:=xlFilterInPlace, _
        criteriarange:=Range ("A2:G3") , unique:=False
End Sub
```

❶ 利用**進階篩選**功能從包含儲存格 A5 的啟用中儲存格範圍篩選出資料。篩選條件指定為儲存格 A2：G3

執行範例

❶ 指定搜尋條件之後

❷ 篩選出與搜尋條件（範例設定的條件是「商品編號」為「S-001」且「數量」大於等於 2）一致的資料

	A	B	C	D	E	F	G	H
1	業績清單							
2	明細編號	日期	商品編號	商品名稱	數量	價格	合計	
3			S-001		>=2			
4								
5	明細編號	日期	商品編號	商品名稱	數量	價格	合計	
6	1001	1/10(週二)	S-001	雙人沙發	2	45,000	90,000	
11	1006	1/13(週五)	S-001	雙人沙發	2	45,000	90,000	
16								

📝 **Memo** 使用進階篩選功能

這次要根據儲存格 A2：G3 的篩選條件篩選資料。若是在 Excel 環境底下，要從列表資料篩選出符合條件的資料時，可仿照下列 **Hint** 的說明使用「進階篩選功能」。要利用 VBA 設定**進階篩選**功能時，可使用 Range 物件的 AdvancedFilter 方法。

格式　**AdvancedFilter 方法**

物件 .AdvancedFilter (Action,[CriteriaRange],[CopyToRange],[Unique])

解說　要使用進階篩選功能可使用 AdvancedFilter 方法。參數可設定篩選條件的範圍。

物件　指定 Range 物件。

參數

Action　搜尋結果是在其他位置顯示或是在列表的位置顯示。

設定值	內容
xlFilterCopy	將篩選結果複製到另外的位置
xlFilterInPlace	在列表內顯示篩選結果

CriteriaRange　指定輸入篩選條件的範圍。

CopyToRange　若篩選結果的顯示方式設定為「xlFilterCopy」，即可透過此參數設定篩選結果的顯示位置。

Unique　若要忽略重複的篩選結果則設定為 True，若要顯示重複的篩選結果則設定為 False。

💡 **Hint**　使用進階篩選功能（在 Excel 時的操作）

要在 Excel 環境底下從列表資料篩選出符合多項條件的資料時，可於**進階篩選**交談窗設定條件。要使用**進階篩選**功能可先在不同於列表的位置撰寫篩選條件，接著點選要篩選資料的列表的儲存格，再按下**資料**頁次的**進階**，然後在**進階篩選**交談窗設定篩選條件。此交談窗的選項與 Range 物件的 AdvancedFilter 方法能指定的參數對應。

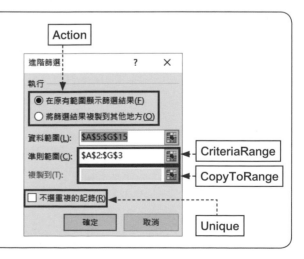

❶ 判斷是否套用了篩選功能,然後只在套用時解除**進階篩選**的設定,顯示所有資料

```
Sub 解除篩選設定 ()
    If ActiveSheet.FilterMode = True Then
        ActiveSheet.ShowAllData
    End If
End Sub
```

3 將儲存格範圍轉換為表格

將儲存格範圍轉換為表格

根據包含儲存格 A3 的作用中儲存格範圍建立資料,再撰寫與該表格有關的處理

```
Sub 轉換成表格 ()
    With ActiveSheet.ListObjects.Add (SourceType:=xlSrcRange, _
        Source:=Range ("A3") .CurrentRegion)
        .TableStyle = "TableStylemedium7"
        .Name = " 業績清單 "
    End With
End Sub
```

❶ 將表格的樣式設定為「表格樣式 (中等深淺 7)」

❷ 將表格名稱設定為「業績清單」

Memo 將儲存格範圍轉換成表格

接下來要將包含儲存格 A3 的作用中範圍轉換成表格。代表表格的是 ListObject 物件,而我們要使用 ListObject 物件的集合,也就是 ListObjects 集合的 Add 方法增加表格。

執行範例

❶ 將包含儲存格 A3 的作用中儲存格範圍

❷ 轉換成表格

格式 **Add 方法**

物件 .Add ([SourceType],[Source],[LinkSource],[XlListObjectHasHeaders], [Destination],[TableStyleName])

解說　　建立新的表格。

物件　　指定 ListObjects 集合。

參數

SourceType　　指定原始資料的種類。

設定值	內容
xlSrcExternal	外部資料 (Microsoft SharePoint Foundation 網站)
xlSrcModel	PointPivot 模組
xlSrcQuery	查詢佇列
xlSrcRange	儲存格範圍 (預設值)
xlSrcXml	XML

Source　　指定原始資料。若 SourceType 參數為 xlSrcRange 可省略指定此參數。

LinkSource　　指定是否讓外部資料與 ListObject 物件連結。若 SourceType 為 xlSrcRange，此參數就無效。

XlListObjectHasHeaders　　指定首列是否有欄標籤。

設定值	內容
xlGuess	自動判斷是否有欄標籤
xlNo	無 (預設值)
xlYes	有

Destination　　指定建立列表的位置。若 SourceType 為 xlSrcRange 時則忽略此參數。

TableStyleName　　指定表格套用的樣式。

---

①Hint 將表格還原為原本的儲存格範圍

要將表格還原為原本的儲存格範圍可使用 ListObject 物件的 Unlist 方法。例如要將「業績清單」表格還原為儲存格範圍可將程式碼寫成下列內容。

```
Sub 將表格轉換成儲存格範圍 ()
    With ActiveSheet.ListObjects (" 業績清單 ")
        .TableStyle = ""
        .ShowTotals = False
        .Unlist
    End With
End Sub
```

☑ Keyword ListObjects 集合

ListObject 集 合 就 是 代 表 表 格 的 ListObject 物 件 的 集 合 體，可利用 Worksheet 物件的 ListObjects 屬性取得。

篩選出表格的資料

從表格篩選資料

在此撰寫與「業績清單」表格有關的處理

```
Sub 篩選表格的資料 ()
    With ActiveSheet.ListObjects ("業績清單")
        .Range.AutoFilter Field:=3, Criteria1:="S-001"
        .ShowTotals = True
        .ListColumns ("數量") .TotalsCalculation = xlTotalsCalculationSum
    End With
End Sub
```

❶ 篩選出表格範圍左側數來第三欄為「S-001」的資料

❷ 顯示統計列

❸ 加總「數量」欄的統計方法

📝Memo 篩選資料

要篩選出表格的資料可使用 ListObject 物件的屬性與方法。在此指定了篩選條件也顯示了統計列。

執行範例

❶ 從表格資料

⚠️Hint AutoFilter 方法

要從表格篩選出資料可使用 ListObject 的 Range 屬性取得列表範圍的 Range 物件，再利用 AutoFilter 方法篩選資料。

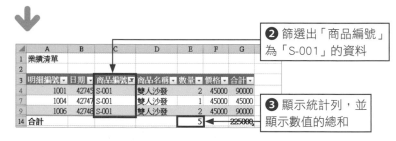

❷ 篩選出「商品編號」為「S-001」的資料

❸ 顯示統計列，並顯示數值的總和

格式 TotalsCalculation 屬性

物件 .TotalsCalculation

解說 指定表格欄位的統計列的計算方式。

設定值	內容	設定值	內容
xlTotalsCalculationNone	不計算	xlTotalsCalculationMin	最小值
xlTotalsCalculationAverage	平均值	xlTotalsCalculationSum	總和
xlTotalsCalculationCount	資料筆數	xlTotalsCalculationStdDev	標準差
xlTotalsCalculationCountNums	數值個數	xlTotalsCalculationVar	變異數
xlTotalsCalculationMax	最大值	xlTotalsCalculationCustom	其他函數

物件 指定 ListColumn 物件。

第 9 章

列印工作表

本章概要

本章要介紹列印工作表的方法。在 Excel 的環境底下列印工作表時，可設定用紙大小、方向、頁首、頁尾資訊。要以 VBA 設定列印方式時，則可使用代表這類資訊的 PageSetup 物件的各種屬性。

1 PageSetup物件的各種屬性

📝Memo **PageSetup 物件**

列印方式可使用 PageSetup 物件的屬性設定。PageSetup 物件可透過 Worksheet 物件的 PageSetup 屬性取得。

❗Hint **版面設定**

要於 Excel 設定列印的版面時，可先開啟**版面設定**交談窗，再從中指定相關的設定。要於 VBA 設定版面時，可使用 PageSetup 物件的屬性。Excel **版面設定**交談窗的各項目與右側的屬性相對應。

📝Memo **可替每張工作表設定不同的版面**

列印時可替每張工作表設定不同的版面。例如，「工作表 1」的表格以垂直的方向列印，「工作表 2」的表格以水平方向列印。

「版面設定」交談窗

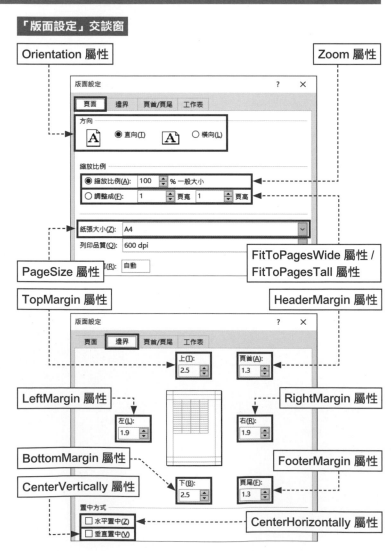

LeftHeader 屬性
CenterHeader 屬性
RightHeader 屬性

LeftFooter 屬性
CenterFooter 屬性
RightFooter 屬性

PrintArea 屬性

PrintTitleRows 屬性

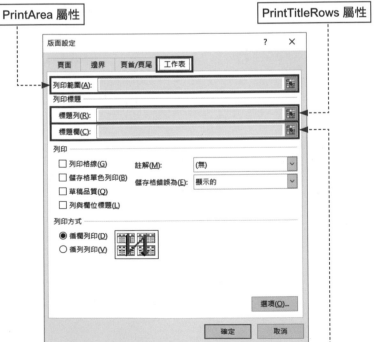

PrintTitleColumns 屬性

將列印範圍限縮
在用紙範圍內

列印時，可配合表格大小指定用紙方向。VBA 可利用 Orientation 屬性指定。此外，表格若大於用紙版面，而需縮小列印對象時，可使用 FitToPagesTall 屬性或 FitToPagesWide 屬性指定。讓我們試著配合用紙的寬度列印表格吧。

① 依照用紙大小列印

將列印對象限縮在指定的用紙之內列印

在此撰寫「工作表 1」工作表的版面設定

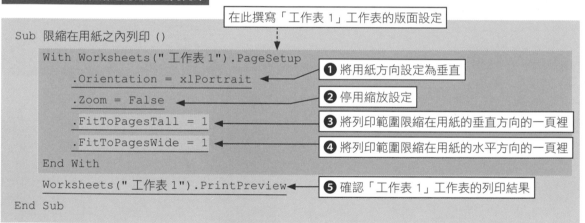

```
Sub 限縮在用紙之內列印 ()
    With Worksheets(" 工作表 1").PageSetup
        .Orientation = xlPortrait        ❶ 將用紙方向設定為垂直
        .Zoom = False                    ❷ 停用縮放設定
        .FitToPagesTall = 1              ❸ 將列印範圍限縮在用紙的垂直方向的一頁裡
        .FitToPagesWide = 1              ❹ 將列印範圍限縮在用紙的水平方向的一頁裡
    End With
    Worksheets(" 工作表 1").PrintPreview  ❺ 確認「工作表 1」工作表的列印結果
End Sub
```

ⓘHint 列印前的設定

要讓列印對象限縮在指定版面內，可使用 PageSetup 物件的 FitToPagesTall 屬性（直向）或 FitToPageWide 屬性（橫向）。例如，要讓列印對象縮小至直向一頁、橫向一頁之內，可 將 FitToPagesTall 屬 性 與 FitToPagesWide 屬性設為「1」。

執行範例

❶ 表格被分割成兩個頁面了

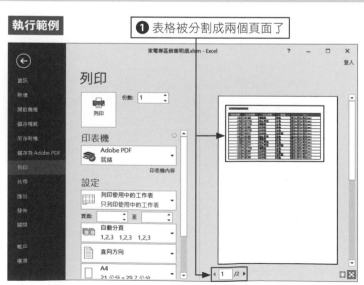

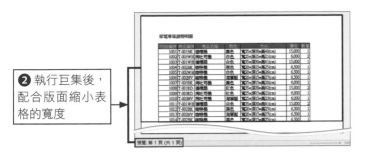

❷ 執行巨集後，配合版面縮小表格的寬度

ⒾHint 顯示預覽列印

要預覽指定工作表的列印結果可使用 PrintPreview 方法。將在 Unit 74 介紹。

格式 FitToPagesTall／FitToPagesWide 屬性

> 物件 .FitToPagesTall
> 物件 .FitToPagesWide

解說 將列印對象限縮在指定版面之內再列印。FitToPagesTall 屬性可設定直向的頁數，FitToPagesWide 屬性則可設定橫向的頁數。

物件 指定 PageSetup 物件。

ⒾHint 設定邊界

要設定上下左右的邊界可分別使用 PageSetup 物件的 TopMargin、BottomMargin、LeftMargin、RightMargin 屬性。邊界的大小可用點為單位指定。

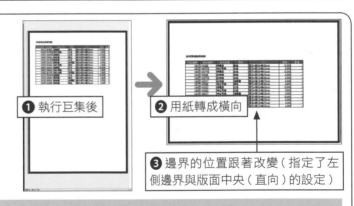

❶ 執行巨集後

❷ 用紙轉成橫向

❸ 邊界的位置跟著改變（指定了左側邊界與版面中央（直向）的設定）

```
Sub 邊界的設定 ()
    With Worksheets(" 工作表 1").PageSetup
        .Orientation = xlLandscape
        .Zoom = False
        .FitToPagesTall = 1
        .FitToPagesWide = 1
        .LeftMargin = Application.CentimetersToPoints(3)
        .CenterVertically = True
    End With
    Worksheets(" 工作表 1").PrintPreview
End Sub
```

此外，在 Excel 的**版面設定**交談窗指定邊界時，通常會以公分為單位。若想在 VBA 以公分為單位指定邊界，可使用 Application 物件的 CentimetersToPoints 方法轉換單位。下列的範例將下方邊界設定為 2 公分。

```
Worksheets(" 工作表 1").PageSetup.BottomMargin = Application.CentimetersToPoints(2)
```

設定頁首與頁尾

要在頁首或頁尾設定日期或標誌時,可在頁首或頁尾的「左」、「中央」、「右」這三個位置的其中之一指定內容。VBA 則可使用 PageSetup 物件的「LeftHeader」、「CenterHeader」、「RightHeader」、「LeftFooter」、「CenterFooter」、「RightFooter」屬性設定。

① 設定頁首與頁尾

設定頁首與頁尾

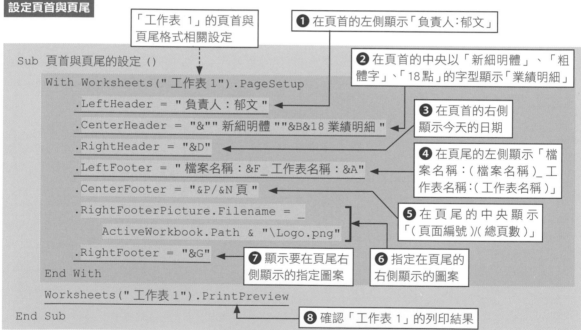

「工作表 1」的頁首與頁尾格式相關設定

❶ 在頁首的左側顯示「負責人:郁文」

❷ 在頁首的中央以「新細明體」、「粗體字」、「18 點」的字型顯示「業績明細」

❸ 在頁首的右側顯示今天的日期

❹ 在頁尾的左側顯示「檔案名稱:(檔案名稱)_工作表名稱:(工作表名稱)」

❺ 在頁尾的中央顯示「(頁面編號)/(總頁數)」

❻ 指定在頁尾的右側顯示的圖案

❼ 顯示要在頁尾右側顯示的指定圖案

❽ 確認「工作表 1」的列印結果

```
Sub 頁首與頁尾的設定 ()
    With Worksheets(" 工作表 1").PageSetup
        .LeftHeader = " 負責人:郁文 "
        .CenterHeader = "&""" 新細明體 ""&B&18 業績明細 "
        .RightHeader = "&D"
        .LeftFooter = " 檔案名稱:&F_ 工作表名稱:&A"
        .CenterFooter = "&P/&N 頁 "
        .RightFooterPicture.Filename = _
            ActiveWorkbook.Path & "\Logo.png"
        .RightFooter = "&G"
    End With
    Worksheets(" 工作表 1").PrintPreview
End Sub
```

✎ Memo **指定頁首與頁尾的內容**

讓我們試著在頁首與頁尾加上文字、日期與圖案這類資訊吧。若要變更文字的格式,必須使用預設的符號。

執行範例

❶ 執行巨集之後

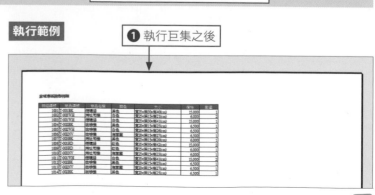

❷ 頁首與頁尾顯示了指定的內

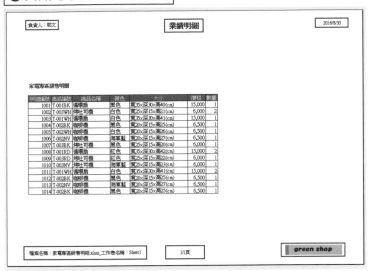

9-7

Step up 在頁首或頁尾加入圖片

頁首與頁尾都能顯示圖片，只需要使用 PageSetup 物件的「LeftHeader Picture」、「CenterHeaderPicture」、「RightHeaderPicture」、「LeftFooter Picture」、「CenterFooterPicture」、「RightFooterPicture」屬性取得代表頁首或頁尾圖片的 Graphic 物件，再利用 Graphic 物件的 Filename 屬性指定圖片的儲存位置與檔案名稱即可。

Hint 解除頁首與頁尾的設定

要解除頁首與頁尾的內容可將所有的屬性設為「""（空白字元）」。

Hint 指定頁首／頁尾可使用的符號

指定頁首與頁尾時，若要變更文字的格式或是自動輸入日期與檔案名稱，可使用下列的符號。

符號	概要
&L	字串靠左對齊
&C	字串置中對齊
&R	字串靠右對齊
&E	字串套用雙重底線
&X	顯示上標文字
&Y	顯示下標文字
&B	套用粗體字
&I	套用斜體字
&U	套用底線樣式
&S	套用刪除線
& " 字型名稱 "	以指定的字型顯示文字。字型名稱需以「"」括住
&nn	以指定的字型大小顯示文字。將代表點數的雙位數數字指定給 nn
&Kcolor	指定文字顏色，顏色可利用 16 進位的數值指定 「.LeftHeader = "&KFF0000 資料 "」
&"+"	以目前的佈景主題的「標題」字型列印文字 「.LeftHeader ="&""+"" 附件 A"」

符號	概要
&"-"	以目前的佈景主題的「內文」字型列印文字 「.CenterHeader ="&""-"" 附件 A"」
&Kxx.Snnn	以目前的佈景主題的顏色列印文字。xx 是以數值 (1~12) 指定佈景主題顏色的部分，Snnn 則可指定佈景主題色的濃淡。要讓顏色變得明亮可將 S 設定為 +，要讓顏色變暗則可將 S 設定為 -。nnn 的部分可利用 0~100 指定濃淡的百分比 「.RightHeader= "&K07-050 附件 A"」
&D	顯示目前的日期
&T	顯示目前的時間
&F	顯示檔案名稱
&A	顯示工作表的標題名稱
&P	顯示頁面編號（以「&P+ < 數值 >」、「&P- < 數值 >」增減指定的頁面編號）
&N	顯示總頁數
&Z	顯示檔案路徑
&G	插入圖片

設定列印範圍

一定要記住的關鍵字
☑ PageSetup 物件
☑ PrintArea 屬性
☑ ""(空白字元)

要列印表格或列表這類特定範圍時，可先設定列印範圍。VBA 可利用 PageSetup 物件的 PrintArea 屬性指定儲存格範圍。此外，列印範圍的設定在列印之後也繼續有效，所以必須清除列印範圍才能解除設定。

① 設定列印範圍

 Memo 只列印特定範圍

若只想列印指定的儲存格範圍，可先設定列印範圍。要指定列印範圍可使用 PageSetup 物件的 PrintArea 屬性。

設定列印範圍

在此撰寫與「工作表 1」有關的處理　❶ 將列印範圍設定為 A1：C12

```
Sub 設定列印範圍 ()
    With Worksheets(" 工作表 1")
        .PageSetup.PrintArea = "A1:C12"
        .PrintPreview
    End With
End Sub
```

❷ 切換成預覽列印畫面

執行範例

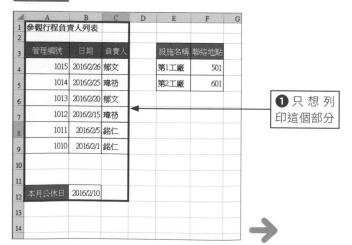

❶ 只想列印這個部分

 Memo 忽略列印範圍

一旦指定列印範圍，就會只列印設定的範圍。不過，也可在列印時忽略列印範圍的設定，相關細節請參考 9-15 頁的「**Step up**」說明。

❷ 指定列印範圍後，只列印這個部分

參觀行程負責人列表

管理編號	日期	負責人
1015	2016/2/26	郁文
1014	2016/2/25	瑋礽
1013	2016/2/20	郁文
1012	2016/2/15	瑋礽
1011	2016/2/5	銘仁
1010	2016/2/1	銘仁

本月公休日	2016/2/10

❗Hint 指定多個儲存格範圍

若要從列印目標之中設定多個列印範圍，可利用逗號分隔儲存格範圍。例如要指定儲存格 A1：D10 以及儲存格 A20：E25，可將程式碼寫成「ActiveSheeet.PageSetup.PrintArea ="A1:D10,A20:E25"」。一旦指定多個列印範圍，就會將每個範圍列印在不同的頁面裡。

格式 PrintArea 屬性

物件 .PrintArea

解說 指定列印範圍。可列印指定的儲存格範圍。

物件 指定 PageSetup 物件。

✎Memo 代表列印範圍的線條

指定列印範圍之後，就會顯示代表列印範圍的灰線，不過這類灰線不會列印。此外，解除列印範圍的同時，灰線也會跟著消失。

顯示了代表列印範圍的灰線

解除列印範圍之後，灰線也跟著消失

❗Hint 解除列印範圍

要解除列印範圍可將 PrintArea 屬性設定為「""(空白字元)」。

```
Sub 清除列印範圍 ()
    With Worksheets(" 工作表 1")
        .PageSetup.PrintArea = ""
        .PrintPreview
    End With
End Sub
```

設定列印標題

若要在列印表格時，分成好幾張紙列印，建議在第二張之後顯示表格的標題，才比較方便瀏覽表格的內容。Excel 可直接設定列印標題，而 VBA 則是利用 PageSetup 物件的 PrintTitleRows 屬性與 PrintTitleColumns 屬性指定。

1 指定列印標題

設定列印標題

在此撰寫與「工作表 1」的版面設定有關的處理

```
Sub 設定列印標題 ()
    With Worksheets(" 工作表 1").PageSetup
        .PrintTitleRows = "$1:$3"
        .PrintTitleColumns = ""
    End With
    Worksheets(" 工作表 1").PrintPreview
End Sub
```

❶ 將第 1 列：第 3 列設定為列的標題

❷ 不指定欄的標題

❸ 顯示「工作表 1」工作表的預覽列印

Memo 於第 2 頁之後顯示表格的標題與小標

這次將第 1 列：第 3 列設定為列印時的列標題。列標題可利用 PrintTitleRows 屬性設定，而欄標題則可利用 PrintTitleColumns 屬性指定。

執行範例

❶ 執行巨集之前

家電專區業績明細

明細編號	商品編號	商品名稱	顏色	尺寸	價格	數量
1001	T-001BK	循環扇	黑色	寬35×深30×高40(cm)	15,000	1
1002	T-003WH	烤吐司機	白色	寬25×深15×高21(cm)	6,000	2
1003	T-001WH	循環扇	白色	寬35×深30×高41(cm)	15,000	1

❷ 第 2 頁的開頭未顯示項目名稱

| 1030 | T-003RD | 烤吐司機 | 紅色 | 寬25×深15×高22(cm) | 6,000 | 1 |

❸ 執行巨集之後

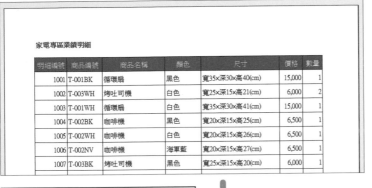

家電專區業績明細

明細編號	商品編號	商品名稱	顏色	尺寸	價格	數量
1001	T-001BK	循環扇	黑色	寬35×深30×高40(cm)	15,000	1
1002	T-003WH	烤吐司機	白色	寬25×深15×高21(cm)	6,000	2
1003	T-001WH	循環扇	白色	寬35×深30×高41(cm)	15,000	1
1004	T-002BK	咖啡機	黑色	寬20×深15×高25(cm)	6,500	1
1005	T-002WH	咖啡機	白色	寬20×深15×高26(cm)	6,500	1
1006	T-002NV	咖啡機	海軍藍	寬20×深15×高27(cm)	6,500	1
1007	T-003BK	烤吐司機	黑色	寬25×深15×高20(cm)	6,000	1

❹ 第 2 頁也顯示了表格的項目名稱

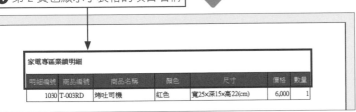

家電專區業績明細

明細編號	商品編號	商品名稱	顏色	尺寸	價格	數量
1030	T-003RD	烤吐司機	紅色	寬25×深15×高22(cm)	6,000	1

格式　**PrintTitleRows ／ PrintTitleColumns 屬性**

> **物件 .PrintTitleRows**
> **物件 .PrintTitleColumns**
>
> **解說**　使用 PrintTitleRows 屬性指定列標題。另外可使用 PrintTitleColumns 屬性指定欄標題。
>
> **物件**　指定 PageSetup 物件。

ⓘHint　**欄標題**

若表格的寬度太長,在第 2 頁之後顯示表格左側的欄標題會比較容易瀏覽。要指定欄標題可使用「PrintTitleColumns 屬性」。例如,要將 A：B 欄指定為列印時的標題,可將程式碼寫成「ActiveSheet. PageSetup.PrintTitleColumns = "$A:$B"」。

Step up　**連註解的內容一併列印**

列印時,若要顯示加入儲存格的註解,可使用 PageSetup 物件的 PrintComments 屬性指定。設定值如下。假設要如同畫面顯示列印註解,可將程式碼寫成「ActiveSheet. PageSetup.PrintComments = xlPrintInPlace」的內容。

設定值	內容
xlPrintInPlace	如同畫面顯示
xlPrintNoComments	不列印
xlPrintSheetEnd	在工作表的結尾處列印

ⓘHint 解除列標題與欄標題

要解除列標題與欄標題可將 PrintTitleRows 屬性與 PrintTitleColumns 屬性設定為「""(空白字元)」。

```
Sub 解除列印標題的設定 ()
    With Worksheets(" 工作表 1").PageSetup
        .PrintTitleRows = ""
        .PrintTitleColumns = ""
    End With
    Worksheets(" 工作表 1").PrintPreview
End Sub
```

預覽列印

要在列印前預覽列印結果時,可先切換成預覽列印畫面。要利用 VBA 切換成預覽列印畫面可使用 Worksheet 物件的 PrintPreview 方法。實際的列印方式請參考 Unit 75 的說明。

1 切換成預覽列印模式

📝Memo 切換成預覽列印視窗

要確認「工作表 1」工作表的列印結果可先切換成預覽列印視窗,此時可使用 Worksheet 物件的 PrintPreview 方法。

切換成預覽列印模式

```
Sub 切換成預覽列印模式 ()
    Worksheets(" 工作表 1").PrintPreview
End Sub
```

❶ 顯示「工作表 1」的預覽列印畫面

執行範例

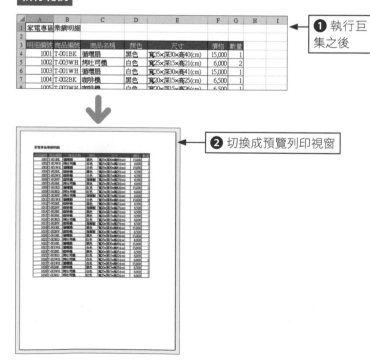

❶ 執行巨集之後

❷ 切換成預覽列印視窗

⚠Hint 區隔頁面的虛線 自動顯示

切換成預覽列印視窗之後,讓工作表回到「標準模式」的顯示方式,就會顯示代表不同頁面的虛線,不過這個虛線不會被列印。

格式　**PrintPreview 方法**

物件 .PrintPreview([EnableChanges])

解說　確認列印結果。

物件　指定 Range 物件、Worksheet 物件、Worksheets 集合、Chart 物件、Charts 集合、Sheets 集合、Workbook 物件、Window 物件。

參數

EnableChanges　若想在在預覽列印的模式下變更版面的設定，可將此參數設定為 True，否則就設定為 False。省略此參數時，將自動指定為預設值的 True。

---

①Hint 各種列印設定

● **縮放表格**

要依指定的倍率縮放列印對象，可使用 Zoom 屬性。

物件 . Zoom

物件　指定 PageSetup 物件。

假設要將「工作表 1」工作表的內容放大 120% 再列印，可將程式碼寫成下列內容。此外，若指定 Zoom 屬性，FitToPagesTall 屬性與 FitToPagesWide 屬性將自動失效。

```
Worksheets(" 工作表 1").PageSetup.Zoom = 120
```

● **指定列印的方向**

可利用 PageSetup 物件的 Orientation 屬性指定列印方向。例如，要以水平的用紙方向列印「工作表 1」工作表時，可將程式碼寫成下列內容。

```
Worksheets(" 工作表 1").PageSetup.Orientation = xlLandscape
```

● **指定其他頁面的位置**

在列印工作表時，若希望指定的位置於其他頁面列印，可設定其他頁面的位置。要植入水平分頁線可使用代表水平分頁線的 HPageBreak 物件集合的 HPageBreaks 集合的 Add 方法。HPageBreaks 集合可透過 Worksheet 物件的 HPageBreaks 屬性取得。假設要在儲存格 A10 的上方插入分頁線，可將程式碼寫成「ActiveSheet.HPageBreaks.Add Before:=Range("A10")」。此外，若要插入垂直的分頁線則可使用代表垂直分頁線的 VPageBreak 物件集合的 VPageBreaks 集合的 Add 方法

物件 .Add(Before)

物件　指定 HPageBreaks 集合、VPageBreaks 集合。

參數

Before　指定插入分頁線的位置（Range 物件）。可在指定的儲存格上方（水平分頁線的情況）與左側（垂直分頁線的情況）插入分頁線。

列印工作表

要列印工作表可使用 Worksheet 這類物件的 PrintOut 方法。參數可指定要列印的頁面編號與份數。此外,當表格與列表長到跨頁時,則可利用參數指定要以頁面為單位,還是以份數為單位列印。

① 正式列印

Memo 列印指定份數

這次列印了兩份工作表的內容。列印時,可用 Worksheet 這類物件的 PrintOut 方法,同時利用參數指定份數與列印的頁面。

列印指定的份數

```
Sub 開始列印 ()
    Worksheets(" 台北分店 ").PrintOut Copies:=2
End Sub
```

❶ 列印兩份「台北分店」工作表

執行範例

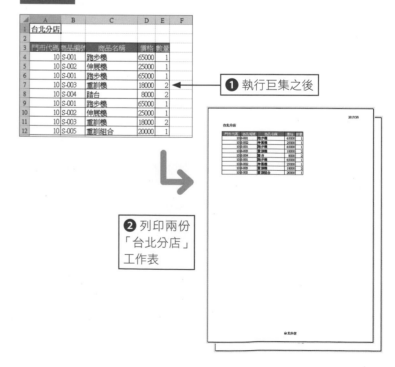

❶ 執行巨集之後

❷ 列印兩份「台北分店」工作表

Hint 指定列印頁面

要指定列印的頁面時,可使用 PrintOut 方法的參數指定開始頁面與結束頁面。假設要列印第 2 ~ 3 頁,可將程式碼寫成「ActiveSheet.PrintOut From:=2, To:=3」。

格式　**PrintOut 方法**

> 物件 .PrintOut([From],[To],[Copies],[Preview],[ActivePrinter],[PrintToFile],[Collate],
> [PrToFileName],[IgnorePrintAreas])

解說　執行列印。可利用參數指定要列印的份數與頁面。

物件　指定 Range 物件、Worksheet 物件、Worksheets 集合、Chart 物件、Chart 集合、Sheets 集合、Workbook 物件、Window 物件。

參數

From	指定要列印的起始頁面。	**PrintToFile**	列印成檔案時可指定為 True。若指定為 True，即可利用 PrToFileName 參數指定檔案名稱。
To	指定要列印的結束頁面。		
Copies	指定列印份數。	**Collate**	要以份數為單位列印時可指定為 True。
Priview	若要在列印之前切換成預覽列印模式可指定為 True，否則可指定為 False。	**PrToFileName**	當 PrintToFile 參數指定為 True，可利用此參數指定輸出的檔案名稱。
ActivePrinter	指定印表機名稱。	**IgnorePrintAreas**	列印時，忽略列印範圍。

---

①Hint　**以份數為單位列印**

若在列印多張頁面的資料時，將 PrintOut 方法的參數 Collate 指定為 True，就可以份數為單位列印，若指定為 False 則以頁面為單位列印。舉例來說，要列印兩份共三頁的資料時，以份數為單位列印，就會依照「3」、「2」、「1」、「3」、「2」、「1」的順序列印，若是以頁數為單位列印，則會依照「3」、「3」、「2」、「2」、「1」、「1」的順序列印。底下的範例將以份數為單位列印兩份所有的活頁簿。

```
Sub 列印活頁簿()
    ActiveWorkbook.PrintOut Copies:=2, Collate:=True
End Sub
```

Step up　**列印時忽略列印範圍**

若設定了列印範圍，就只會列印該範圍。假設想忽略列印範圍，列印所有資料，可將 PrintOut 方法的 IgnorePrintAreas 指定為 True。

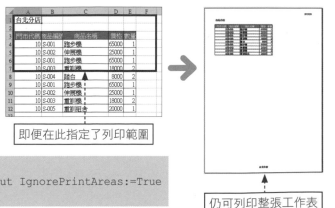

即便在此指定了列印範圍

仍可列印整張工作表

```
Sub 列印時忽視列印範圍()
    Worksheets("台北分店").PrintOut IgnorePrintAreas:=True
End Sub
```

列印多張工作表

要列印活頁簿裡的多張特定工作表時，可使用 Array 函數參照多張工作表再列印。此外，若要列印活頁簿內所有工作表，可使用 Workbook 物件的 PrintOut 方法。參數 Collate 可指定要以份數為單位還是以頁數為單位列印。

1 列印指定的工作表

列印指定的工作表

```
Sub 列印指定的工作表 ()
    Worksheets(Array(" 台北分店 ", " 高雄分店 ")).PrintOut
End Sub
```

❶ 列印「台北分店」工作表與「高雄分店」工作表

 Memo 列印多張工作表

這次先使用 Array 函數參照多張工作表，再列印「台北分店」工作表與「高雄分店」工作表。若要開啟預覽列印模式，可將程式碼寫成「Worksheets(Array(" 台北分店 "," 高雄分店 ")).PrintPreview」。

執行範例

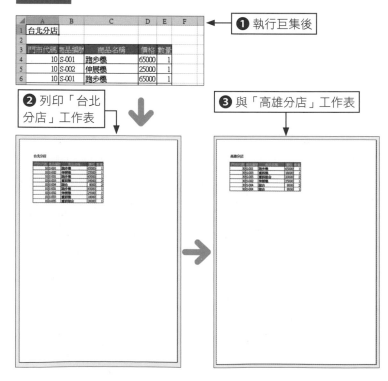

❶ 執行巨集後

❷ 列印「台北分店」工作表

❸ 與「高雄分店」工作表

!Hint 列印整份活頁簿

要列印活頁簿所有的工作表，可使用 Workbook 物件的 PrintOut 方法。

```
Sub 列印活頁簿 ()
  ActiveWorkbook.PrintOut
End Sub
```

第 **10** 章

建立更為靈活的處理

本章概要

一定要記住的關鍵字
☑ 檔案管理
☑ 錯誤處理
☑ 訊息交談窗

本章要介紹一些方便的程式寫法,讓大家能利用巨集寫出更為靈活的處理,而這些寫法包含在執行巨集時,讓使用者選擇檔案或是顯示訊息交談窗,讓使用者選擇「是」或「否」,抑或請使用者輸入文字,然後再進行各項處理。

1 顯示交談窗

Memo 開啟選擇檔案或資料夾的交談窗

這次要在執行巨集之後,開啟**開啟舊檔**交談窗與**另存新檔**交談窗。如此一來就能請使用者選擇檔案,再進行相關的處理。

❶ 執行巨集,顯示**開啟舊檔**交談窗

2 操作檔案

Memo 操作檔案或資料夾

這次介紹的是在執行巨集之後,刪除檔案或是建立資料夾的方法。如此一來就能在儲存檔案時,先建立指定的資料夾,再將檔案存在資料夾裡。

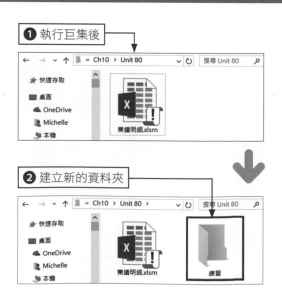

❶ 執行巨集後

❷ 建立新的資料夾

③ 開啟訊息交談窗

❶ 執行巨集後，開啟訊息交談窗可依照按下的按鈕執行不同的處理

使用 MsgBox 函數即可開啟訊息交談窗。此外，若在訊息交談窗裡顯示多個按鈕，還能接收來自使用者的指令。

④ 顯示輸入交談窗

❶ 執行巨集後，顯示輸入資料的交談窗輸入文字，按下**確定**鈕之後

📝**Memo** 輸入文字與值

使用 InputBox 函數就能顯示輸入資料的交談窗，請使用者輸入資料。接收的字串可於巨集之中使用。

❷ 在指定的儲存格輸入文字

開啟「開啟舊檔」
與「另存新檔」交談窗

要在 Excel 環境底下開啟檔案可使用**開啟舊檔**交談窗，儲存檔案則使用**另存新檔**交談窗。VBA 也可利用 FileDialog 物件顯示各種交談窗。

1 顯示「開啟舊檔」交談窗

顯示「開啟舊檔」交談窗

在此撰寫**開啟舊檔**交談窗的相關處理

❶ 顯示檔案的儲存位置「C:\Users\u-001\Documents\」

```
Sub 顯示開啟活頁簿的交談窗 ()

    With Application.FileDialog(msoFileDialogOpen)

        .InitialFileName = "C:\Users\u-001\Documents\"

        .FilterIndex = 2

        If .Show = -1 Then .Execute

    End With

End Sub
```

❷ 檔案的種類選擇從上面數來第二個（所有的 Excel 檔案）

❸ 開啟交談窗後，按下**開啟**鈕即可開啟檔案

📝Memo　開啟「開啟舊檔」交談窗

這次開啟的是**開啟舊檔**交談窗。選擇檔案後，按下**開啟**鈕即可開啟該檔案。

✔Keyword　Show 方法

使用 FileDialog 物件的 Show 方法開啟交談窗。交談窗開啟後，按下「動作」（「開啟」或「儲存」），將傳回「-1」，若按下「取消」將傳回「0」。使用 FileDialog 物件的 Excute 方法可開啟或儲存檔案。

執行範例

❶ 開啟**開啟舊檔**交談窗

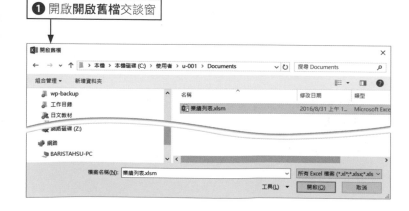

格式 **FileDialog 屬性**

物件 .FileDialog(FileDialogType)

解說　使用 FileDialog 物件顯示**開啟舊檔**交談窗。參數可指定交談窗的種類。

物件　指定 Application 物件。

參數

FileDialogType　指定交談窗的種類。設定值如下表。

設定值	內容
msoFileDialogFilePicker	開啟「瀏覽」交談窗
msoFileDialogFolderPicker	開啟「選擇資料夾」交談窗
msoFileDialogOpen	開啟「開啟舊檔」交談窗
msoFileDialogSaveAs	開啟「儲存檔案」交談窗

Memo **取得 FileDialog 物件**

FileDialog 物件可使用 Application 物件的 FileDialog 屬性取得。FileDialog 屬性的參數可指定交談窗的種類。

！Hint **指定第一個顯示的儲存位置**

要指定第一個顯示的儲存位置或檔案名稱，可使用 FileDialog 物件的 InitialFileName 屬性。此外，若要指定檔案種類可利用 FilterIndex 屬性指定。再者，若要能選擇檔案種類，可使用 Filters 屬性新增篩選條件。

！Hint **FileDialog 物件的屬性與方法**

利用 FileDialog 物件開啟的交談窗種類可使用下列的屬性指定。此外，若不是只要開啟檔案，而是要於**開啟舊檔**交談窗取得選擇的檔案名稱，並進一步指定檔案的處理方法時，可使用 Application 物件的 GetOpenFileName 方法。有關 GetOpenFileName 方法的參數請參考說明。

Title 屬性
指定交談窗的標題文字
DialogType 屬性
取得交談窗的種類

InitialFileName 屬性
指定第一個顯示的儲存位置

SelectedItems 屬性
操作選取的檔案
AllowMultiSelect 屬性
指定是否能選取多個檔案
InitialView 屬性
指定檔案或資料夾的顯示方法

FilterIndex 屬性
指定交談窗顯示時，第一個選取的檔案種類
Filters 屬性
操作於檔案種類顯示的一覽表

ButtonName 屬性
選擇檔案或資料夾的時候，指定於此按鈕顯示的字串

顯示「儲存檔案」交談窗

在此撰寫與「儲存檔案」交談窗有關的處理

❶ 檔案的儲存位置與啟用此巨集的活頁簿相同

```
Sub 顯示儲存檔案交談窗 ()
    With Application.FileDialog(msoFileDialogSaveAs)
        .InitialFileName = ThisWorkbook.Path & "\"
        .FilterIndex = 1
        If .Show = -1 Then .Execute
    End With
End Sub
```

❷ 檔案種類為從上數來第一個選項 (Excel 活頁簿)

❸ 開啟交談窗,並於按下**儲存**鈕時儲存檔案

✎Memo **開啟「儲存檔案」交談窗**

這次開啟的是**儲存檔案**交談窗。指定檔案並按下**儲存**鈕就能在指定的位置儲存檔案。

Step up **進一步指定檔案的處理方式**

若不只是想儲存檔案,而是在**儲存檔案**交談窗選取檔案後,取得該檔案的名稱,再進行相關的處理時,可使用 Application 物件的 GetSaveAsFilename 方 法。GetSaveAsFilename 方法的參數請參考說明。

執行範例

❶ 開啟**儲存檔案**交談窗

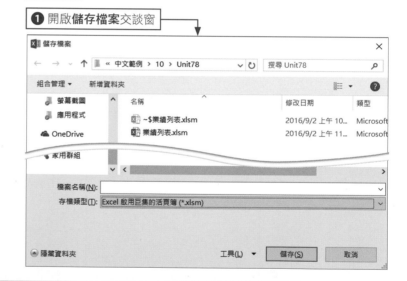

Step up **顯示各種交談窗**

Excel 除了有操作檔案的交談窗,還有各種交談窗。若要開啟這些交談窗,可使用 Application 物件的 Dialogs 屬性取得 Dialog 物件。Dialogs 屬性的參數可指定交談窗的種類。

● 顯示「開啟舊檔」的交談窗

```
Application.Dialogs(xlDialogOpen).Show
```

● 開啟「儲存檔案」的交談窗

```
Application.Dialogs(xlDialogSaveAs).Show
```

● 開啟「儲存格格式」交談窗 (「字型」頁次)

```
Application.Dialogs(xlDialogFontProperties).Show
```

③ 開啟「瀏覽」交談窗

開啟「瀏覽」交談窗

在此撰寫「瀏覽」交談窗的相關處理

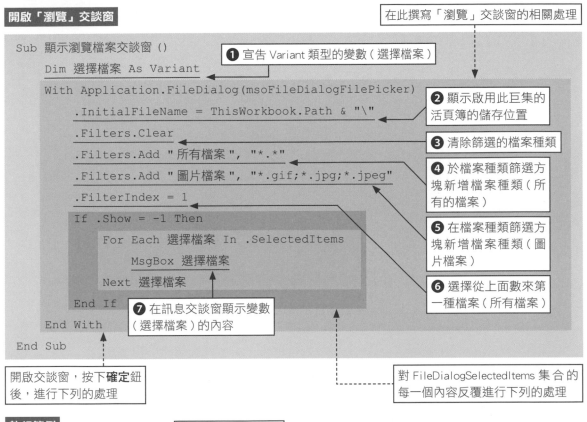

```
Sub 顯示瀏覽檔案交談窗 ()
    Dim 選擇檔案 As Variant                    ❶ 宣告 Variant 類型的變數 ( 選擇檔案 )
    With Application.FileDialog(msoFileDialogFilePicker)
        .InitialFileName = ThisWorkbook.Path & "\"     ❷ 顯示啟用此巨集的活頁簿的儲存位置
        .Filters.Clear                                 ❸ 清除篩選的檔案種類
        .Filters.Add "所有檔案", "*.*"                 ❹ 於檔案種類篩選方塊新增檔案種類 ( 所有的檔案 )
        .Filters.Add "圖片檔案", "*.gif;*.jpg;*.jpeg"  ❺ 在檔案種類篩選方塊新增檔案種類 ( 圖片檔案 )
        .FilterIndex = 1                               ❻ 選擇從上面數來第一種檔案 ( 所有檔案 )
        If .Show = -1 Then
            For Each 選擇檔案 In .SelectedItems
                MsgBox 選擇檔案
            Next 選擇檔案
        End If                                         ❼ 在訊息交談窗顯示變數 ( 選擇檔案 ) 的內容
    End With
End Sub
```

開啟交談窗，按下**確定鈕**後，進行下列的處理

對 FileDialogSelectedItems 集合的每一個內容反覆進行下列的處理

執行範例

❶ 開啟**瀏覽**交談窗

❷ 選擇檔案

❸ 按下**確定鈕**

Microsoft Excel ×
E:\04旗標\簡單VBA\中文範例\07\Unit63\商品列表.xlsx
確定

Microsoft Excel ×
E:\04旗標\簡單VBA\中文範例\07\Unit63\業績明細表.xlsx
確定

❹ 依序顯示檔案的路徑與名稱

> **(!) Hint**　**If 陳述式與 For Each…Next 陳述式**
>
> 這次的範例利用 If 陳述式撰寫按下**確定鈕**之後的處理。此外，為了對選取的檔案進行相同的處理，還使用了 For Each…Next 陳述式。If 陳述式的說明請參考 Unit 57，For Each…Next 陳述式的說明請參考 Unit 61。

 FileDialogSelectedItems 集合

瀏覽交談窗可一次選擇多個檔案,而檔案的路徑會儲存在 FileDialogSelectedItems 集合。此外,要取得 FileDialogSelectedItems 集合可使用 FileDialog 物件的 SelectedItems 屬性。這次的範例就是依序在訊息交談窗顯示 FileDialogSelectedItems 集合裡的內容。

ⓘHint 增加檔案篩選條件

透過 FileDialog 物件開啟交談窗之後,若要增加檔案篩選條件,讓使用者能從中選擇檔案的種類,可利用 FileDialog 物件的 Filters 屬性取得代表檔案篩選條件的 FileDialogFilter 物件集合的 FileDialogFilters 集合。可使用 FileDialogFilters 集合的 Add 方法增加檔案篩選條件。

檔案篩選條件的一覽表

格式 **Add 方法**

> **物件 .Add(Description, Extensions,[Position])**
>
> **物件**　　指定 FileDialogFilters 集合。
>
> **參數**
>
> Description　　指定於檔案篩選方塊的名稱。
> Extensions　　指定限定檔案種類的副檔名。可利用分號間隔多個副檔名。
> Position　　　指定增加檔案篩選條件的位置。若是省略此參數,則在一覽表的最後增加。

ⓘHint 指定是否可選取多個檔案

要指定是否可選取多個檔案時,可使用 FileDialog 物件的 AllowMultiSelect 屬性。假設要設定為不可同時選取多個檔案,可將 AllowMultiSelect 屬性設定為 False。再者,AllowMultiSelect 屬性可於開啟**瀏覽 (檔案)**、**開啟舊檔**交談窗的時候指定。

④ 開啟「選擇資料夾」交談窗

開啟「選擇資料夾」交談窗

在此撰寫與「選擇資料夾」
交談窗有關的處理

❶ 宣告 Variant 類型的變數
（選擇資料夾）

❷ 在交談窗的標題列顯示
「選擇資料夾」

❸ 顯示啟用此巨集的活頁
簿的儲存位置

❹ 將選擇的資料夾儲存至
變數（選擇資料夾）

❺ 在訊息交談窗顯示變數
（選擇資料夾）的內容

```
Sub  顯示選擇資料夾交談窗 ()
    Dim 選擇資料夾 As Variant
    With Application.FileDialog(msoFileDialogFolderPicker)
        .Title = " 選擇資料夾 "
        .InitialFileName = ThisWorkbook.Path & "\"
        If .Show = -1 Then
            選擇資料夾 = .SelectedItems(1)
            MsgBox 選擇資料夾
        End If
    End With
End Sub
```

交談窗開啟後，點選**確定**鈕
就執行下列的處理

執行範例

❶ 開啟**選擇資料夾**交談窗

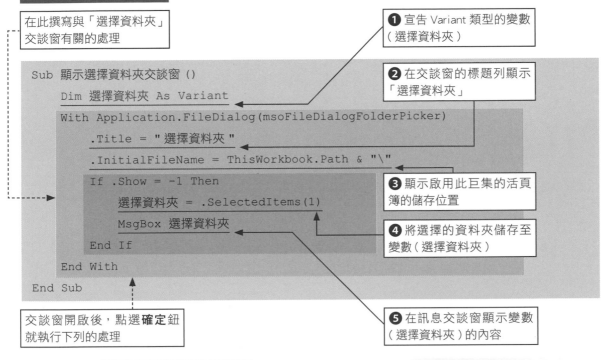

❷ 選擇資料夾

❸ 按下**確定**鈕

❹ 顯示資料夾
的路徑與名稱

📝 **Memo** 「選擇資料夾」
交談窗

這次開啟的是**選擇資料夾**交談
窗。選擇資料夾之後，按下**確定**
鈕就會顯示該資料夾的路徑與名
稱。

❗**Hint** 開啟「瀏覽」交談窗

要開啟**選擇資料夾**交談窗
可利用 Application 物件的
FileDialog 屬性的參數指定
「msoFileDialogFolderPicker」。**選
擇資料夾**交談窗可選取單一的資
料夾，而該資料夾的路徑將於
FileDialogSelectedItems 集合
保存。

使用目前資料夾

Excel 在開啟或儲存活頁簿時，都必須指定活頁簿的儲存位置。在 VBA 執行這些程序時，若未指定儲存位置，就會儲存在目前的資料夾。接著要介紹如何透過 VBA 取得或變更目前的資料夾。

1 取得目前的資料夾

✎Memo 取得目前的資料夾

透過 VBA 開啟或儲存活頁簿時，若未指定儲存位置，將會儲存在目前的資料夾。在開啟或儲存活頁簿之前，讓我們先了解取得目前資料夾的方法。這次要在訊息交談窗顯示目前資料夾的位置，使用的是 CurDir 函數。

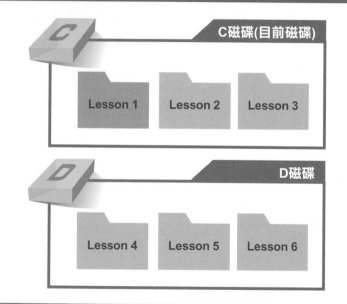

⚠Hint 將檔案儲存在目前的資料夾

儲存檔案可使用 SaveAs 方法。此時，若未指定檔案的儲存位置，將會儲存在目前資料夾。例如，當上圖 C 磁碟的「Lesson1」資料夾為目前資料夾時，以 SaveAs 方法以「練習」的名稱儲存檔案，就會直接儲存在 C 磁碟的「Lesson1」資料。若是省略檔案名稱，將以原本的名稱儲存。假設是尚未儲存的檔案，則會以「活頁簿 1」這個暫用的名稱儲存。。

```
Sub 儲存檔案 ()
    ActiveWorkbook.SaveAs Filename:=" 練習 "
End Sub
```

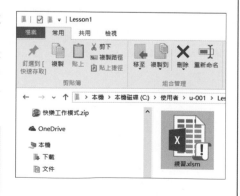

▼目前資料夾的操作

操作	程式碼
取得目前磁碟的目前資料夾	CurDir
取得 D 磁碟的目前資料夾	CurDir("D)
將目前資料夾變更為「Lesson3」	CurDir"C:\Lesson3"
將目前資料夾變更為「D 磁碟」	CurDir"D"
將目前磁碟設定為「D 磁碟」，並將目前資料夾設定為「Lesson5」	CurDir"D" CurDir"D:\Lesson5"

參照目前資料夾

```
Sub 參照目前資料夾 ()
    MsgBox "目前的資料夾為：" & vbCrLf & CurDir("C")
End Sub
```

❶ 在訊息交談窗顯示 C 磁碟的目前資料夾

執行範例

❶ 在訊息交談窗顯示目前資料夾

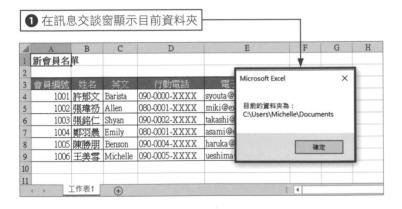

格式　**CurDir 函數**

CurDir[(Drive)]

解說　取得指定磁碟的目前資料夾。若省略 Drive 參數，將取得目前磁碟的目前資料夾。

✔ Keyword　**目前資料夾**

所謂「目前資料夾」就是目前正在操作的資料夾。於開啟或儲存檔案時顯示的資料夾就是目前資料夾。若將目前資料夾變更為其他位置，該資料夾就會成為目前資料夾。

❶ Hint　**變更目前磁碟**

變更目前資料夾時，可以連帶變更磁碟。要變更目前磁碟可使用 ChDirve 陳述式。

```
ChDrive "D"
```

變更目前資料夾

❶ 變更目前資料夾

```
Sub 變更目前資料夾 ()
    ChDir "C:\Users\user001\Desktop"
    MsgBox " 目前資料夾為 :" & vbCrLf & CurDir("C")
End Sub
```

❷ 在訊息交談窗顯示目前資料夾的位置

Memo 變更目前資料夾

這次的範例先變更目前資料夾的位置，再顯示變更後的位置。要變更目前資料夾的位置可使用 ChDir 陳述式。

Hint 手動變更目前資料夾的位置 (Excel 的操作)

在 Excel 的**開啟舊檔**交談窗變更檔案儲存的資料夾，該資料夾就被設定為目前資料夾。目前資料夾可由使用者自行變更。

執行範例

❶ 變更目前資料夾，並於訊息交談窗顯示該位置

格式 ChDir 陳述式

ChDir path

解說 使用 ChDir 陳述式變更目前資料夾的位置。

參數

path 指定目前資料夾的路徑。

Hint 讓訊息換行顯示

要讓訊息換行顯示可輸入代表換行的「vbCrLf」。此外，也可使用 Chr 函數。Chr 函數是傳回指定字元碼的文字的函數。參數可設定為指定字元的數值 (ASCII 碼)。ASCII 碼除了具有一般字元的字元碼，也有換行或定位點這類控制字元。若是指定代表換行的字元碼，字串就會在該位置換行。代表控制字元的主要字元碼請參考右側表格。再者，「vbCrLf」代表的是「Chr(13)+Chr(10)」。

字元碼	內容	範例
10	換行符號	Chr(10)
13	Carriage Return 換行符號	Chr(13)
9	水平定位鍵	Chr(9)

3　取得預設的檔案位置

取得預設的檔案位置

```
Sub 預設的檔案位置()
    MsgBox "預設的檔案位置" & Application.DefaultFilePath
End Sub
```

❶ 在訊息交談窗顯示預設的檔案位置

執行範例

❶ 在訊息交談窗顯示預設的檔案位置

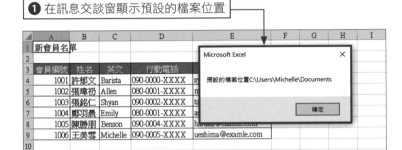

Memo 取得預設的檔案位置

在 啟 動 Excel，開 啟 或 儲 存檔 案 時 顯 示 的 資 料 夾 就 是「 預 設 的 檔 案 位 置 」。 要 利用 VBA 取 得 預 設 的 檔 案 位 置可 使 用 Application 物 件 的DefaultFilePath 屬性。

Step up　指定預設的檔案位置 (在 Excel 時的操作)

預設的檔案位置可先選擇**檔案**頁次的**選項** (Excel 2007 則是按下 **Office 按鈕**的 **Excel 選項**)，再於 **Excel 選項**的**儲存 / 預設本機檔案位置** (Excel 2010/2007 則是**預設檔案位置**) 指定。

❶ 按下**檔案**頁次的**選項**

❷ 按下**儲存**

❸ 在**預設本機檔案位置**的欄位指定

Unit 80 操作檔案與資料夾

VBA 也能撰寫操作檔案或資料夾的程式，例如刪除檔案或是建立資料夾這些操作。有時會出現使用檔案的同時，需要執行巨集的情況。所以接下來就為大家介紹一些很方便的陳述式。

一定要記住的關鍵字
- ☑ MkDir 陳述式
- ☑ RmDir 陳述式
- ☑ Name 陳述式

1 建立資料夾

✎Memo 建立資料夾

建立「練習」這個新資料夾。這次使用的是 MkDir 陳述式。

❗Hint 若資料夾已經存在

若利用 MkDir 陳述式建立資料夾，而該資料夾已經存在時，就會產生錯誤。此外，在下頁的表格介紹的陳述式也會在要操作的檔案不存在時產生錯誤，所以有時需要先利用 Dir 這類函數確認資料夾或檔案是否存在，再依情況進行不同的處理。

📋Step up 將檔案複製到 OneDrive

有時會發生利用 VBA 操作 OneDrive 內的檔案或資料夾，結果找不到路徑的問題。此時請先將 OneDrive 指派成網路磁碟（參考 7-26 頁）。

建立資料夾

```
Sub 建立資料夾()
    MkDir ThisWorkbook.Path & "\ 練習 "
End Sub
```

❶ 在啟用巨集的這個檔案建立「練習」資料夾

執行範例

❶ 執行巨集之後

業績明細.xlsm

❷ 建立新的資料夾

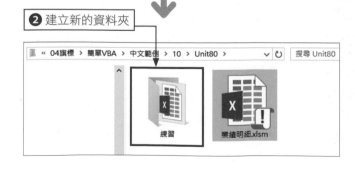
練習　　業績明細.xlsm

② 其他的操作

除了建立資料夾之外，還能進行其他各種操作。相關範例請參考下列表格。

▼ 其他的主要陳述式

內容	程式碼範例	程式碼內容
MkDir 陳述式 （建立資料夾）	**MkDir　資料夾的位置與名稱** **範例** Sub 建立資料夾 () 　　MkDir ThisWorkbook.Path & "\ 練習 " End Sub	在啟用此巨集的活頁簿位置建立資料夾
RmDir 陳述式 （刪除資料夾）	**RmDir　資料夾的位置與名稱** **範例** Sub 刪除資料夾 () 　　RmDir ThisWorkbook.Path & "\ 練習 " End Sub	在啟用此巨集的活頁簿位置刪除「練習」資料夾
FileCopy 陳述式 （複製檔案）	**FileCopy　檔案名稱 , 複製後的檔案名稱** **範例** Sub 複製檔案 () 　　Dim 路徑 As String 　　路徑 = ThisWorkbook.Path 　　FileCopy 路徑 & "\ 活頁簿 1.xlsx", 路徑 & "\ 複製活頁簿 .xlsx" End Sub	在啟用此巨集的活頁簿位置將「活頁簿 1」檔案複製成「複製活頁簿」
Kill 陳述式 （刪除檔案）	**Kill　檔案的位置與名稱** **範例** Sub 刪除檔案 () 　　Kill ThisWorkbook.Path & "\ 複製活頁簿 .xlsx" End Sub	在啟用此巨集的活頁簿位置刪除「複製活頁簿」檔案
Name 陳述式 （變更檔案名稱）	**Name　檔案名稱 As　變更後的檔案名稱** **範例** Sub 變更檔案名稱 () 　　Dim 路徑 As String 　　路徑 = ThisWorkbook.Path 　　Name 路徑 & "\ 活頁簿 1.xlsx" As 路徑 & "\ 活頁簿 2.xlsx" End Sub	在啟用此巨集的活頁簿位置將「活頁簿 1」的檔案名稱改成「活頁簿 2」
Name 陳述式 （移動檔案）	**Name　檔案名稱 As　移動後的檔案名稱** **範例** Sub 移動檔案 () 　　Dim 路徑 As String 　　路徑 = ThisWorkbook.Path 　　Name 路徑 & "\ 活頁簿 2.xlsx" As 路徑 & "\ 練習 \abc.xlsx" End Sub	在啟用此巨集的活頁簿位置將「活頁簿 2」檔案移動至「練習」資料夾，並將檔案名稱變更為「abc」

※ 若資料夾已有檔案將會產生錯誤，所以請先利用 Kill 陳述式刪除檔案。

> **Step up** 使用 FileSystemObject（FSO）
>
> 除了本單元介紹的檔案操作方法，VBA 也能利用 FSO 這個物件完成同樣的目的。FSO 是能在需要進一步操作檔案、資料夾與磁碟的物件。若使用 FSO 物件，就能寫出建立、刪除資料夾、複製、刪除檔案、檔案、資料夾的搜尋資料與相關屬性的資訊或是匯入純文字檔案。

Unit 81 建立錯誤處理

一定要記住的關鍵字

☑ On Error GoTo 陳述式

☑ On Error Resume Next 陳述式

☑ Err.Description

VBA 雖可利用條件判斷處理避開可能發生的錯誤，但有時候不一定能避得開錯誤，而且巨集往往會在發生錯誤的時候中斷，所以只要使用接下來要介紹的方法，就能因應錯誤發生的時機。

① 執行在錯誤發生時指定的處理

撰寫錯誤處理

```
Sub 錯誤處理 ()
    On Error GoTo 錯誤訊息                              ❶ 發生錯誤時，移動到「錯誤訊息」的區塊
    Range("A4:A9").SpecialCells(xlCellTypeBlanks) _     ❷ 隱藏儲存格 A4：A9
        .EntireRow.Hidden = True                            整列的空白儲存格
    Exit Sub                                           ❸ 結束巨集
錯誤訊息 :
    MsgBox Err.Description                              ❹ 在此撰寫發生錯誤時執行的處理
End Sub                                                 ❺ 於訊息交談窗顯示錯誤內容
```

📝 Memo 指定發生錯誤時執行的內容

這次為了不讓巨集因發生錯誤而中斷，所以執行指定的處理。這次是在發生錯誤時顯示訊息。

執行範例

❶ 當此儲存格為空白，就隱藏整列

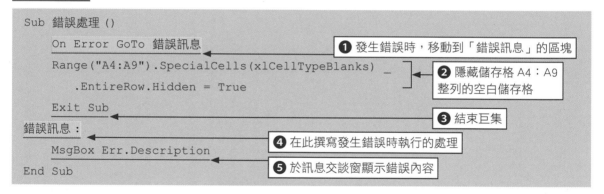

	A	B	C	D
1	免費體驗參加者名單			
2				
3	申請入會	姓名	英文	
4	○	許郁文	Barista	
5	○	張瑋礽	Allen	
6	○	張銘仁	Shyan	
7	○	鄭羽晨	Emily	
8	○	陳勝朋	Benson	
9	○	王美雪	Michelle	
10				
11		申請入會者		
12		參加人數		
13				
14				

①Hint 不撰寫錯誤處理的情況

使用 Range 物件的 SpecialCells 方法，可指定儲存格的種類（參照 Unit 32）。不過，若找不到符合的儲存格，就會顯示下列的錯誤。這次的範例就是在找不到儲存格時，也不會顯示錯誤訊息。

格式 On Error GoTo 陳述式

```
Sub 巨集名稱
        On Error GoTo 列標籤
        處理
        Exit Sub
列標籤：
        發生錯誤時執行的處理
End Sub
```

解說 這次讓巨集在發生錯誤時也不中斷，直接跳到指定的區塊執行。要啟用這項機制可撰寫「On Error GoTo 列標籤」。之後只要發生錯誤，就會跳到「列標籤：」。此外，要在沒有發生錯誤時不執行錯誤處理，可在「列標籤：」之前撰寫「Exit Sub」結束巨集。

☑Keyword Err.Description

Err.Description 代表的是執行錯誤的相關說明。這次在發生錯誤時，在訊息交談窗顯示錯誤的內容。

①Hint 停用錯誤處理

On Error GoTo 陳述式可用來撰寫因應錯誤的處理，但即便經過了有可能發生錯誤的部分，通常還是會希望在發生錯誤，顯示錯誤的內容，而這時要使用的就是「On Error GoTo 0 陳述式」。「On Error GoTo 0」之後的內容發生錯誤時，顯示 VBA 的錯誤。

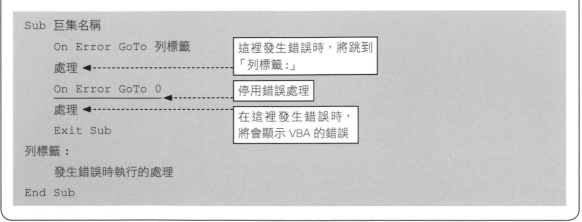

略過錯誤，繼續執行處理

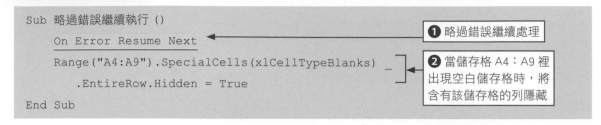

```
Sub 略過錯誤繼續執行 ()
    On Error Resume Next
    Range("A4:A9").SpecialCells(xlCellTypeBlanks) _
        .EntireRow.Hidden = True
End Sub
```

❶ 略過錯誤繼續處理

❷ 當儲存格 A4：A9 裡出現空白儲存格時，將含有該儲存格的列隱藏

✎Memo 發生錯誤也繼續執行

讓我們一起學會在發生錯誤時，不顯示錯誤訊息，繼續執行後續處理的方法吧！這次用的是「On Error Resume Next」陳述式。

格式 **On Error Resume Next 陳述式**

> Sub 巨集名稱
>   處理
>   On Error Resume Next
>   略過錯誤繼續執行的處理
> End Sub

解說 要在發生錯誤時，略過錯誤並繼續處理，可在可能發生錯誤的敘述之前輸入「On Error Resume Next」。不過要注意的是，後續的巨集仍可能因為發生的錯誤而無法正確執行。儘管不知道錯誤的原因，還是希望大家多使用「On Error Resume Next」陳述式避開錯誤。

---

①Hint 途中還原錯誤的監控方法

On Error Resume Next 陳述式會忽略所有的錯誤，讓處理繼續執行下去。不過，若已經經過有可能發生錯誤的部分，最好還是在發生錯誤時，顯示相關的錯誤訊息。此時只要使用「On Error GoTo 0」陳述式，就能在「On Error GoTo 0」之後的內容發生錯誤時，顯示 VBA 的錯誤。

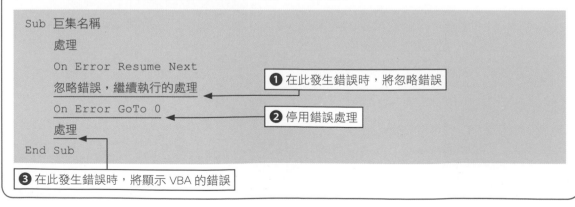

```
Sub 巨集名稱
    處理
    On Error Resume Next
    忽略錯誤，繼續執行的處理
    On Error GoTo 0
    處理
End Sub
```

❶ 在此發生錯誤時，將忽略錯誤

❷ 停用錯誤處理

❸ 在此發生錯誤時，將顯示 VBA 的錯誤

3 依照錯誤種類執行不同內容

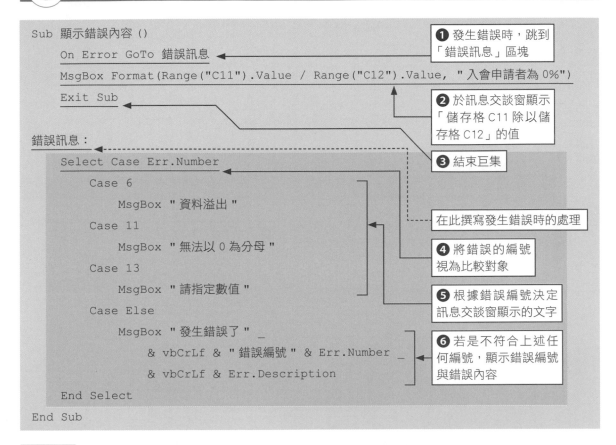

```
Sub 顯示錯誤內容 ()
    On Error GoTo 錯誤訊息
    MsgBox Format(Range("C11").Value / Range("C12").Value, " 入會申請者為 0%")
    Exit Sub

錯誤訊息:
    Select Case Err.Number
        Case 6
            MsgBox " 資料溢出 "
        Case 11
            MsgBox " 無法以 0 為分母 "
        Case 13
            MsgBox " 請指定數值 "
        Case Else
            MsgBox " 發生錯誤了 " _
                & vbCrLf & " 錯誤編號 " & Err.Number _
                & vbCrLf & Err.Description
    End Select
End Sub
```

❶ 發生錯誤時，跳到「錯誤訊息」區塊

❷ 於訊息交談窗顯示「儲存格 C11 除以儲存格 C12」的值

❸ 結束巨集

在此撰寫發生錯誤時的處理

❹ 將錯誤的編號視為比較對象

❺ 根據錯誤編號決定訊息交談窗顯示的文字

❻ 若是不符合上述任何編號，顯示錯誤編號與錯誤內容

執行範例

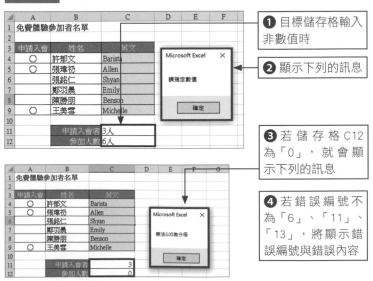

❶ 目標儲存格輸入非數值時

❷ 顯示下列的訊息

❸ 若儲存格 C12 為「0」，就會顯示下列的訊息

❹ 若錯誤編號不為「6」、「11」、「13」，將顯示錯誤編號與錯誤內容

✎ **Memo** 判斷錯誤的種類

這次顯示的是儲存格 C11 除以 C12 的結果。若是發生錯誤，將依錯誤的種類顯示不同的訊息。

⚠ **Hint** 取得錯誤編號與錯誤內容

執行時若發生錯誤，就會顯示錯誤的內容，也能透過訊息的編號了解錯誤的種類。錯誤編號可透過 Err 物件的 Number 屬性取得，錯誤內容則可透過 Descripttion 屬性取得。

顯示訊息交談窗

要在使用者使用巨集時接收來自使用者的訊息,可使用訊息交談窗。訊息交談窗可隨著訊息內容顯示圖示或多種按鈕。讓我們一起學習指定訊息交談窗的方法。

1 顯示訊息交談窗

顯示訊息交談窗

❶ 顯示訊息交談窗,並於「第 1 行訊息」之後換行顯示「第 2 行的訊息」

```
Sub 顯示訊息交談窗 ()
    MsgBox "Hello!" & vbCrLf & _
        " 選擇的工作表是 " & ActiveSheet.Name & " 喔 ! "
End Sub
```

📝Memo 顯示訊息交談窗

這次顯示了只有**確定**鈕的訊息交談窗。要顯示訊息交談窗可使用 MsgBox 函數。

執行範例

❶ 執行巨集之後,顯示訊息交談窗

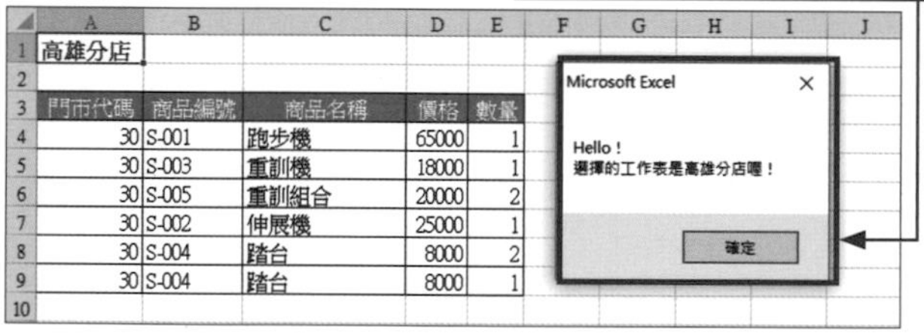

	A	B	C	D	E	F	G	H	I	J
1	高雄分店									
2										
3	門市代碼	商品編號	商品名稱	價格	數量					
4	30	S-001	跑步機	65000	1					
5	30	S-003	重訓機	18000	1					
6	30	S-005	重訓組合	20000	2					
7	30	S-002	伸展機	25000	1					
8	30	S-004	踏台	8000	2					
9	30	S-004	踏台	8000	1					
10										

Microsoft Excel ✕

Hello !
選擇的工作表是高雄分店喔 !

確定

格式 MsgBox 函數

MsgBox (prompt, [buttons],[title],[helpfile],[context])

解說 要顯示訊息交談窗可使用 MsgBox 函數。參數可指定訊息的內容、訊息交談窗的標題列文字與按鈕的種類。

參數

prompt 指定訊息內容。

buttons 指定按鈕種類與圖示。

title 指定訊息交談窗的標題列。

helpfile 顯示說明時,指定說明檔案的名稱。

context 顯示說明時,指定與說明對應的文件編號。

①Hint 訊息交談窗的圖示

參數 buttons 可指定下列的內容。假設要顯示警告訊息與**確定**鈕、**取消**鈕，並將第二個按鈕指定為預設按鈕，可指定為「vbCritical+vbOKCancel+vbDefaultButton2」，或是將個別按鈕的 16、1、256 的編號加起來，指定為「273」。

▼顯示的圖示

設定值	編號	內容	
vbCritical	16	顯示警告訊息圖示	❌
vbQuestion	32	顯示問號圖示	❓
vbExclamation	48	顯示驚嘆號圖示	⚠
vbInformation	64	顯示資訊圖示	ℹ

▼顯示的按鈕

設定值	編號	內容	
vbOKOnly	0	顯示「確定」按鈕	確定
vbOKCancel	1	顯示「確定」與「取消」按鈕	確定　取消
vbAbortRetryIgnore	2	顯示「中止」、「重試」、「略過」按鈕	中止(A)　重試(R)　略過(I)
vbYesNoCancel	3	顯示「是」、「否」、「取消」按鈕	是(Y)　否(N)　取消
vbYesNo	4	顯示「是」、「否」按鈕	是(Y)　否(N)
vbRetryCancel	5	顯示「重試」、「取消」按鈕	重試(R)　取消

所謂預設按鈕指的是顯示訊息交談窗時，第一個被選取的按鈕。按鈕的周圍會以粗線框起，按下 Enter 鍵就能按下選取的按鈕。

▼預設按鈕的設定

設定值	編號	內容	
vbDefaultButton1	0	將第一個按鈕設定為預設按鈕	是(Y)　否(N)　取消
vbDefaultButton2	256	將第二個按鈕設定為預設按鈕	是(Y)　否(N)　取消
vbDefaultButton3	512	將第三個按鈕設定為預設按鈕	是(Y)　否(N)　取消

Unit 83 依照按下的按鈕進行不同的處理

一定要記住的關鍵字

- ☑ MsgBox 函數
- ☑ 圖示
- ☑ 按鈕

如同上一單元的介紹，訊息交談窗除了可以顯示訊息，還能顯示圖示或多個按鈕。本單元要在訊息交談窗裡顯示**是**、**否**按鈕，並根據按下的按鈕進行不同的處理。

1 撰寫能選擇「是」與「否」的程式碼

確認之後執行處理

```
Sub 確認後執行 ()
    Dim 答案 As Integer
    Dim 所有工作表 As Worksheet
    答案 = MsgBox(" 是否要統整資料？ ", _
        vbYesNo + vbQuestion + vbDefaultButton2, " 確認 ")
    If 答案 = vbYes Then
        For Each 所有工作表 In Worksheets
            With 所有工作表
                If .Name < > " 全分店資料 " Then
                    .Range(.Cells(4, 1), .Cells(Rows.Count, 1).End(xlUp) _
                    .Offset(, 4)).Copy Worksheets(" 全分店資料 ") _
                    .Cells(Rows.Count, 1).End(xlUp).Offset(1)
                End If
            End With
        Next
        Worksheets(" 全分店資料 ").Select
    Else
        MsgBox " 取消操作了 "
    End If
End Sub
```

❶ 宣告 Integer 類型的變數（答案）

❷ 宣告 Worksheet 類型的變數（所有工作表）

❸ 顯示訊息，再將選擇的按鈕的相關資訊儲存至變數（答案）。（訊息交談窗的內容為「是否要統整資料？」以及「是」、「否」按鈕。預設按鈕為第二個按鈕。標題列文字為「確認」）

與變數（所有工作表）有關的處理全寫在這裡

將每張工作表的資訊分別儲存在變數（所有工作表）裡，直到要處理的工作表全部處理之前，重複執行下列的處理

當變數（答案）為「是」，則進行下列的處理。若變數（答案）不為「是」則顯示訊息

變數（所有工作表）的名稱若非「全分店資料」，就以變數（所有工作表）的儲存格 A4：A4 為基準，從終端儲存格（下方）的範圍往右複製 4 欄，再將該資訊貼在「全分店資料」工作表的列表裡

按鈕的傳回值

顯示訊息交談窗之後，會依照按下按鈕的種類傳回下列的值。VBA 可利用這個值決定要執行的內容。利用儲存答案資訊的變數，根據變數裡的值指定要執行的內容。

▼按鈕的傳回值

按鈕種類	傳回值	值
「確定」	vbOK	1
「取消」	vbCancel	2
「中止」	vbAbort	3
「重試」	vbRetry	4
「略過」	vbIgnore	5
「是」	vbYes	6
「否」	vbNo	7

Memo 顯示能選擇「是」與「否」的訊息交談窗

這次利用巨集將多張工作表裡的列表資料整理至另一張工作表裡。執行巨集後將顯示訊息交談窗，其中將顯示「是」、「否」與問號圖示，也設定成只在按下**是**鈕的時候執行處理。

執行範例

❶ 執行巨集之後，將顯示訊息。後續會根據按下的按鈕決定要執行的內容

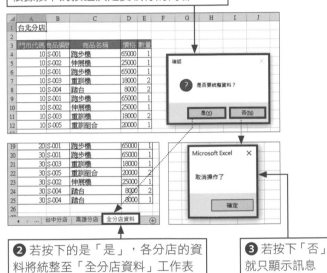

❷ 若按下的是「是」，各分店的資料將統整至「全分店資料」工作表

❸ 若按下「否」就只顯示訊息

格式　MsgBox 函數與 If 陳述式

```
Dim 變數名稱 As Integer
變數名稱 =MsgBox(prompt,buttons,title,helpfile,context)
If 變數名稱 = 傳回值 1 Then
        傳回值為 1 時的處理
ElseIf 變數名稱 = 傳回值 2
        傳回值為 2 時的處理
        ⋮
End If
```

解說　建立區分按鈕種類的變數，再將按下按鈕的資訊儲存至變數裡。最後依變數的值執行不同的處理。

顯示輸入資料交談窗

也可以請執行巨集的人輸入訊息或數值,再依照內容執行相關的處理。此時可使用 InputBox 函數或 InputBox 方法顯示輸入資料的交談窗。即便不使用第 11 章介紹的表單,也一樣能輕鬆地接收資料。

1 顯示輸入字串的交談窗

顯示輸入字串的交談窗

❶ 宣告 String 類型的變數(負責人)

```
Sub 輸入文字1()
    Dim 負責人 As String
    負責人 = InputBox(" 請輸入姓名 ", " 輸入負責人 ")
    If 負責人 < > "" Then
        Range("B1").Value = 負責人
    End If
End Sub
```

若變數(負責人)不為空白,則將變數(負責人)的文字填入儲存格 B1

❷ 顯示輸入文字的交談窗,再將輸入的內容儲存至變數(負責人)

📝 **Memo** **請使用者輸入文字**

這次的範例先顯示輸入文字的交談窗,再請使用者輸入文字。接收文字後,再將文字填入儲存格。範例是利用 InputBox 函數顯示輸入文字的交談窗。

❶ 顯示可輸入文字的交談窗,輸入文字,按下**確定**鈕之後

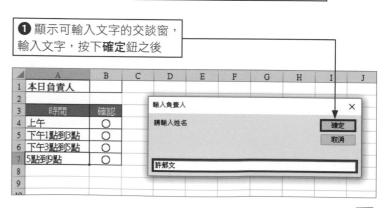

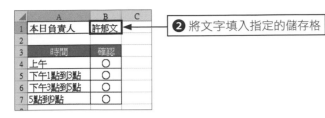

❷ 將文字填入指定的儲存格

格式　**InputBox 函數**

InputBox(prompt,[title],[default],[xpos],[ypos],[helpfile],[context])

解說　按下**確定**鈕之後，將傳回輸入的文字。按下**取消**鈕將傳回長度為 0 的「""」字串。

參數

prompt 　指定訊息的內容。

title 　　指定於訊息交談窗標題列顯示的內容。

default 　指定預定顯示的內容。

xpos 　　以 twip 單位指定畫面左側到顯示訊息之間的距離。

ypos 　　以 twip 單位指定畫面上方到顯示訊息之間的距離。

helpfile 　顯示說明時，指定說明檔案的名稱。

context 　顯示說明時，指定與說明對應的文件編號

❷ 空白欄位與取消的處理

空白欄位與取消的處理

❶ 宣告 String 類型的變數（負責人）

❷ 顯示輸入值的交談窗，再將輸入的內容儲存至變數（負責人）

```
Sub 輸入文字2()
    Dim 負責人 As String
    負責人 = Application.InputBox(" 請輸入姓名 ", " 輸入負責人 ")
    Select Case 負責人
        Case "False"
            MsgBox " 取消輸入了 "
        Case ""
            MsgBox " 未輸入資料 "
            Range("B1").Value = " 末定 "
        Case Else
            Range("B1").Value = 負責人
    End Select
End Sub
```

❸ 將變數（負責人）的值當成比較對象

❹ 依照變數（負責人）的值執行指定的處理

❺ 若所有條件皆不成立，將變數（負責人）的值填入儲存格 B1 裡

ⓘHint 也能操作非文字的資訊

使用 Application 物件的 InputBox 方法即可操作非字串的資訊，例如可取得數值或儲存格範圍這類資訊。此外，也可在接收了非指定種類的資訊時顯示錯誤訊息。若只想操作文字資訊，可使用 InputBox 函數簡單地接收文字，但若想處理非文字的資訊，就建議使用 InputBox 方法。

執行範例

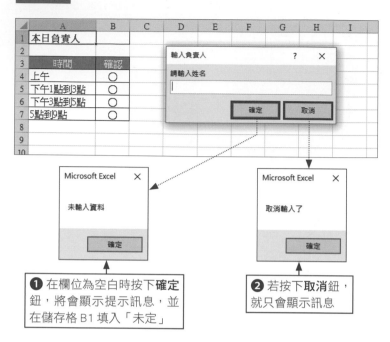

❶ 在欄位為空白時按下**確定**鈕，將會顯示提示訊息，並在儲存格 B1 填入「未定」

❷ 若按下**取消**鈕，就只會顯示訊息

ⓘHint 使用 InputBox 方法

要顯示輸入文字的交談窗可使用 InputBox 方法。InputBox 方法會在按下**確定**鈕的時候傳回輸入的值，並在按下**取消**鈕時傳回 False。因此，也能在未輸入資料時，按下**確定**鈕或**取消**鈕進行不同的處理。這次的範例在按下**確定**鈕的時候顯示訊息，再於儲存格 B1 輸入「未定」。

格式 InputBox 方法

> **Application.InputBox(Prompt,[Title],[Default],[Left],[Top],[HelpFile],[HelpContextID],[Type])**

解說 顯示輸入資料用的交談窗。點選**確定**鈕將傳回輸入的值，按下**取消**鈕將傳回 False。

參數

參數	說明
Prompt	指定訊息的內容。
Title	指定於訊息交談窗標題列顯示的內容。
Default	指定預定顯示的內容。
Left	以 pt 單位指定畫面左側到顯示訊息之間的距離。
Top	以 pt 單位指定畫面上方到顯示訊息之間的距離。
Helpfile	顯示說明時，指定說明檔案的名稱。
HelpcontextID	顯示說明時，指定與說明對應的文件編號。
Type	指定傳回值的資料類型。省略時，將自動指定為字串。

值	內容
0	公式
1	數值
2	字串
4	邏輯值 (True 或 False)
8	參照儲存格 (Range 物件)
16	「#N/A」這類的錯誤值
64	數值陣列

第11章

建立使用者表單

本章概要

本章要介紹建立表單的方法。表單可建立接收使用者各項指示的畫面。畫面裡可配置輸入文字或選擇項目的控制項，所以能一邊接收使用者的意見，一邊執行巨集。

1 新增表單

📝Memo 新增表單

這次介紹的是新增表單的方法。表單必須以「自訂表單」模組新增，而不是一般的模組。

介紹新增表單的方法

2 配置控制項

📝Memo 配置控制項

要介紹的是在表單裡配置各種控制項的方法。控制項有很多種，例如輸入文字的控制項，選擇選項的控制項，本章將從其中挑選一些具代表性的控制項介紹。

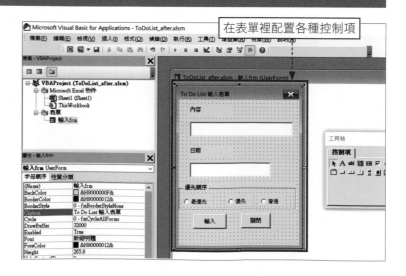

在表單裡配置各種控制項

③ 指定透過表單執行的內容

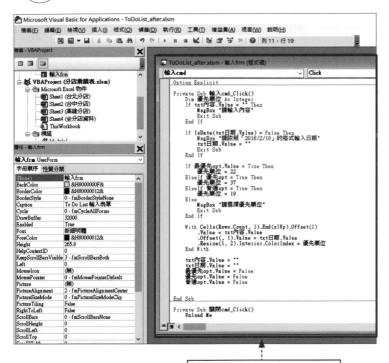

指定點選按鈕後執行的內容

✐ **Memo** 指定表單的動作

新增表單後，可在表單或表單裡的控制項分別建立表單模組（程式碼視窗），藉此指定表單或控制項的動作。程式碼視窗可指定點選按鈕之後要執行的內容。

④ 從 Excel 快速呼叫表單

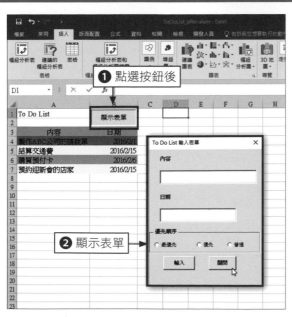

① 點選按鈕後

② 顯示表單

✐ **Memo** 顯示表單

表單建立完成後，若是能從 Excel 的畫面快速呼叫表單，使用時將會更方便。這次也將介紹顯示表單的巨集。

了解建立表單的步驟

一定要記住的關鍵字
- ☑ 自訂表單
- ☑ 控制項
- ☑ 屬性視窗

建立表單時，必須先了解建立表單的步驟以及配置在表單裡的控制列。控制列的細節可於屬性視窗指定。在建立表單前，讓我們先就**屬性視窗**的內容做說明。

■ **了解建立表單的流程**　要建立表單可先在 VBE 新增表單，接著新增控制項，再為控制項命名。然後利用控制項的屬性或事件撰寫要利用巨集執行的處理。完成表單後，可執行表單確認內容是否正確。

■ **建立表單的步驟**

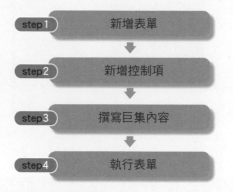

step 1　新增表單

step 2　新增控制項

step 3　撰寫巨集內容

step 4　執行表單

1　何謂控制項

Memo　使用控制項的屬性或事件

控制項內建了各種屬性與事件。控制項的屬性可用來指定控制項的性質或取得以控制項選取的內容，同時執行巨集。控制項的事件還能建立在「控制項被點選時」、「控制項選取的內容有所變更時」的這類時間點執行某些處理的機制。此外，每種控制項內建的屬性與事件也都不同。

控制項的功能與種類

控制項就是配置在表單上的零件。可顯示或接收各種資料。控制項的種類如下。

▼控制項的種類

種類	內容
標籤	顯示文字
文字方塊	輸入文字
選項按鈕	從多個選項選取一個選項
核取方塊	指定 On 或 Off 的狀態
清單方塊	從多個選項選取特定選項
下拉式方塊	從多個選項選取特定項目或輸入文字
RefEdit	選取儲存格範圍
命令按鈕	建立執行按鈕

② 「屬性」視窗的功能

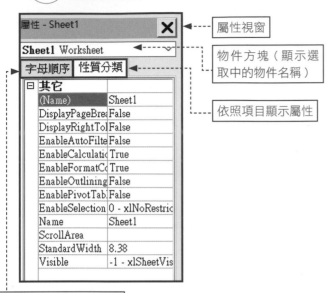

依照名稱順序顯示屬性

屬性視窗

物件方塊（顯示選取中的物件名稱）

依照項目顯示屬性

③ 顯示「屬性」視窗

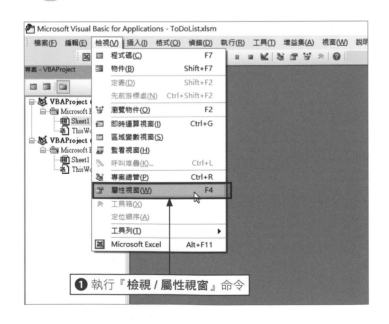

❶ 執行『檢視 / 屬性視窗』命令

Unit 87 新增表單

一定要記住的關鍵字

☑ 自訂表單
☑ 物件名稱
☑ 標題列

讓我們試著建立新的表單。表單與模組一樣，都是儲存在專案裡。新增表單之後，可調整表單的大小或是指定表單標題列的文字，完成配置控制項的準備。

1 在這裡建立表單

✎Memo 想像要建立的表單

新增表單之前，不妨先想像表單的完成圖。這次要建立的是能在ToDo 列表新增資料的表單。

執行範例

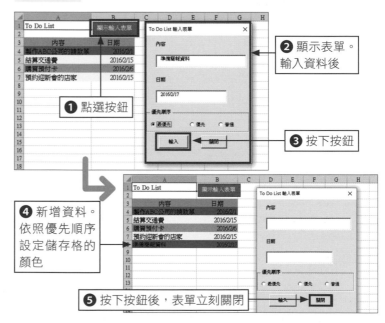

❷ 顯示表單。輸入資料後

❶ 點選按鈕

❸ 按下按鈕

❹ 新增資料。依照優先順序設定儲存格的顏色

❺ 按下按鈕後，表單立刻關閉

ⓘHint 表單的屬性／事件

表單的屬性與事件如下。這次要指定的是表單的標題列文字與大小。

▼表單的屬性

屬性	內容
物件名稱	指定表單的名稱
Caption	指定表單標題列的名稱
BackColor	指定表單的背景色
Height	指定表單的高度
Width	指定表單的寬度

▼表單的事件

事件	內容
Initialize	在開啟表單之前
QueryClose	在關閉表單之前

② 新增表單

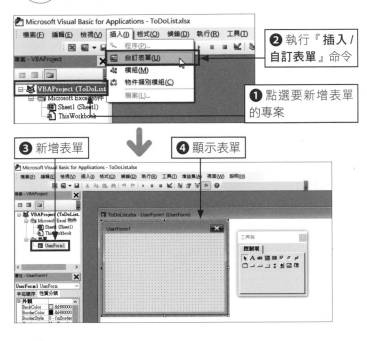

❷ 執行『插入 / 自訂表單』命令

❶ 點選要新增表單的專案

❸ 新增表單

❹ 顯示表單

📝**Memo** 建立新表單

這次建立的是新表單。從專案總管視窗點選要新增表單的專案，再執行『**插入 / 自訂表單**』命令。

③ 指定表單的大小

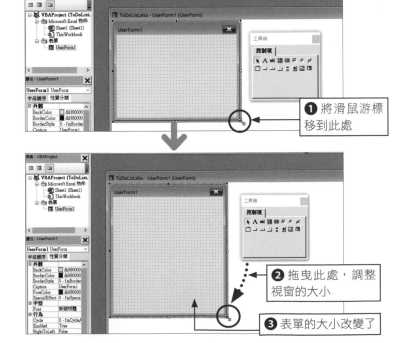

❶ 將滑鼠游標移到此處

❷ 拖曳此處，調整視窗的大小

❸ 表單的大小改變了

📝**Memo** 改變表單的大小

指定表單的大小。將滑鼠游標移到表單右下角的口再開始拖曳。

❗**Hint** 利用數值指定表單的大小

表單的大小可利用點為單位的數值指定。此時請先點選表單，再從**屬性視窗**的 Height 屬性與 Width 屬性指定。這兩個屬性分別代表表單的「高度」與「寬度」。

4 設定表單的名稱

✎Memo 指定表單的名稱

接著設定要在巨集操作表單時所需的名稱。點選表單後,在**屬性**視窗的「(name)」欄位輸入表單的名稱。

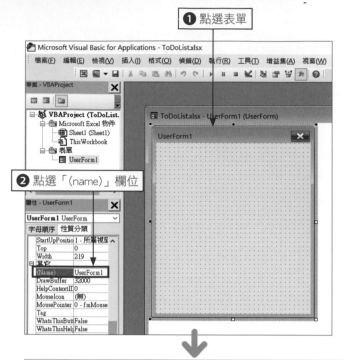

❶ 點選表單

❷ 點選「(name)」欄位

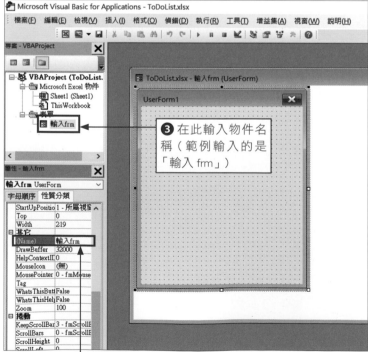

❸ 在此輸入物件名稱 (範例輸入的是「輸入 frm」)

①Hint 新增表單的名稱

新增表單的名稱通常會預設為「UserForm1」。當然也可以沿用這個名稱,或是自行命名。

❹ 指定的名稱顯示了

⑤ 指定標題列的文字

❶ 點選表單

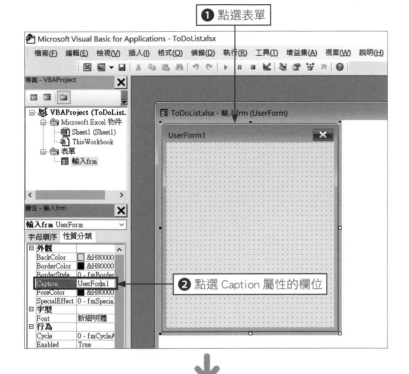

❷ 點選 Caption 屬性的欄位

📝**Memo** 指定於標題列顯示的文字

這次設定的是表單標題列的文字，使用的是表單的 Caption 屬性。點選表單後，再於**屬性**視窗的 Caption 屬性輸入文字。

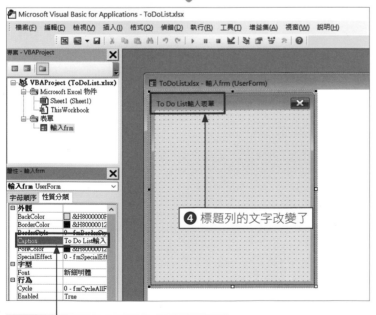

❹ 標題列的文字改變了

❸ 輸入要顯示的文字（範例輸入的是「To Do List 輸入表單」）

❗**Hint** 表單的名稱與 Caption 屬性是不同的

表單的名稱（物件名稱）與表單的標題列文字（Caption 屬性）是兩種不同的東西。要在巨集裡撰寫顯示或關閉表單的處理，都必須使用表單的名稱（物件名稱）下達命令。

顯示文字 (標籤)

這次要試著在表單新增控制項。首先要配置的是顯示文字的「標籤」控制項。標籤控制項的文字內容可透過控制項的 Caption 屬性指定，此外，選擇控制項也能直接輸入文字。

■ **標籤**

使用標籤就能在表單裡顯示文字。標籤控制項常用來作為其他控制項的補充說明或是以文字說明巨集的執行結果。

「標籤」
Caption：內容

■ **標籤的屬性**

透過標籤顯示的文字格式可利用標籤的屬性指定。標籤可使用的主要屬性如右。

屬性	內容
物件名稱	指定控制項的名稱
Caption	指定在標籤顯示的字串
TextAlign	指定文字的配置方式
Font	指定字型與文字大小
BackColor	指定背景顏色
ForeColor	指定文字顏色
Enabled	指定是否啟用
Visible	指定是否顯示

---

1 新增標籤

✎Memo 新增顯示文字的控制項

這次配置的是**標籤**控制項。新增控制項的時候，可先點選**工具箱**的按鈕，再將控制項配置在表單裡。若未顯示工具箱，可按下工具列的**工具箱**按鈕。

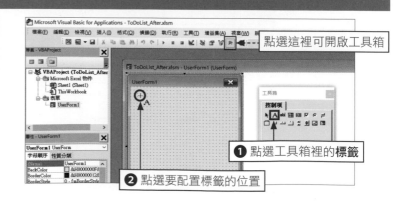

點選這裡可開啟工具箱

❶ 點選工具箱裡的**標籤**

❷ 點選要配置標籤的位置

② 變更標籤顯示的文字

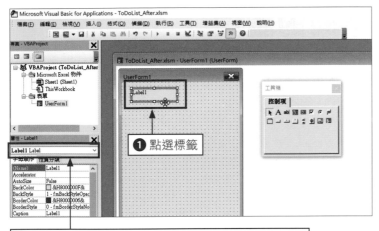

① 點選標籤

② 確認是否顯示「Label1」。若未顯示時，請點選標籤

✎ **Memo** 在標籤裡顯示「內容」

這次透過 Caption 屬性指定要於標籤顯示的文字。範例輸入的是「內容」。

⚠ **Hint** 移動控制項

要移動控制項的位置可點選控制項，再拖曳控制項的外框。

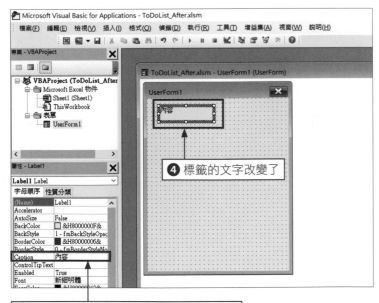

④ 標籤的文字改變了

③ 點選 Caption 屬性的欄位，再輸入文字（範例輸入的是「內容」）

✎ **Memo** 刪除控制項

要刪除控制項可在點選控制項之後，點選控制項的外框再按下 Delete 鍵。

⚠ **Hint** 調整控制項的大小

要變更控制項的大小可點選控制項，再拖曳外框的口。

輸入文字 (文字方塊)

一定要記住的關鍵字
☑ 文字方塊
☑ IMEMode 屬性
☑ 中文輸入模式

要在表單輸入文字必須使用「文字方塊」交談窗。要在巨集使用於文字方塊輸入的內容時,可使用控制項的名稱。請記得為控制項設定一個簡單易懂的名稱。

■ 文字方塊　　　　文字方塊是讓使用者輸入文字的控制項,也是常用的控制項。這次要建立輸入「內容」的「文字方塊」控制項。

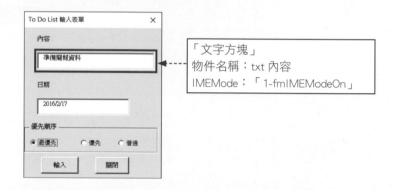

「文字方塊」
物件名稱:txt 內容
IMEMode:「1-fmIMEModeOn」

■ **文字方塊的屬性/事件**　文字方塊內建了各種屬性與事件,例如有下列這些種類。

屬性	內容
物件名稱	指定控制項的名稱
TextAlign	指定文字的配置方式
Font	指定字型與文字大小
BackColor	指定背景色
ForeColor	指定文字色
IMEMode	指定中文輸入模式的狀態
Enabled	指定是否啟用
Visible	指定是否顯示
Value	指定文字方塊的內容

事件	內容
AfterUpDate	在資料變更之後
Change	輸入或刪除文字這類內容有所變更的時候

1 新增文字方塊

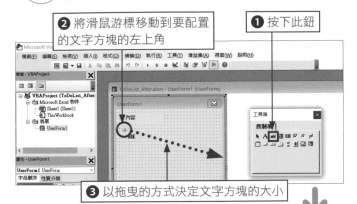

❷ 將滑鼠游標移動到要配置的文字方塊的左上角

❶ 按下此鈕

❸ 以拖曳的方式決定文字方塊的大小

❹ 顯示文字方塊

2 指定文字方塊的名稱

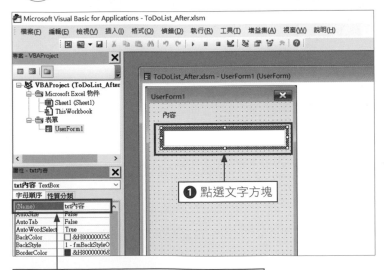

❶ 點選文字方塊

❷ 輸入物件名稱（範例輸入的是「txt 內容」）

3 指定中文輸入模式的狀態

✎Memo 啟用中文輸入模式

若要在滑鼠游標移至文字方塊時，自動啟用中文輸入模式，可變更「文字方塊」控制項的IMEMode屬性。

IMEMode屬性

指定中文輸入模式的狀態。相關的設定請參考下列表格。

設定值	內容
fmIMEModeNoControl	不控制 IME（預設值）
fmIMEModeOn	開啟 IME
fmIMEModeOff	關閉 IME。英文模式
fmIMEModeAlphaFull	開啟 IME。使用全形英數模式
fmIMEModeAlpha	開啟 IME。使用半形英數模式
fmIMEModeHanziFull	開啟 IME。使用全形中文模式
fmIMEModeHanzi	開啟 IME。使用半形中文模式

⊕Hint 指定既定的文字

若要在文字方塊裡輸入預設的文字，可在文字方塊的 Value 屬性輸入文字，Text 屬性也將顯示相同的文字。

✎Memo IME Mode 的設定基準

這次配置了文字方塊，也設定了中文輸入模式。由於輸入「內容」文字方塊要接收的是中文，所以才自動啟用中文輸入模式。

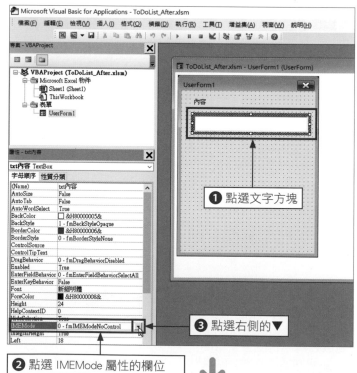

❶ 點選文字方塊

❸ 點選右側的▼

❷ 點選 IMEMode 屬性的欄位

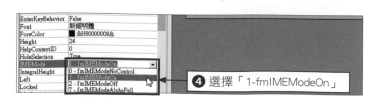

❹ 選擇「1-fmIMEModeOn」

11-14

ⓘHint 選擇要設定的控制項

在**屬性**視窗設定表單或控制項的屬性時,請從視窗內的「物件」方塊確認控制項的名稱是否正確。若未顯示正確的控制項名稱,可點選表單裡的控制項,或是點選**屬性**視窗上方「物件」方塊旁的▼,從中選擇要設定的控制項。

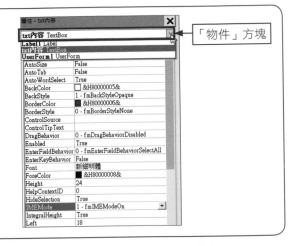

「物件」方塊

---

④ 新增其他標籤與文字方塊

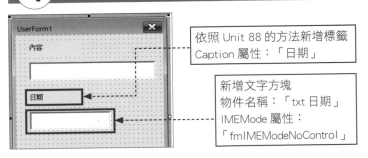

依照 Unit 88 的方法新增標籤
Caption 屬性:「日期」

新增文字方塊
物件名稱:「txt 日期」
IMEMode 屬性:
「fmIMEModeNoControl」

📝Memo 配置輸入日期的控制項

為了在表單輸入日期,新增了下列的標籤與文字方塊。請依照說明設定下列的屬性。

📑Step up 建立輸入多行文字的文字方塊

建立文字方塊之後,也可以將文字方塊設定成能接受多行文字的模式,也就是將允許輸入多行文字的 MultiLine 屬性設定為 True 而已。此外,若要設定成按下 Enter 鍵就換行,可將 EnterKeyBehavior 屬性設定為 True。此外,若希望在輸入過多文字時,顯示垂直捲軸,可將 ScrollBars 屬性設定為「2-fmScrollBarsVertical」。

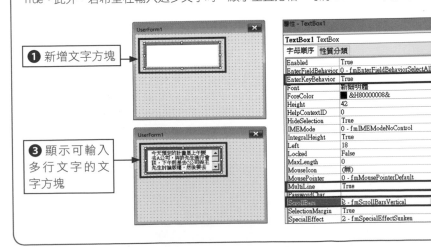

❶ 新增文字方塊

❸ 顯示可輸入多行文字的文字方塊

❷ 設定屬性的內容後

使用按鈕 (命令按鈕)

要在透過表單下達各種指示後執行巨集,通常會使用命令按鈕。讓我們試著建立在按下命令按鈕的時間點,執行巨集的機制。這次要在按下按鈕之後,將表單的內容填入儲存格。

■ **命令按鈕**

命令按鈕就是配置在表單裡的按鈕,一般來說,會在建立按下按鈕就執行某些處理的機制時使用。這次要建立將內容加入列表的按鈕以及關閉表單的按鈕。

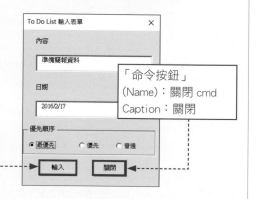

「命令按鈕」
(Name):關閉 cmd
Caption:關閉

「命令按鈕」
(Name):輸入 cmd
Caption:輸入

■ **命令按鈕的屬性/事件** 命令按鈕也內建了許多屬性與事件,例如有下列這些種類。

屬性	內容
物件名稱	指定控制項的名稱
Caption	指定按鈕上顯示的文字

事件	內容
Click	點選的時候

① 新增按鈕

Memo 配置執行巨集的按鈕

這次要新增兩個按鈕。請點選工具箱的**命令按鈕**來建立。

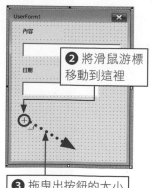

❷ 將滑鼠游標移動到這裡

❸ 拖曳出按鈕的大小

工具箱

控制項

❶ 點選這個按鈕

❺ 輸入物件名稱（範例輸入的是「輸入 cmd」）

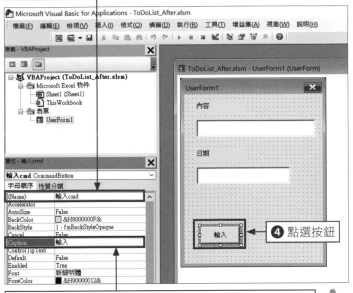

① Hint 也可在按鈕輸入文字

「命令按鈕」控制項的文字可直接點選按鈕，在滑鼠游標的位置編輯。利用這種方法變更文字後，「命令按鈕」控制項的 Caption 屬性也會跟著改變。

❻ 在 Caption 屬性輸入按鈕文字（範例輸入的是「輸入」）

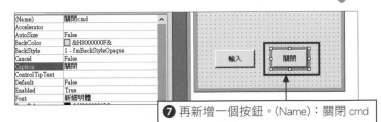

❼ 再新增一個按鈕。(Name)：關閉 cmd
Caption：關閉

② 點選按鈕關閉表單

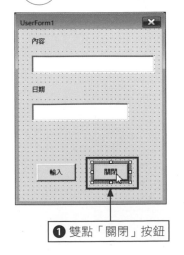

❶ 雙點「關閉」按鈕

📝 Memo 撰寫關閉表單的處理

這次指定的是在點選命令按鈕之後執行的處理。範例指定的是按下**關閉**鈕後，最先執行的處理。請雙按顯示「關閉」的按鈕。

① Hint 雙按命令按鈕的理由

雙按表單裡的命令按鈕意味著要開啟表單的程式碼視窗，也將顯示在點選該命令按鈕時，寫著相關處理的巨集。此外，顯示表單的程式碼視窗也有很多種（參考 11-21 頁）。

✏️Memo 自訂表單的程式碼視窗

新增表單後，表單與表單裡的控制項就會自動新增指定控制項動作的表單模組（程式碼視窗）。要建立表單時，可在表單裡配置控制項，再利用程式碼視窗指定控制項的動作。畫面的切換方法將在 11-21 頁介紹。

⓵Hint 使用 Me 關鍵字

要在自訂表單的程式碼視窗裡指稱該自訂表單本身時，可使「Me」關鍵字。例如按下按鈕時，要關閉配置該按鈕的表單，就可使用 Unload 陳述式，寫成「Unload Me」。

❷ 自訂表單的程式碼視窗開啟後，將顯示「關閉」按鈕被按下時，要執行的巨集內容

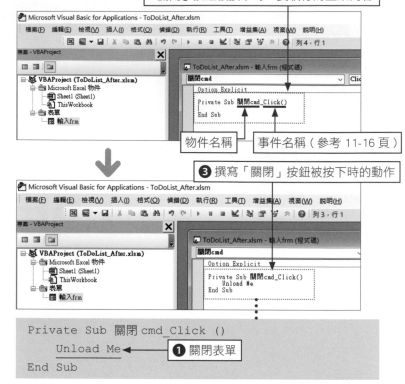

物件名稱　　事件名稱（參考 11-16 頁）

❸ 撰寫「關閉」按鈕被按下時的動作

```
Private Sub 關閉cmd_Click ()
     Unload Me ◄────── ❶ 關閉表單
End Sub
```

3 按下按鈕後執行巨集

✏️Memo 撰寫輸入資料的處理

這次要撰寫按下「輸入」之後，新增資料的巨集。我們將在表單的程式碼視窗撰寫在「輸入」按鈕被按下時執行的巨集。

⓵Hint 取得文字方塊的輸入內容

文字方塊的 Value 屬性代表的是於文字方塊輸入的內容。假設要取得「txt內容」文字方塊的內容，可將程式碼寫成「txt內容.Value」。

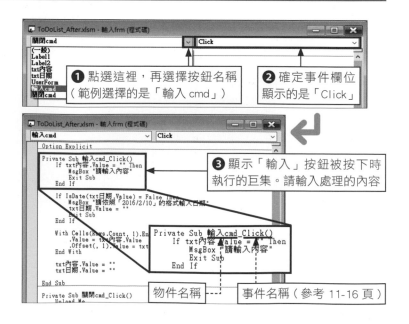

❶ 點選這裡，再選擇按鈕名稱（範例選擇的是「輸入 cmd」）

❷ 確定事件欄位顯示的是「Click」

❸ 顯示「輸入」按鈕被按下時執行的巨集。請輸入處理的內容

物件名稱　　事件名稱（參考 11-16 頁）

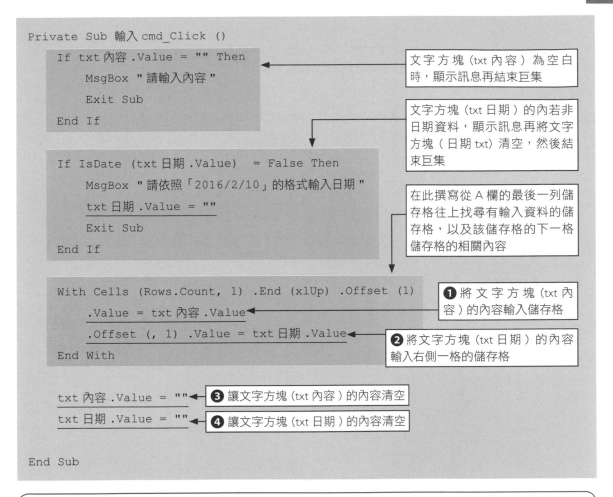

```
Private Sub 輸入 cmd_Click ()
    If txt 內容 .Value = "" Then
        MsgBox " 請輸入內容 "
        Exit Sub
    End If

    If IsDate (txt 日期 .Value) = False Then
        MsgBox " 請依照「2016/2/10」的格式輸入日期 "
        txt 日期 .Value = ""
        Exit Sub
    End If

    With Cells (Rows.Count, 1) .End (xlUp) .Offset (1)
        .Value = txt 內容 .Value
        .Offset (, 1) .Value = txt 日期 .Value
    End With

    txt 內容 .Value = ""
    txt 日期 .Value = ""

End Sub
```

文字方塊（txt 內容）為空白時，顯示訊息再結束巨集

文字方塊（txt 日期）的內若非日期資料，顯示訊息再將文字方塊（日期 txt）清空，然後結束巨集

在此撰寫從 A 欄的最後一列儲存格往上找尋有輸入資料的儲存格，以及該儲存格的下一格儲存格的相關內容

❶ 將文字方塊（txt 內容）的內容輸入儲存格

❷ 將文字方塊（txt 日期）的內容輸入右側一格的儲存格

❸ 讓文字方塊（txt 內容）的內容清空

❹ 讓文字方塊（txt 日期）的內容清空

📖 Step up　如何確認輸入的是否為日期

IsDate 函數可確認輸入的資料是否為日期。不過，若不輸入年份，只輸入「5/50」這種非日期的資料，有

可能會辨識成「1950/05/01」的日期，所以要確認日期資料是否以「yyyy/mm/dd」的格式輸入，可使用「Like 運算子比較文字方塊的值是否與文字模式相同」，例如可將程式碼寫成右側的內容。此時，日期一定得以「2016/01/01」這種格式輸入，所以連輸入不正確日期時顯示的訊息都要改寫。

```
If  (txt 日期 .Value Like _
    "####/##/##" And _
    IsDate ( 日期 txt.Value) ) = _
    False Then
```

⚠Hint　在按鈕之外的位置雙按滑鼠左鍵

在表單雙按滑鼠左鍵一樣會開啟程式碼視窗，同時也將新增事件程序，而這個事件程序可用來撰寫在雙按控制項既定事件觸發時執行的內容。若新增了多餘的程序，刪除也不會發生問題。

4 執行表單

Memo 執行表單，確認執行過程

讓我們一起確認表單是否能正確執行。這次是從 VBE 的畫面執行表單。有關從 Excel 畫面開啟表單的方法，將在 Unit 96 介紹。

1 按下關閉鈕

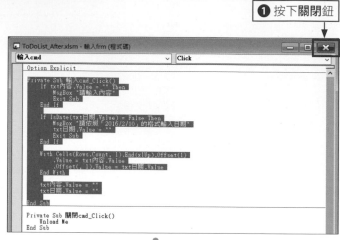

2 按下**執行 Sub 或 UserForm** 鈕

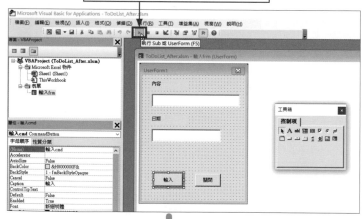

3 顯示表單

To Do List 輸入表單	×
內容	
日期	
輸入	關閉

按下**關閉**鈕後，可關閉表單

Hint 確認「關閉」按鈕是否能正常運作

按下**關閉**鈕後，表單將關閉。

11-20

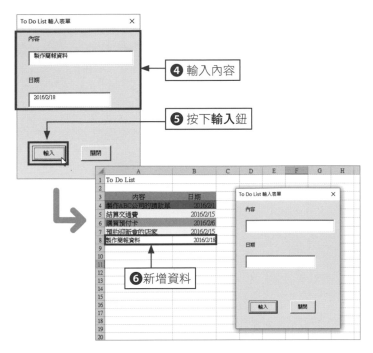

④ 輸入內容

⑤ 按下**輸入**鈕

⑥ 新增資料

① Hint 確認「輸入」的動作

開啟表單，輸入資料後，按下**輸入**鈕即可在儲存格顯示輸入的內容。

若未在文字方塊輸入文字

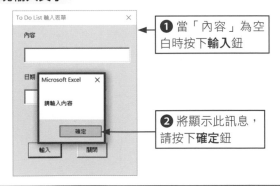

❶ 當「內容」為空白時按下**輸入**鈕

❷ 將顯示此訊息，請按下**確定**鈕

✎ Memo 若文字方塊為空白時

這次的範例會在「內容」為空白時，直接顯示訊息。試著讓「內容」保持空白，確認執行的結果吧。

① Hint 切換程式碼視窗

要切換自訂表單與自訂表單的程式碼視窗可使用專案總管的按鈕。在顯示自訂表單時按下**檢視程式碼**鈕將開啟表單的程式碼視窗。反之，若在程式碼視窗開啟時按下**檢視物件**鈕，就能開啟自訂表單。

點選這個按鈕將開啟程式碼視窗

點選這個按鈕將顯示表單

雙點表單也能開啟程式碼視窗

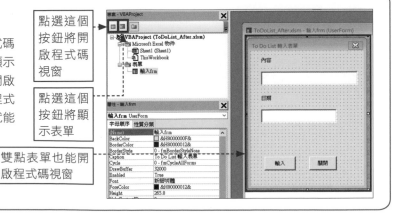

顯示多個選項 (選項按鈕)

一定要記住的關鍵字
☑ 框架
☑ 選項按鈕
☑ 預定狀態

要顯示多個選項，並從其中選取一種時，可使用「選項按鈕」。與框架搭配使用，就能打造出從框架裡的多個選項按鈕選擇其中一種的功能。

■ 框架與選項按鈕

框架可於將控制項圍成一個群組時使用。這次建立的是圍住三個選項按鈕的框架。

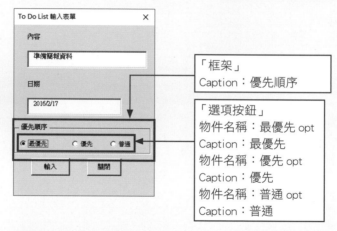

「框架」
Caption：優先順序

「選項按鈕」
物件名稱：最優先 opt
Caption：最優先
物件名稱：優先 opt
Caption：優先
物件名稱：普通 opt
Caption：普通

選項按鈕是一種經過點選後，會切換 On／Off 狀態的控制項。在框架內配置多個選項按鈕，就能只從其中選擇一種，所以能打造從多個選項選其中一種的功能。

■ 選項按鈕的 屬性／事件

選項按鈕內建了多種屬性與事件，例如有下列這幾種。

屬性	內容
物件名稱	指定控制項的名稱
Caption	指定在選項按鈕旁邊顯示的文字
Enabled	指定啟用／停用
Value	指定按鈕的選取狀態

事件	內容
Click	點選啟用時
Change	選取狀態變更時

① 新增框架

❶ 點選這個按鈕

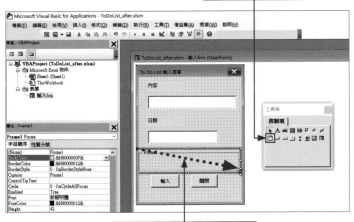

❷ 將滑鼠游標移到此處，
再以拖曳方式拖曳出大小

❸ 確認 Frame1 被選取

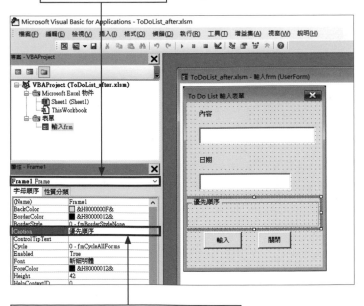

❹ 在 Caption 屬性裡輸入要在框架顯示的
文字（範例輸入的是「優先順位」）

Memo 配置能選取輸入內容的選項按鈕

配置表單後,接著要在表單之中配置選項按鈕。範例一共新增了三個按鈕。

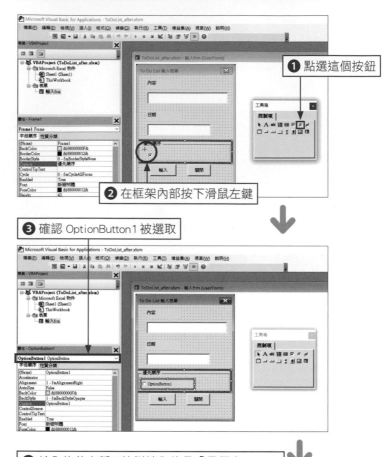

❶ 點選這個按鈕

❷ 在框架內部按下滑鼠左鍵

❸ 確認 OptionButton1 被選取

❹ 輸入物件名稱(範例輸入的是「最優先 opt」)

Hint 指定既定的狀態

要預設某個選項按鈕為啟用的狀態,可使用 Value 屬性。Value 屬性代表的是按鈕的選擇狀態。要讓按鈕預設為啟用,可選擇選項按鈕再將 Value 屬性指定為「True」,若要設定為未選取則可指定為「False」。

❺ 在 Caption 屬性裡輸入要於選項按鈕顯示的文字(範例輸入的是「最優先」)

❻ 點選控制項周圍的控制點,調整控制項的大小

❼ 配置其他兩個選項按鈕
(Name)：優先 opt
Caption：優先
(Name)：普通 opt
Caption：普通

③ 依照選項按鈕的 On ／ Off 狀態執行不同的處理

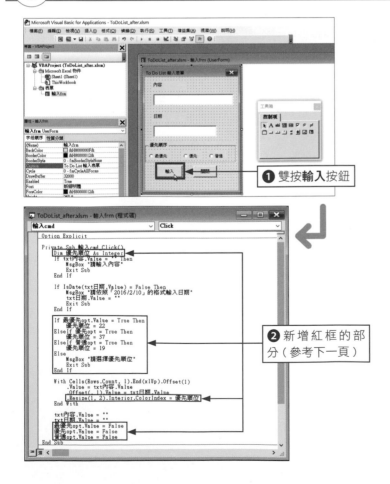

❶ 雙按輸入按鈕

❷ 新增紅框的部分（參考下一頁）

📝**Memo** 取得選項按鈕的狀態

接著要在巨集裡新增依照選項按鈕的選取狀態，分別執行不同處理的內容。這次使用的是代表選項按鈕選取狀態的 Value 屬性。

```
Private Sub 輸入 cmd_Click ()
    Dim 優先順位 As Integer ◄------------------- 宣告 Integer 類型的變數（優先順序）

If txt 內容 .Value = "" Then
        MsgBox " 請輸入內容 "
        Exit Sub
    End If

    If IsDate (txt 日期 .Value)  = False Then
        MsgBox " 請依照「2016/2/10」的格式輸入日期 "
        txt 日期 .Value = ""
        Exit Sub
    End If

    If 最優先 opt.Value = True Then
        優先順位 = 22
    ElseIf 優先 opt = True Then
        優先順位 = 37
    ElseIf 普通 opt = True Then
        優先順位 = 19
    Else
        MsgBox " 請選擇優先順位 "
        Exit Sub
    End If

    With Cells (Rows.Count, 1) .End (xlUp) .Offset (1)
        .Value = txt 內容 .Value
        .Offset (, 1) .Value = txt 日期 .Value
        .Resize (1, 2) .Interior.ColorIndex = 優先順位
    End With

    txt 內容 .Value = ""
    txt 日期 .Value = ""
    最優先 opt.Value = False
    優先 opt.Value = False
    普通 opt.Value = False
End Sub
```

當選項按鈕（最優先 opt）為 On 時，將變數（優先順位）指定為 22（粉紅色）

當選項按鈕（優先 opt）為 On 時，將變數（優先順位）指定為 37（水藍色）

當選項按鈕（普通 opt）為 On 時，將變數（優先順位）指定為 19（淡黃色）

否則（選項按鈕未被選取）就顯示訊息並結束巨集

❶ 將到右側第 2 欄為止的儲存格範圍根據變數（優先順序）的內容設定顏色

在此撰寫從 A 欄最後一列的儲存格往上尋找輸入資料的儲存格，再往下一格儲存格進行的處理

❷ 確認選項按鈕為 Off

在此要根據在表單選擇的優先順序設定儲存格的顏色。顏色可利用 ColorIndex 屬性（參考 Unit 43）指定。宣告儲存 ColorIndex 屬性值的變數（優先順序），再於選項按鈕被選取時將值儲存至變數（優先順序）。接著再根據該值設定儲存格的顏色。

④ 執行表單

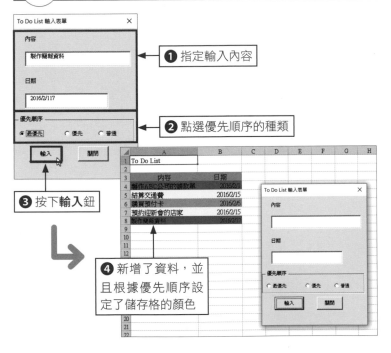

❶ 指定輸入內容

❷ 點選優先順序的種類

❸ 按下輸入鈕

❹ 新增了資料，並且根據優先順序設定了儲存格的顏色

Memo 利用選項按鈕新增資料

輸入資料時，可試著利用選項按鈕指定優先順序的項目。請參考 11-20 頁執行表單。

(!)Hint 指定滑鼠游標的移動順序

開啟表單後，按下 Tab 鍵可讓滑鼠游標移往每個項目。移動順序的設定請參考 11-31 頁。

(!)Hint 新增資料之後，清空控制項

要在利用表單新增資料後，清空文字方塊、選項按鈕的選取，可在程式碼的最後輸入下列內容。

```
txt 內容 .Value = ""
txt 日期 .Value = ""
最優先 opt.Value = False
優先 opt.Value = False
普通 opt.Value = False
```

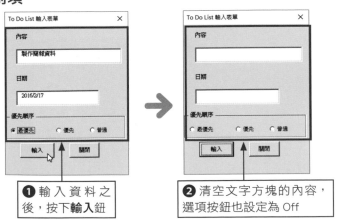

❶ 輸入資料之後，按下輸入鈕

❷ 清空文字方塊的內容，選項按鈕也設定為 Off

92

顯示二擇一選項 (核取方塊)

一定要記住的關鍵字
☑ 核取方塊
☑ 選取狀態
☑ 定位順序

「核取方塊」控制項可提供「On」與「Off」的狀態選擇,可於要啟用或關閉功能時使用。這次要在勾選核取方塊時,將表格的值與格式複製到其他的位置。

■ 核取方塊

核取方塊是點選時,可切換 On 或 Off 狀態的控制項。這次要建立的是複製表格的表單。到底是只複製表格的值,還是同時複製值與格式,可透過核取方塊選擇。

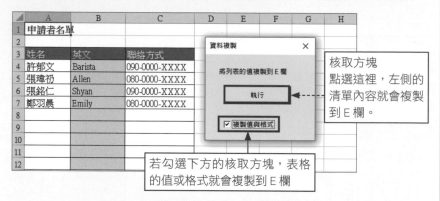

核取方塊
點選這裡,左側的
清單內容就會複製
到 E 欄。

若勾選下方的核取方塊,表格
的值或格式就會複製到 E 欄

■ 核取方塊的
　屬性／事件

核取方塊內建了各種屬性與事件,例如有下列幾種。

屬性	內容
物件名稱	指定控制項的名稱
Caption	指定於核取方塊旁邊顯示的文字
Enabled	指定啟用／停用
Value	指定核取方塊的選取狀態

事件	內容
Change	變更選取狀態的時候
Click	點選或選取狀態有所改變時 (Value 屬性被設定為 Null 時,不會觸發此事件)

1 新增核取方塊

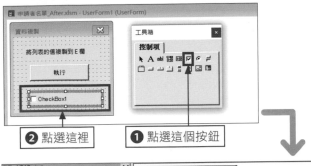

② 點選這裡　　**①** 點選這個按鈕

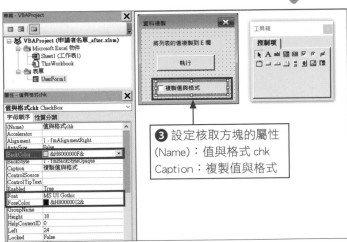

③ 設定核取方塊的屬性
(Name)：值與格式 chk
Caption：複製值與格式

Memo 配置選取 On 與 Off 狀態的核取方塊

配置選取 On 與 Off 狀態的核取方塊讓我們試著配置一個核取方塊吧。點選**工具箱**裡的**核取方塊**，新增核取方塊。

Hint 建立表單

在新增核取方塊之前，必須先新增表單再配置命令按鈕。表單與按的屬性分別如下。

種類	屬性	設定
表單	Caption	資料複製
標籤	Caption	將列表的值複製到 E 欄
命令按鈕	物件名稱	執行 cmd
	Caption	執行

2 依照核取方塊的 On／Off 狀態執行不同的處理

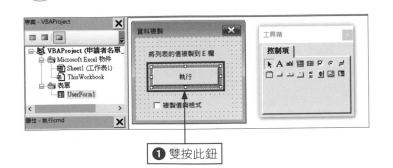

① 雙按此鈕

Memo 取得核取方塊的狀態

這次要根據核取方塊的勾選狀態執行不同處理，使用的是核取方塊選取狀態的 Value 屬性。

❷ 開啟表單的程式碼視窗之後，將會顯示「執行」按鈕被按下時要執行的巨集

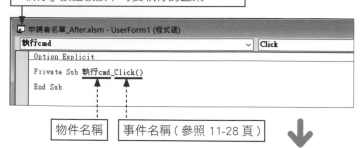

物件名稱　　事件名稱（參照 11-28 頁）

Memo　設定為預設勾選的狀態

核取方塊的勾選狀態可利用 Value 屬性設定。若要在開啟表單時就預先勾選核取方塊，可選取核取方塊，再將屬性視窗的 Value 屬性設定為「True」

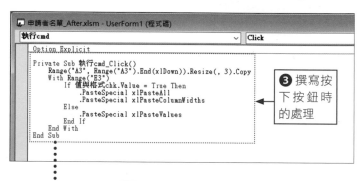

❸ 撰寫按下按鈕時的處理

Hint　勾選與未勾選核取方塊的情況

要取得核取方塊的勾選狀態一樣可使用 Value 屬性。這次要在勾選時，一併複製列表的值、格式與欄寬資訊。

以儲存格 A3：A3 為基準，複製下方最後一筆有資料的儲存格到右側三欄的儲存格範圍

```
Private Sub 執行 cmd_Click ()

    Range ("A3", Range ("A3") .End (xlDown) ) .Resize (, 3) .Copy

    With Range ("E3")

        If 值與格式 chk.Value = True Then

            .PasteSpecial xlPasteAll

            .PasteSpecial xlPasteColumnWidths

        Else

            .PasteSpecial xlPasteValues

        End If

    End With

End Sub
```

核取方塊（值與格式 chk）被勾選時，貼入複製的儲存格值、格式與欄寬資訊。若未勾選，則只貼入複製的儲存格值

在此撰寫與儲存格 E3 有關的內容

📖Step up 以 `Tab` 鍵在控制項之間移動

執行表單之後，按下 `Tab` 鍵可依序選取配置在表單裡的控制項。這個選項稱為「定位順序」。定位順序通常是控制項配置在表單時的順序，但也能事後變更。可依照表單裡的控制項位置，依序指定定位順序。

● 設定定位順序的方法

要設定定位順序可先點選表單，再執行『**檢視 / 定位順序**』命令。開啟**定位順序**視窗後，依照希望的順序從上往下排列控制項。

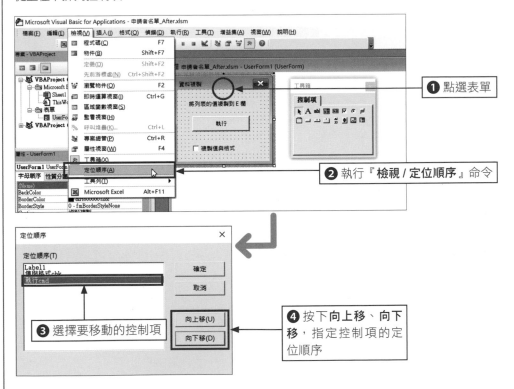

❶ 點選表單

❷ 執行『**檢視 / 定位順序**』命令

❸ 選擇要移動的控制項

❹ 按下**向上移、向下移**，指定控制項的定位順序

● 表單內的控制項的定位順序

若在表單裡配置了多個控制項時，可替每個控制項設定定位順序。只要先點表單裡的控制項，再從**檢視**功能表點選**定位順序**，**定位順序**視窗開啟後，即可指定表單內部的定位順序。

● TabIndex 屬性

定位順序也能從控制項的 TabIndex 屬性指定。可依照移動順序從「0」開始編號，而這裡的設定也將反映在「定位順序」的設定畫面。

● 禁止利用 `Tab` 鍵選取

能否利用 `Tab` 鍵選擇控制項可從控制項的 TabStop 屬性設定。TabStop 屬性若設定為「False」，就能在執行表單之後，禁止以 `Tab` 鍵選取該控制項。

顯示列表格式的選項
(清單方塊)

一定要記住的關鍵字

☑ 清單方塊

☑ MultiSelect 屬性

☑ ListIndex 屬性

要從列表之中選取項目可使用清單方塊或下拉式方塊。清單方塊能預先顯示選項，下拉式方塊則可點選▼顯示選項。

■ **清單方塊**

要從清單之中選取指定的項目可使用清單方塊或下拉式方塊這兩種控制項。清單方塊可預先顯示所有項目。範例要利用清單方塊顯示輸入於儲存格的清單。選取的項目將套用刪除線樣式。

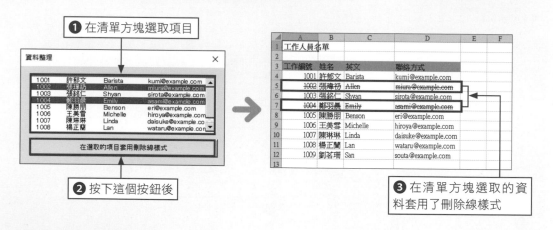

❶ 在清單方塊選取項目

❷ 按下這個按鈕後

❸ 在清單方塊選取的資料套用了刪除線樣式

■ **清單方塊的屬性／事件** 清單方塊內建了各種屬性與事件，例如有下列這幾種。

屬性	內容
物件名稱	指定控制項的名稱
ListIndex	代表被選取的項目的編號（這個屬性不會出現在**屬性**視窗裡）
RowSource	指定於清單顯示的項目
MultiSelect	指定是否能複選
Selected	各項目的選取狀態（這個屬性不會出現在**屬性**視窗裡）
Value	選項中項目的文字與數值
Enabled	指定啟用或停用

事件	內容
Change	選取項目有所變更時
Click	被點選或選取項目有所變更時（若 Value 屬性設定為 Null 值，則不會觸發這個事件）

① 新增清單方塊

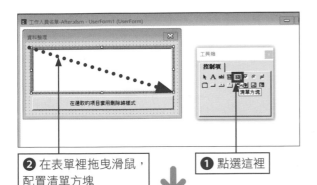

❷ 在表單裡拖曳滑鼠，配置清單方塊

❶ 點選這裡

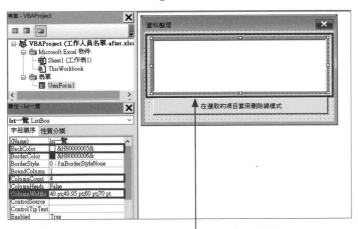

❸ 清單方塊的屬性設定如下
物件名稱：lst 一覽
MultiSelect：1
ColumnCount：4
ColumnWidths：40;50;60;70

✎Memo　配置顯示選項的清單方塊

這次要配置的是清單方塊。請點選**工具箱**裡的**清單方塊**再新增。

✎Memo　先建立表單

要新增清單方塊之前，必須先新增表單與命令按鈕。請分別替這兩個控制項設定下列的屬性。

種類	屬性	設定
表單	Caption	資料整理
命令按鈕	物件名稱	刪除線 cmd
	Caption	在選取的項目套用刪除線樣式

✎Memo　顯示多欄

要在清單方塊顯示多欄資料可透過 ColumnCount 屬性指定。此外，要在顯示多欄時，設定各欄的寬度可使用 ColumnWidth 屬性，並以「20:50」的格式，利用分號分別指定。此外，要在顯示多欄時，操作指定欄位的值可使用 Value 屬性或 Text 屬性與 List 屬性。

✎Memo 使用 MultiSelect 屬性

清單方塊的 MultiSelect 屬性可指定是否可複選清單的選項。設定值如下。

設定值	值	內容
fmMultiSelectSingle	0	只能單選
fmMultiSelectMulti	1	可複選（以點選的方式複選）
fmMultiSelectExtended	2	可複選（按住 Ctrl 選取項目或解除選取，按住 Shift 批次選取多個項目）

Memo 讓儲存格裡的項目於清單裡顯示

指定於清單裡顯示的項目。這次要顯示的是特定儲存格範圍的資料。使用表單的 Initialize 事件（參考 Unit87）設定清單的 RowSource 屬性。此外，要於清單方塊顯示特定項目，可使用清單方塊的 AddItem 方法。

Hint 何謂 RowSource 屬性？

清單方塊的 RowSource 屬性代表的是於清單方塊顯示的項目原始資料。若清單裡的項目是某個儲存格的內容，可直接指定該儲存格範圍。這次未決定要顯示的項目數量，所以要在開啟自訂表單之前，先指定 RowSource 屬性。若項目的數量固定，則請參考底下的 **Memo** 內容。

Memo 項目為特定儲存格的內容時

假設清單的項目是特定儲存格的內容，可利用清單方塊的屬性視窗的 RowSource 屬性指定要顯示的項目。例如，要將儲存格 A1 至 A5 的內容指定為清單的項目，可在 RowSource 屬性輸入「A1:A5」。

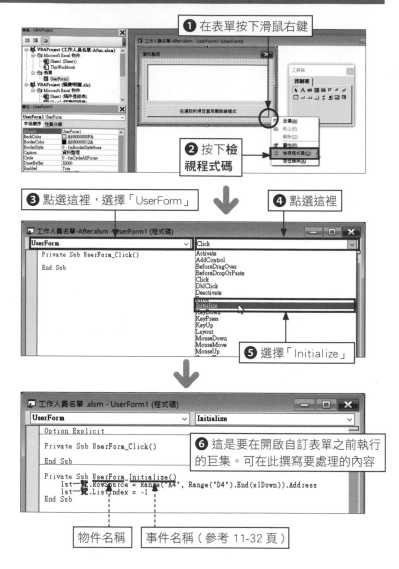

❶ 在表單按下滑鼠右鍵

❷ 按下檢視程式碼

❸ 點選這裡，選擇「UserForm」

❹ 點選這裡

❺ 選擇「Initialize」

❻ 這是要在開啟自訂表單之前執行的巨集。可在此撰寫要處理的內容

物件名稱　事件名稱（參考 11-32 頁）

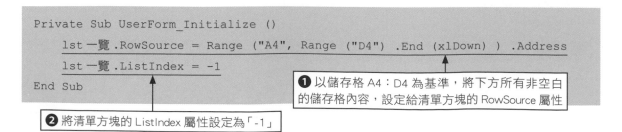

```
Private Sub UserForm_Initialize ()
    lst一覽.RowSource = Range ("A4", Range ("D4") .End (xlDown) ) .Address
    lst一覽.ListIndex = -1
End Sub
```

❶ 以儲存格 A4：D4 為基準，將下方所有非空白的儲存格內容，設定給清單方塊的 RowSource 屬性

❷ 將清單方塊的 ListIndex 屬性設定為「-1」

③　根據清單方塊的選取內容指定要執行的處理

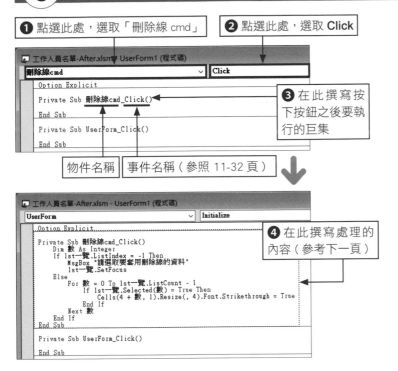

❶ 點選此處，選取「刪除線 cmd」

❷ 點選此處，選取 Click

❸ 在此撰寫按下按鈕之後要執行的巨集

物件名稱　事件名稱（參照 11-32 頁）

❹ 在此撰寫處理的內容（參考下一頁）

📎 **Memo** 取得在清單方塊選取的內容

這次要根據在清單方塊選取的內容決定要執行的處理。由於設定為可複選，所以必須透過 Selected 屬性確認每個項目的選取狀態。

✔ **Keyword** **ListIndex 屬性**

清單方塊的 ListIndex 屬性代表的是清單方塊裡被選取的項目編號。清單的開頭項目為「0」，第 2 個為「1」，第 3 個則為「2」。若是未選取任何項目則傳回「-1」。

ⓘHint　變更控制項的文字格式

控制項的文字格式可利用 Font 屬性設定。例如，要讓清單方塊項目的文字縮小，可先點選清單方塊，再點選**屬性**視窗的 Font 屬性的「…」，就能指定文字的大小。

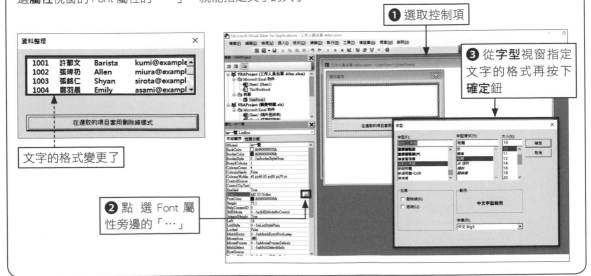

❶ 選取控制項

❸ 從**字型**視窗指定文字的格式再按下**確定**鈕

文字的格式變更了

❷ 點選 Font 屬性旁邊的「…」

```
Private Sub 刪除線 cmd_Click ()
    Dim 數 As Integer ◀─────────── ❶ 宣告 Integer 類型的變數（數）
    If lst 一覽 .ListIndex = -1 Then
        MsgBox " 請選取要套用刪除線的資料 "
        lst 一覽 .SetFocus
    Else
        For 數 = 0 To lst 一覽 .ListCount - 1
            If lst 一覽 .Selected （數） = True Then
                Cells (4 + 數 , 1) .Resize (, 4) .Font.Strikethrough = True
            End If
        Next 數
    End If
End Sub
```

若未在清單方塊（lst 一覽）選取任何項目則顯示訊息，再讓選取焦點移到清單方塊裡。若是已在清單方塊（lst 一覽）裡選取項目，則執行下列的迴圈處理

在變數（數）遞增至清單最後的項目之前，重複執行下列處理。在選取了項目的情況下，在包含該項目的儲存格的列（直到右側第 4 欄為止）的文字套用刪除線樣式。在變數（數）加 1，再回到迴圈處理

✔ Keyword SetFocus 方法

格式 SetFocus 方法

清單方塊的 SetFocus 方法可讓選取焦點移動至清單方塊。這次要在清單方塊未被選取時，使用者在清單方塊裡選取項目，所以才移動選取焦點。

物件 .SetFocus

物件　指定文字方塊、清單方塊、命令按鈕這類可移動焦點的控制項。

✔ Keyword ListCount 屬性

清單方塊的 ListCount 屬性代表的是清單項目的數量。這次要撰寫的是檢查每個清單項目是否被選取的處理，而為了辨識最後一個項目，所以才使用了 ListCount 屬性。此外，為了利用能了解各項目選取狀態的 Selected 屬性將第一個項目寫成 Selected (0)，第二個項目寫成 Selected (1) 的格式，所以才將最後一個項目的編號寫成「lst 一覽 .ListCount -1」。

☑ Keyword　Selected 屬性

在能夠選取多個清單項目的情況下，要了解每個項目的選取狀態可使用 Selected 屬性。

格式　Selected 屬性

> ### 物件 .Selected (index)
>
> | 解說 | 當 Selected 屬性為 True，代表該項目被選取，為 False 代表未被選取。 |
> |---|---|
> | 物件 | 指定清單方塊。 |
> | 參數 | |
> | Index | 指定從「0」到「清單項目數 -1」範圍的編號。清單的開頭項目為「0」，第 2 個為「1」…後續則以此類推。 |

---

① Hint　「Cells (4 + 數 ,1)」的「4」是什麼意思？

這次清單的資料是從第 4 列開始輸入，所以在清單項目的 Selected 屬性加 4，才等於儲存了清單項目資料的列。

在 Selected 屬性的編號 0 加上「4」，就等於第 4 列的儲存格（工作編號：1001）

從上數來第 1 個項目（工作編號：1001）的 Selected 屬性的索引值為「0」（參考上方的 **Keyword**）。

✎ Memo　顯示捲軸

若是清單項目多到無法完全塞入清單方塊，就會自動顯示捲軸。例如，在清單方塊增加要顯示的項目，導致項目無法塞入清單方塊時，清單方塊的右側就會顯示捲軸。此外，若是項目的長度超過清單方塊的寬度，清單方塊的下方也會顯示捲軸。

顯示列表格式的選項
(下拉式方塊)

要請使用者從清單選取項目時,可使用清單方塊或下拉式方塊。下拉式方塊可在點選▼的時候顯示選項。清單方塊雖可選取預設的選項,但下拉式方塊還能輸入選項裡沒有的項目。

■ **下拉式方塊**

要將多個選項整理成清單格式時,除了使用清單方塊,還可以使用下拉式方塊。下拉式方塊可在按下按鈕之後顯示選項清單。這次要在下拉式方塊的清單裡顯示所有工作表的標題,再將選擇的工作表複製到新的活頁簿。

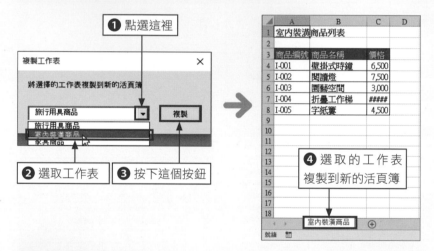

■ **下拉式方塊的**
 　屬性與事件

下拉式方塊內建了各種屬性與事件,例如有下列這幾種。

屬性	內容
物件名稱	指定控制項的名稱
ListIndex	被選取的項目編號（這個屬性不會出現在**屬性**視窗裡）
RowSource	於清單顯示的項目
Selected	各項目的選取狀態（這個屬性不會出現在**屬性**視窗裡）
Value	代表項目的文字或數值
Enabled	指定啟用或停用
Style	是否能輸入選項裡沒有的項目

事件	內容
Change	選項變更時
Click	點選或是選項有所變更時（Value 屬性設定為 Null 時,此事件不會觸發）

① 新增下拉式方塊

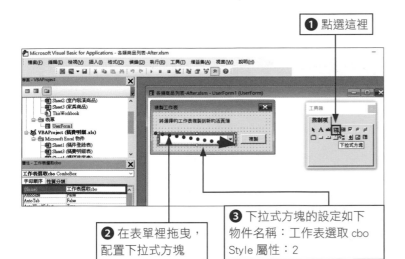

❶ 點選這裡

❷ 在表單裡拖曳，配置下拉式方塊

❸ 下拉式方塊的設定如下
物件名稱：工作表選取 cbo
Style 屬性：2

✎Memo　新增顯示選項的下拉式方塊

這次要試著配置下拉式方塊。請點選**工具箱**裡的**下拉式方塊**。

①Hint　下拉式方塊與清單的差異

下拉式方塊與清單方塊都是能選擇選項的控制項，也有許多相同的屬性，但也有不同之處。例如，清單方塊可選取多個項目，下拉式方塊就不能一次選取多個項目。

✎Memo　先建立表單

要新增下拉式方塊之前，可先新增表單，並配置標題與命令按鈕。請分別替這些控制項設定下列的屬性。

種類	屬性	設定
表單	Caption	複製工作表
標籤	Caption	將選擇的工作表複製到新的活頁簿
命令按鈕	物件名稱	複製 cmd
	Caption	複製

---

①Hint　Style 屬性

下拉式方塊可指定是否能輸入選項裡沒有的項目。這項設定可透過 Style 屬性完成。可設定的值如下。這次要設定成不能輸入選項裡沒有的項目，所以設定為「2」。

設定值	值	內容
fmStyleDropDownCombo	0	從清單裡選取要輸入的項目。也可自行輸入項目
fmStyleDropDownList	2	從清單裡選取要輸入的項目。不可自行輸入項目

2 指定下拉式方塊的項目

Memo 於清單裡顯示工作表的標題一覽表

這次指定的是在下拉式方塊清單所顯示的項目。範例利用表單的 Initialize 事件（參考 Unit 87）指定要於下拉式方塊顯示的項目。

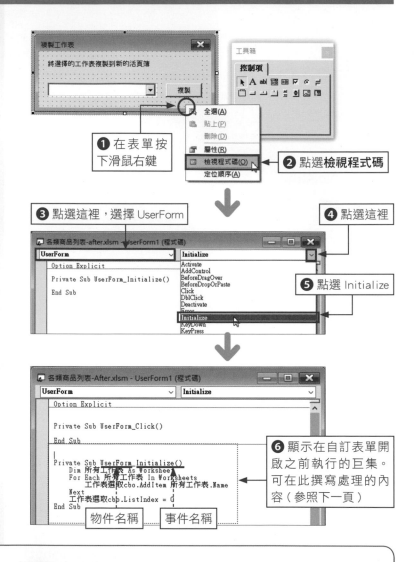

❶ 在表單按下滑鼠右鍵

❷ 點選**檢視程式碼**

❸ 點選這裡，選擇 UserForm

❹ 點選這裡

❺ 點選 Initialize

❻ 顯示在自訂表單開啟之前執行的巨集。可在此撰寫處理的內容（參照下一頁）

物件名稱　事件名稱

✅ Keyword　AddItem 方法

要在下拉式方塊的項目名稱裡增加特定項目可使用 AddItem 方法。範例為了增加活頁簿裡的所有工作表的標題，使用了 For Each… Next 陳述式逐一取得各工作表的標題。

格式　AddItem 方法

> **物件 .AddItem (Text,[Index])**

物件	指定清單方塊、下拉式方塊。
參數	
Text	指定要增加的文字。
Index	指定新增的項目位置。若是省略，將新增為最後一個項目。

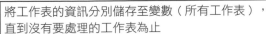

將工作表的資訊分別儲存至變數（所有工作表），
直到沒有要處理的工作表為止

```
Private Sub UserForm_Initialize ()
    Dim 所有工作表 As Worksheet
    For Each 所有工作表 In Worksheets
        工作表選取 cbo.AddItem 所有工作表 .Name
    Next
    工作表選取 cbo.ListIndex = 0
End Sub
```

❶ 宣告 Worksheet 類型的變數
（所有工作表）

❷ 將變數（所有工作表）的工作表標題資訊新增至下拉式方塊（工作表選取 cbo）的列表項目裡

❸ 選取列表的第一列

③ 依照下拉式方塊的選取內容執行不同的處理

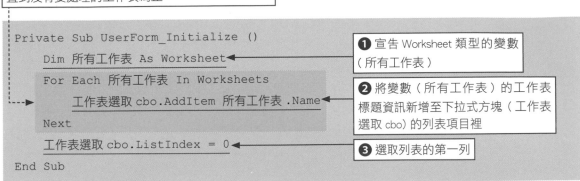

❶ 點選這裡，選取「複製 cmd」

❷ 點選這裡，選取 Click

❸ 顯示了在按下按鈕時執行的巨集

物件名稱　　　事件名稱（參考 11-38 頁）

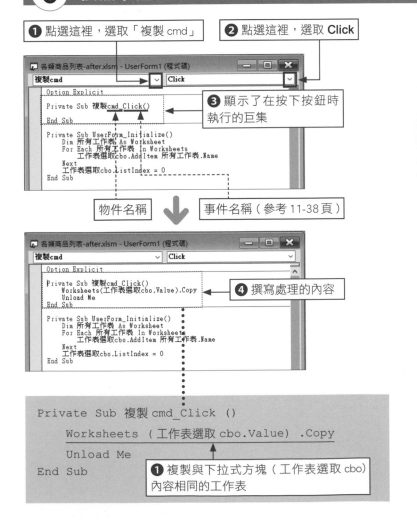

❹ 撰寫處理的內容

```
Private Sub 複製 cmd_Click ()
    Worksheets ( 工作表選取 cbo.Value) .Copy
    Unload Me
End Sub
```

❶ 複製與下拉式方塊（工作表選取 cbo）內容相同的工作表

📝 Memo　**取得在下拉式方塊選取的內容**

這次要根據在下拉式方塊選取的內容執行不同的處理。範例將選取的工作表複製到新的活頁簿。

⚠ Hint　**其他的儲存格也顯示了要顯示的項目時**

假設在下拉式方塊顯示的內容也是其他儲存格的內容，可將儲存格範圍指定給 RowSource 屬性，設定要顯示的內容。請參考 11-34 頁的說明。

使用選取的儲存格 (RefEdit)

「未知的」控制項可利用拖曳操作的方式取得儲存格範圍。點選控制項旁邊的「_」，表單會暫時縮小，此時即可輕鬆選取被表單蓋住的儲存格。這個控制項很適合在需要使用者以拖曳方式選取儲存格或儲存格範圍時使用。

■ **未知的**
(RefEdit)

RefEdit（未知的）控制項可讓使用者以拖曳的方式指定儲存格範圍。範例要利用**未知的**控制項複製指定的儲存格範圍，再將內容貼到其他的工作表。

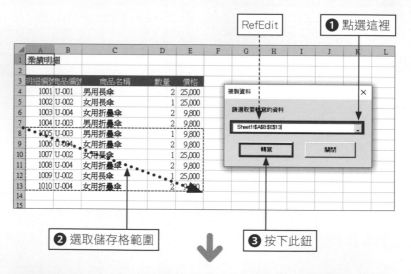

❷ 選取儲存格範圍　　　❸ 按下此鈕

❹ 選取的內容轉寫至其他工作表

❺ 點選這裡後，可繼續選取其他的儲存格

1 增加「未知的」(RefEdit) 控制項

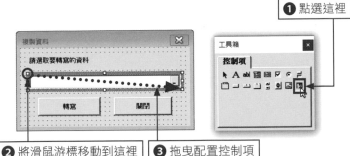

❶ 點選這裡

❷ 將滑鼠游標移動到這裡　❸ 拖曳配置控制項

✎Memo **配置選取儲存格的「未知的」控制項**

這次要配置的是「未知的」控制項。請從**工具箱**點選**未知的**，再指定要配置的位置。

✎Memo **事先建立表單**

在新增 RefEdit 之前，要先新增表單再配置標籤與命令按鈕。請分別替這些控制項設定右表的屬性。

種類	屬性	設定
表單	Caption	複製資料
標籤	Caption	請選取要轉寫的資料
命令按鈕	物件名稱	轉寫 cmd
	Caption	轉寫
命令按鈕	物件名稱	關閉 cmd
	Caption	關閉

---

2 使用選取的儲存格範圍

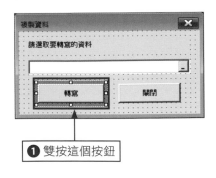

❶ 雙按這個按鈕

✎Memo **取得利用「未知的」控制項選取的內容**

這次要複製利用「未知的」控制項選取的內容，再將內容貼至其他工作表。使用代表選取儲存格範圍的 Value 屬性，指示要複製的儲存格範圍。

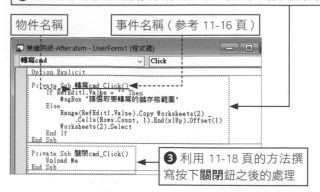

❷ 顯示了按下按鈕之後要執行的巨集。在此撰寫處理的內容

物件名稱　　　　　　　　　事件名稱（參考 11-16 頁）

❸ 利用 11-18 頁的方法撰寫按下**關閉**鈕之後的處理

> **!Hint　取得工作表的最後一列**
>
> 工作表的列數可利用「Rows. Count」取得。有關 Rows 屬性的說明請參考 Unit 37。

```
Private Sub 轉寫cmd_Click ()

    If RefEdit1.Value = "" Then

        MsgBox " 請選取要轉寫的儲存格範圍 "

    Else

        Range (RefEdit1.Value) .Copy Worksheets (2) _

            .Cells (Rows.Count, 1) .End (xlUp) .Offset (1)

        Worksheets (2) .Select

    End If

End Sub

Private Sub 關閉cmd_Click ()

    Unload Me

End Sub
```

❶ 當 RefEdit（RefEdit1）為空白時顯示訊息，若不為空白則複製選取的儲存格範圍，再貼入左側數來第二張工作表最後一筆資料下方，然後選取左側數來第二張工作表

❷ 指定按下命令按鈕（關閉 cmd）時的動作。範例指定的是關閉表單

!Hint 讓多個控制項的大小與位置一致

若希望在自訂表單配置多個控制項時，讓控制項的大小與位置彼此一致，可選取所有的控制項，然後再統一進行指定，不需要分別指定大小與位置。

● 選取多個控制項

要選取多個控制項可先點選第一個控制項，再按住 `Ctrl` 鍵選取其他的控制項。此外，若要選取相鄰的控制項，可先選取邊緣的控制項，再按住 `Shift` 鍵選取另一邊邊緣的控制項。再者，也能以拖曳的方塊圈選所有要選取的控制項。顯示白色控制點的控制項的大小與位置將會是其他控制項的基準。若想改變作為基準的控制項，可按住 `Ctrl` 鍵慢慢連點兩次要作為基準的控制項。

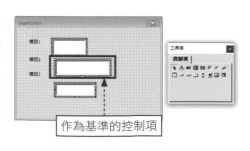

作為基準的控制項

● **大小一致**

要讓選取的控制項與基準控制項大小一致時，可執行『**格式 / 調整大小**』，再選取需要的選項。

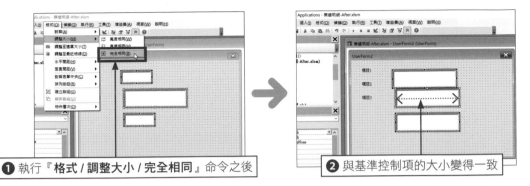

❶ 執行『**格式 / 調整大小 / 完全相同**』命令之後　　❷ 與基準控制項的大小變得一致

● **對齊位置**

要讓選取的控制項與基準控制項位置一致時，可執行『**格式 / 對齊**』命令，再選取對齊的方式。例如要讓控制項與基準控制項的左緣對齊，可選取**主控項左緣**。

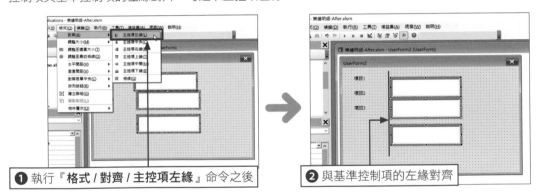

❶ 執行『**格式 / 對齊 / 主控項左緣**』命令之後　　❷ 與基準控制項的左緣對齊

● **間距均等**

要讓選取的控制項的間距均等，可執行『**格式 / 垂直間距**』命令（或是**水平間距**），再選取**相等**。

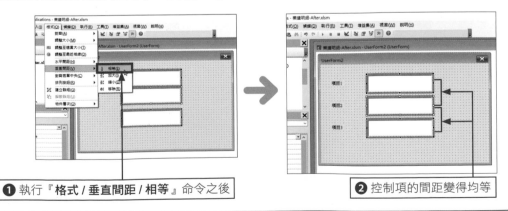

❶ 執行『**格式 / 垂直間距 / 相等**』命令之後　　❷ 控制項的間距變得均等

執行表單

自訂表單不會在 Excel 的巨集視窗顯示，所以要從 Excel 迅速執行表單，可建立顯示自訂表單的巨集，就能從 Excel 執行該巨集。

1 建立顯示表單的巨集

Memo 建立快速顯示表單的巨集

這次要從 Excel 視窗快速執行自訂表單。範例顯示的是 Unit 91 建立的表單。讓我們新增巨集，再指定顯示表單的內容吧。

Hint 有關巨集名稱

這個巨集會在按下工作表裡的按鈕時執行，而要將此巨集指派給按鈕時，必須指定巨集名稱，所以得先記住巨集的名稱。

Memo 顯示表單

要顯示自訂表單可使用自訂表單的 Show 方法。

自訂表單名稱 .Show

這次要顯示的是「輸入 frm」表單，所以要輸入「輸入 frm. Show」。

❶ 點選要新增巨集的專案　　❷ 執行『插入 / 模組』命令

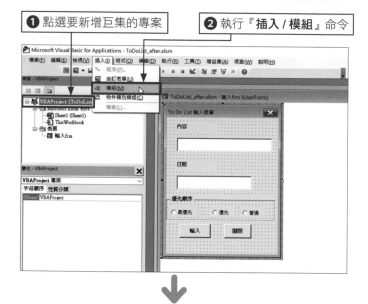

❸ 輸入新的巨集

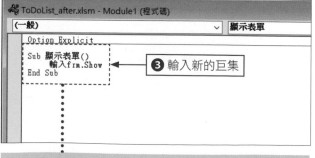

```
Sub 顯示表單 ()
    輸入 frm.Show
End Sub
```

② 建立執行巨集的按鈕

❶ 切換到**開發人員**頁次

❷ 點選**插入**

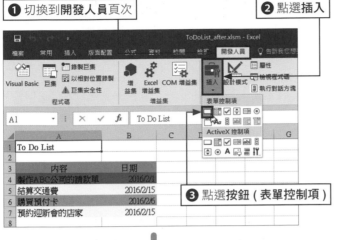

❸ 點選**按鈕 (表單控制項)**

Memo　建立執行巨集的按鈕

這次要在工作表裡建立顯示自訂表單的按鈕，之後只要點選按鈕就能顯示表單。

❹ 拖曳配置按鈕

❺ 點選剛剛新增的巨集名稱

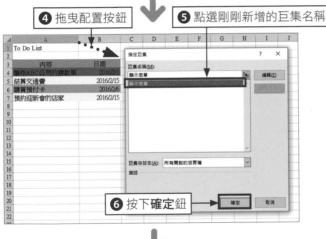

❻ 按下**確定**鈕

Hint　找不到巨集的時候

假設無法在**指定巨集**視窗找到新增的巨集，可先確認**巨集存放在**欄位的內容。要顯示所有活頁簿的巨集可選擇**所有開啟的活頁簿**。

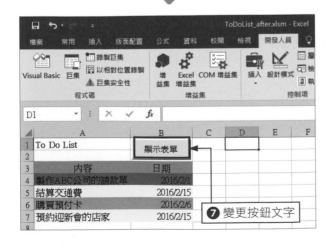

❼ 變更按鈕文字

Step up　變更按鈕文字與按鈕的大小

要變更按鈕文字可在按鈕上方按下滑鼠右鍵，點選**編輯文字**，等到滑鼠游標移入按鈕內再輸入文字。要變更按鈕大小也可在按鈕按下滑鼠右鍵，再拖曳按鈕周圍的控制點。

③ 顯示表單

✎Memo 利用按鈕開啟表單

讓我們試著按下剛剛建立的按鈕。執行顯示表單的巨集將會自動執行，表單也會自動顯示。

⚠Hint 變更指派給按鈕的巨集

若要變更按鈕的巨集可在按鈕按下滑鼠右鍵，再選擇**指定巨集**，接著在**指定巨集**視窗選擇已新增的巨集。

Step up 利用快速鍵執行

巨集也可利用快速鍵執行。快速鍵的設定方法請參考 Unit 16。

⚠Hint 也能指派巨集給圖形

這次是將巨集指派給控制項的按鈕，但其實也能將巨集指派給圖形。詳情請參考 A-6 頁。

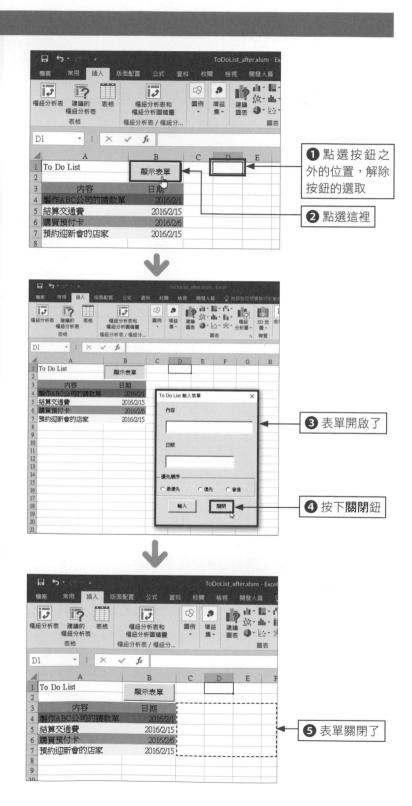

❶ 點選按鈕之外的位置，解除按鈕的選取

❷ 點選這裡

❸ 表單開啟了

❹ 按下**關閉**鈕

❺ 表單關閉了

Appendix

各種執行巨集的方法

一定要記住的關鍵字
- ☑ 快速存取工具列
- ☑ 快速鍵
- ☑ 圖形

要從 Excel 視窗快速執行巨集可建立執行巨集專用按鈕 (參考 Unit 96)，但也可以使用**快速存取工具列**、快速鍵與圖形。讓我們一起了解這些方法，學會快速執行巨集吧！

1 在「快速存取工具」列裡顯示執行巨集專用按鈕

📝 **Memo** 在「快速存取工具列」新增按鈕

這次介紹的是在畫面左上角的**快速存取工具列**建立執行巨集專用按鈕的方法。只要在**快速存取工具列**新增按鈕，不管開啟哪個工作表都能快速執行巨集。這次要新增的是顯示在 Unit 87 ~ Unit 91 建立的表單的巨集。

⚠️ **Hint** 功能區也能自訂 (Excel 2010) 之後

Excel 2010 之後就能自訂功能區。例如，可在功能區裡新增頁次，或是在頁次裡新增群組與新增操作按鈕與執行巨集的按鈕。要自訂功能區可從 **Excel 選項**視窗點選**自訂功能區**。

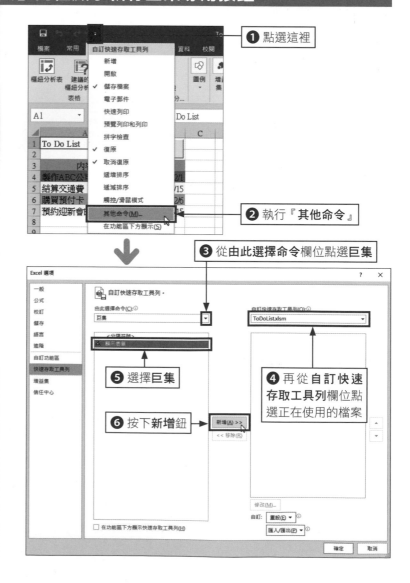

❶ 點選這裡

❷ 執行『其他命令』

❸ 從由此選擇命令欄位點選巨集

❹ 再從**自訂快速存取工具列**欄位點選正在使用的檔案

❺ 選擇巨集

❻ 按下新增鈕

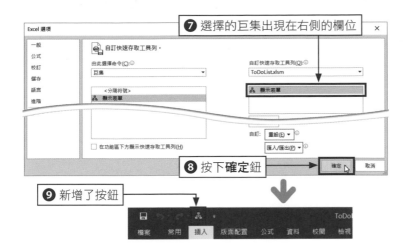

❼ 選擇的巨集出現在右側的欄位

❽ 按下**確定**鈕

❾ 新增了按鈕

只要在**快速存取工具列**新增按鈕，之後不管點選哪張工作表都能快速執行巨集。雖然這是很方便的功能，但在選取特定的工作表之後執行巨集，有時會出現意料之外的結果。若在執行巨集時，需要選取特定的工作表，建議改用 Unit 96 介紹的方法或是在巨集的開頭新增選擇工作表的處理。

② 從「快速存取工具列」執行巨集

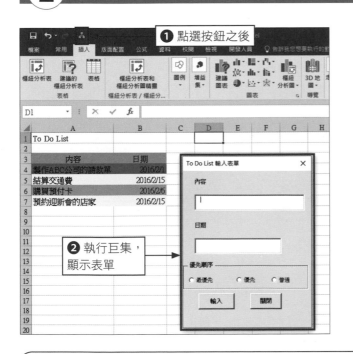

❶ 點選按鈕之後

❷ 執行巨集，顯示表單

📖Step up 隨時顯示按鈕

若要在開啟任何檔案，都在**快速存取工具列**顯示按鈕，可在**自訂快速存取工具列**欄位點選**所有文件 (預設)**。儲存在**個人巨集活頁簿**裡的巨集屬於任何檔案都能使用的巨集，所以建議新增於**所有文件 (預設)**。

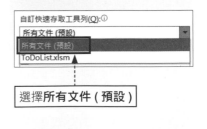

選擇**所有文件 (預設)**

事後仍可刪除**快速存取工具列**裡的按鈕。讓我們一起了解刪除按鈕的方法吧！

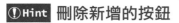

❶ 在要刪除的按鈕按下滑鼠右鍵

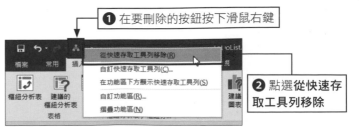

❷ 點選**從快速存取工具列移除**

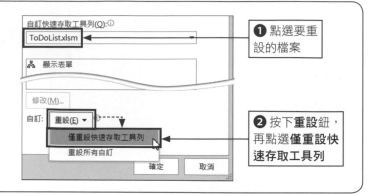

ⓘ Hint 重設「快速存取工具列」

若要讓新增了各式按鈕的**快速存取工具列**回復原貌，可試著重設**快速存取工具列**。此外還能利用 A-2 頁的方法開啟 **Excel 選項**視窗，選取要重設的檔案再按下**重設**，接著點選**僅重設快速存取工具列**即可。

❶ 點選要重設的檔案

❷ 按下**重設**鈕，再點選**僅重設快速存取工具列**

🖱 Step up 變更按鈕的圖示與名稱

快速存取工具列裡的巨集按鈕可變更圖案以及滑鼠移入後的提示訊息，只要在 **Excel 選項**視窗裡點選巨集按鈕，再按下**修改**鈕，接著從按鈕清單裡點選圖示與名稱即可。**快速存取工具列**若是已新增多個按鈕，不妨先變更圖示與名稱，才能清楚辨識巨集的內容。

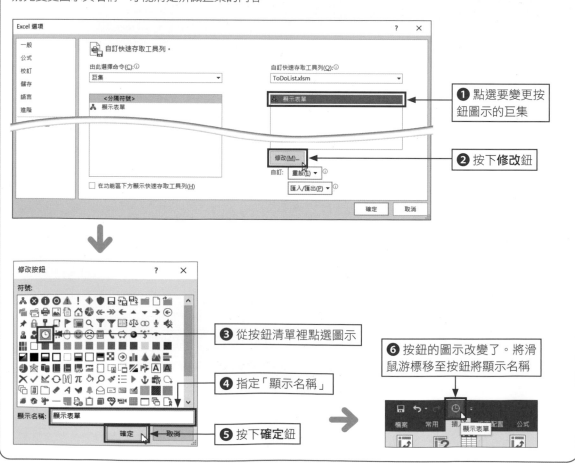

❶ 點選要變更按鈕圖示的巨集

❷ 按下**修改**鈕

❸ 從按鈕清單裡點選圖示

❹ 指定「顯示名稱」

❺ 按下**確定**鈕

❻ 按鈕的圖示改變了。將滑鼠游標移至按鈕將顯示名稱

❸ 從快速鍵執行巨集

❶ 開啟啟用巨集的活頁簿,再利用 Unit 16 的方法替巨集指派快速鍵

❷ 指定快速鍵(範例指定的是 Ctrl + M)

❸ 自動執行巨集並且顯示表單

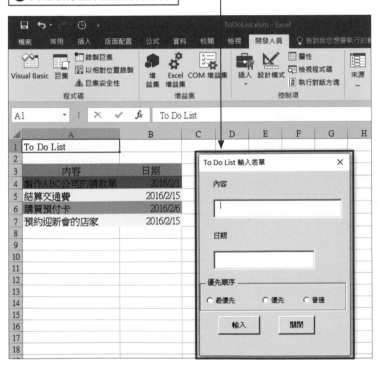

📝 Memo 利用快速鍵執行

若是常用的巨集可先設定成以快速鍵執行的方法,就能快速執行。範例介紹的是利用快速鍵執行顯示表單巨集的方法。有關替巨集指派快速鍵的方法請參考 Unit 16。

ⓘ Hint 變更快速鍵

若要變更巨集的快速鍵可先利用 Unit 16 的方法開啟指派快速鍵的視窗,再重新設定一次快速鍵。

ⓘ Hint 設定快速鍵的注意事項

快速鍵可指定為 Ctrl + 英文字母或是 Ctrl + Shift + 英文字母。雖然執行巨集時,不會區分英文字母的大小寫,但在指派快速鍵時,系統還是會先辨識 Caps Lock 鍵的狀態,所以請在此時將 Caps Lock 鍵關閉,才不會造成混亂。此外,若快速鍵與 Excel 的快速鍵重複,則會以巨集的快速鍵為優先。

4　在工作表裡顯示執行巨集專用按鈕

Memo 替圖案指定巨集

也能替工作表裡的圖案指派巨
集。只要使用這個方法，就能在
按鈕顯示説明巨集內容的文字，
所以能清楚辨識要執行的是哪個
巨集。這次要先繪製圖案，再指
派顯示表單的巨集。

Hint 也能替圖片指派巨集

除了圖案之外，也能替圖片指派
巨集，只需在圖片按下滑鼠右
鍵，再依同樣的步驟指派即可。

Hint 若未顯示滑鼠游標

若不小心點選按鈕之外的位置，
導致滑鼠游標未出現在按鈕內
部，可先點選按鈕再輸入文字。

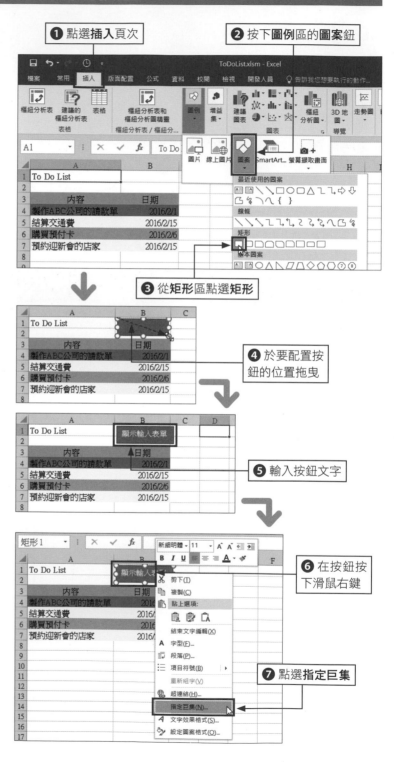

❶ 點選**插入**頁次

❷ 按下**圖例**區的**圖案**鈕

❸ 從**矩形**區點選**矩形**

❹ 於要配置按鈕的位置拖曳

❺ 輸入按鈕文字

❻ 在按鈕按下滑鼠右鍵

❼ 點選**指定巨集**

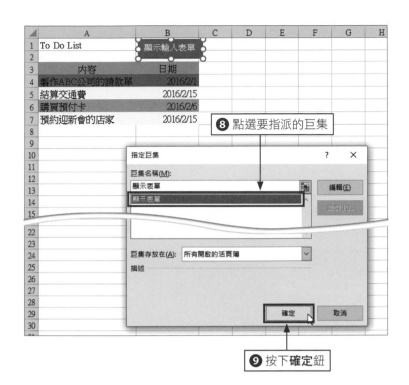

❽ 點選要指派的巨集

❾ 按下**確定**鈕

❺ 從工作表裡的按鈕執行巨集

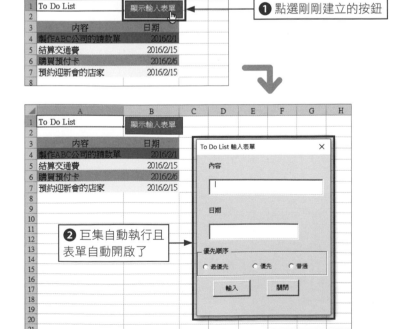

❶ 點選剛剛建立的按鈕

❷ 巨集自動執行且
表單自動開啟了

確認安全性設定

Excel 在開啟含有巨集的檔案時，都會以安全性功能檢查檔案，以免電腦遭受巨集病毒攻擊。由於可以自訂安全性的設定，所以讓我們一起了解相關的設定吧。

1 確認安全性的設定

📝Memo 設定開啟活頁簿時的狀態

若要在開啟含有巨集的活頁簿時，決定是否啟用巨集，可先設定相關的安全性。讓我們一起確認安全性的相關設定吧。

❗Hint 設定成選擇是否啟用巨集的狀態

若是勾選**停用所有巨集**選項，就能在開啟含有巨集的活頁簿時停用巨集，但也能在此時決定啟用（參考 Unit 06）。

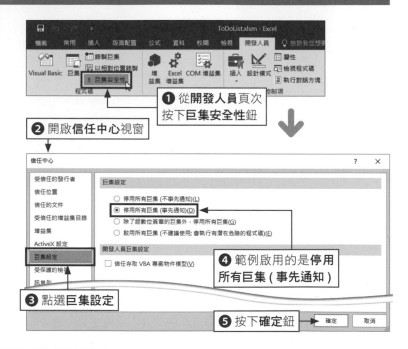

❶ 從**開發人員**頁次按下**巨集安全性**鈕

❷ 開啟**信任中心**視窗

❸ 點選**巨集設定**

❹ 範例啟用的是**停用所有巨集（事先通知）**

❺ 按下**確定**鈕

❗Hint 變更設定也未顯示訊息列的情況

若是變更了安全性的設定也不顯示訊息列，可於**信任中心**視窗點選**訊息列**，確認訊息列的設定。要顯示訊息列可選擇 **ActiveX 控制項和巨集之類的主動式內容遭到封鎖時，在所有應用程式中顯示訊息列**選項。

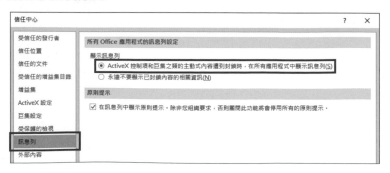

② 開啟檔案時，一律啟用巨集

新增「信任位置」

❶ 利用上一頁的方法開啟**信任中心**視窗

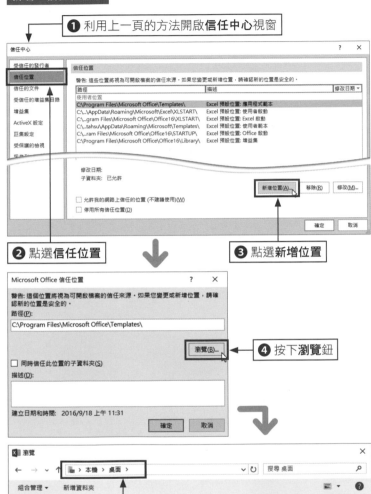

❷ 點選**信任位置**

❸ 點選**新增位置**

❹ 按下**瀏覽**鈕

❺ 選擇資料夾，設定為信任的位置

❻ 按下**確定**鈕

✎**Memo** 建立信任位置

若每次使用可信任的巨集都得經過設定啟用步驟，那可是件很麻煩的事，這時不妨先建立一個可信任的位置，再將含有巨集的檔案全數儲存在該資料夾裡。這裡介紹的就是指定信任位置的方法。

⊘**Hint** 自動啟用巨集

在 Excel 2010 之後，只要是開啟不屬於「信任位置」卻又含有巨集的檔案時，在訊息列啟用巨集，該檔案就會被視為是可信任的檔案，之後再度開啟，也不會顯示訊息列 (參考 Unit 06)。因此才會出現明明開啟的不是「信任位置」裡的檔案，卻也不顯示訊息列的情況。

✎**Memo** 也有預設的位置

也有預設的信任位置，例如儲存 Office 範本的資料夾或是儲存增益集的資料夾。

❼ 確認剛剛選擇的位置被設定為信任位置

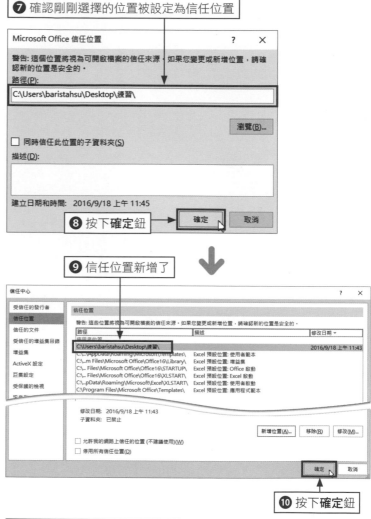

❽ 按下確定鈕

❾ 信任位置新增了

❿ 按下確定鈕

被指定為「信任位置」的資料夾

❶ 拖曳移動檔案

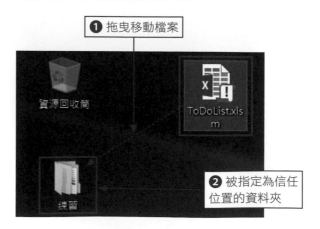

❷ 被指定為信任位置的資料夾

❷ 開啟信任位置裡的檔案時，將自動啟用巨集

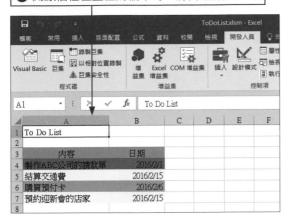

若是被指定為信任位置的資料夾
變更了名稱或位置，必須重新指
定為信任位置。請在**信任中心**視
窗點選**信任位置**，接著點選資料
夾，再按下**修改**鈕。

---

① **Hint** 刪除信任位置

要從**信任位置**刪除剛剛新增的資料夾，可在**信任中心**點選要刪除的項目再按下**移除**鈕。

❶ 點選要刪除的資料夾

使用說明

取得物件的方法，物件的屬性名稱，可使用的方法，都可透過說明功能查詢。此外，即便要查詢錄製巨集的內容是什麼意思，也可使用說明功能。接下來就介紹開啟說明畫面的方法。

① 查詢不了解的詞彙

📝 **Memo　查詢不了解的詞彙**

讓我們一起學習查詢程式碼中的詞彙方法。若有想查詢的詞彙，請先將滑鼠游標移到該詞彙再按下 F1 鍵，接著就會顯示該詞彙的說明。

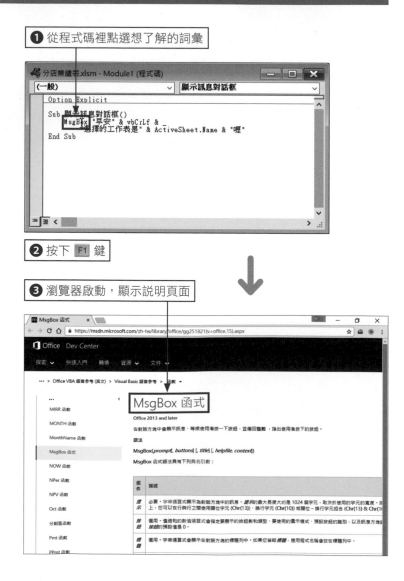

❶ 從程式碼裡點選想了解的詞彙

❷ 按下 F1 鍵

❸ 瀏覽器啟動，顯示說明頁面

2 開啟說明視窗

① 點選工具列的 Microsoft Visual Basic for Application 說明

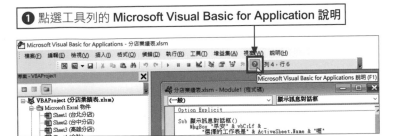

② 開啟說明視窗後，點選要查詢的項目，就會顯示相關的說明

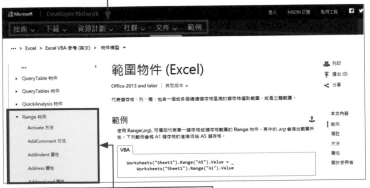

③ 也可從物件一覽表查詢屬性與方法

Memo 開啟說明視窗

要從工具列開啟說明視窗可在 VBE 視窗裡點選 **Microsoft Visual Basic for Application 說明**。此時瀏覽器將自行啟動，並且顯示說明頁面，即可從中點選要查詢的項目。

!Hint 顯示物件的屬性、方法一覽表

若要查詢指定物件的屬性與方法，可點選左側選單的 **Excel VBA 參考→物件模型**，開啟 VBA 的物件一覽表。接著從中選擇物件，再從**屬性**或**方法**選擇要查詢的屬性或方法。此外，線上說明的內容有可能會變更。

📁Step up 利用物件瀏覽器

在 VBE 的視窗裡執行**檢視/瀏覽物件**命令，即可開啟物件瀏覽器。物件瀏覽器可查詢各種物件的屬性與方法。

① 輸入物件名稱　**②** 按下**搜尋**鈕

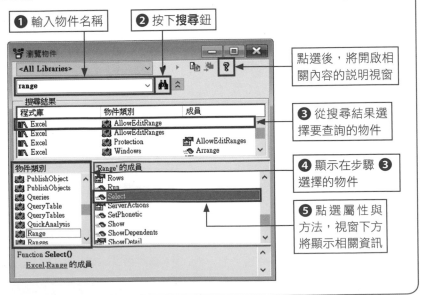

點選後，將開啟相關內容的說明視窗

③ 從搜尋結果選擇要查詢的物件

④ 顯示在步驟 **③** 選擇的物件

⑤ 點選屬性與方法，視窗下方將顯示相關資訊

一邊確認執行情況，
一邊執行巨集

若巨集的執行過程不如預期，就必須找出錯誤的原因。此時可試著逐行執行巨集，也可執行到一半，之後再逐行執行。接下來就介紹一邊確認巨集內容，一邊執行巨集的方法。

1 逐行執行巨集

📝Memo 逐行執行巨集

要逐行執行巨集可按下 F8 鍵。每按一次 F8 鍵就會逐行執行巨集。此外，為了在逐行執行巨集時，可逐一確認執行內容，建議將 VBE 的視窗縮小，以便觀察 Excel 視窗的內容。

⚠Hint 使用其他方法逐行執行巨集

要逐行執行程式還可從檢視功能表的工具列點選偵錯，再從偵錯工具列點選逐行。此外，也可以點選偵錯功能表裡的逐行。

⚠Hint 中途停止執行

若要在逐步執行巨集時，停止巨集的執行，可按下重新設定鈕。

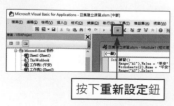

按下重新設定鈕

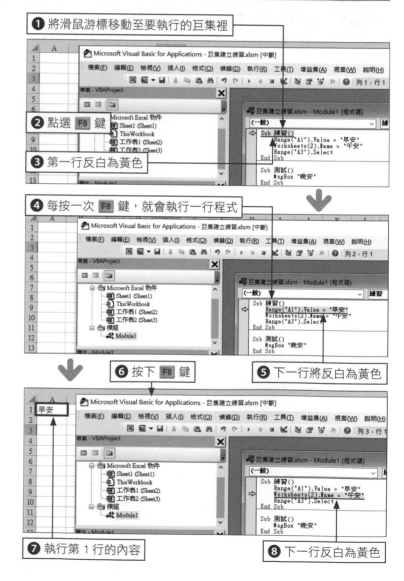

❶ 將滑鼠游標移動至要執行的巨集裡

❷ 點選 F8 鍵

❸ 第一行反白為黃色

❹ 每按一次 F8 鍵，就會執行一行程式

❻ 按下 F8 鍵

❺ 下一行將反白為黃色

❼ 執行第 1 行的內容

❽ 下一行反白為黃色

② 讓巨集執行到指定的位置為止

設定中斷點

❶ 點選要設定中斷點的行的「留白指示器」

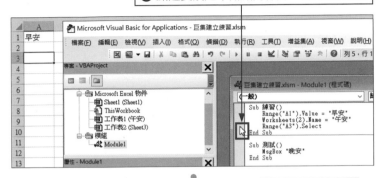

❷ 建立了中斷點

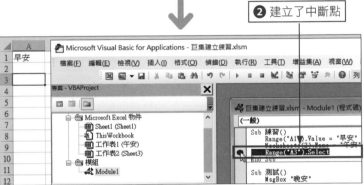

執行到中斷點為止

❶ 將滑鼠游標移到到要執行的巨集裡

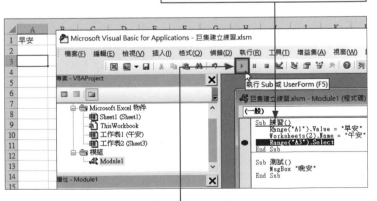

❷ 按下**執行 Sub
或 UserForm** 鈕

✎Memo **讓巨集執行到
中途就停止**

要找出程式的錯誤時，可先讓程式執行到與錯誤無關的部分，再逐行執行程式。要讓巨集執行到中途就停止，可於需要中斷的位置建立中斷點。這次要試著讓巨集執行到第 3 行就停止。

ⓘHint **使用其他方法
建立中斷點**

要設定中斷點時，可先點選要設定中斷點的列，接著從『**檢視 /
工具列 / 偵錯**』，再從偵錯工具列點選**切換中斷點**。此外，也能直接點選**偵錯**功能表的**切換中斷點**命令。

✎Memo **讓巨集執行到
中途就停止**

試著讓巨集執行到設定中斷點的位置吧。先點選巨集，再按下**執行 Sub 或 UserForm** 鈕。

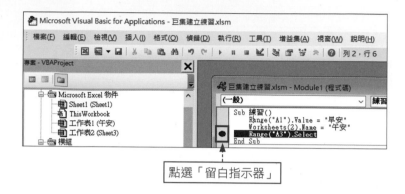

點選「留白指示器」

---

❸ 巨集執行後，會在中斷點的位置停止執行

! Hint **從中途開始逐行執行**

要從中斷的位置逐行執行巨集
時，可直接按下 F8 鍵。每按一
次 F8 鍵，就會執行一行程式。

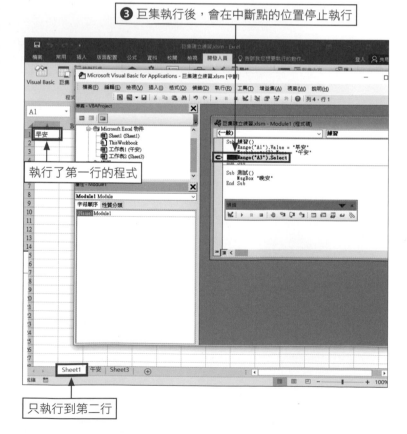

執行了第一行的程式

只執行到第二行

❶Hint 顯示「即時運算」視窗

即時運算視窗可確認程式碼的執行狀況，也能確認函數的計算結果。由於不需要建立巨集就能使用，所以能夠很方便確認程式碼的內容。**即時運算**視窗可點選**檢視**功能表的**即時運算**視窗開啟。

確認執行過程

❶ 在**即時運算**視窗輸入程式碼再按下 Enter 鍵

❷ 執行了相關的內容。範例是在儲存格 A3 輸入「練習」

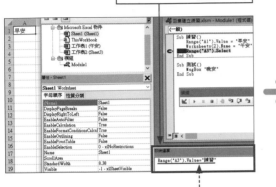

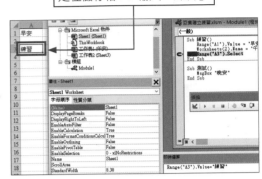

Range("A3").Value=" 練習 "

求出計算結果與值

❶ 在**即時運算**視窗輸入「？」。在後面輸入程式碼再按下 Enter 鍵

❷ 下一行會顯示答案。範例是顯示於儲存格 A1 輸入的文字

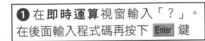

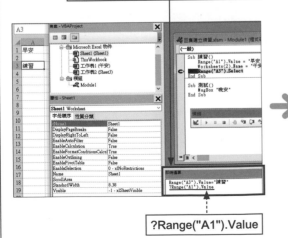

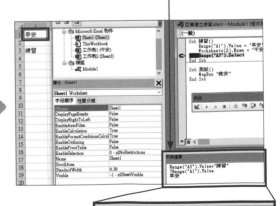

?Range("A1").Value

```
即時運算

Range("A3").Value="練習"
?Range("A1").Value
早安
```

感謝您購買旗標書，
記得到旗標網站
www.flag.com.tw
更多的加值內容等著您…

<請下載 QR Code App 來掃描>

1. FB 粉絲團：旗標知識講堂

2. 建議您訂閱「旗標電子報」：精選書摘、實用電腦知識搶鮮讀; 第一手新書資訊、優惠情報自動報到。

3. 「更正下載」專區：提供書籍的補充資料下載服務, 以及最新的勘誤資訊。

4. 「旗標購物網」專區：您不用出門就可選購旗標書!

買書也可以擁有售後服務, 您不用道聽塗說, 可以直接和我們連絡喔!

我們所提供的售後服務範圍僅限於書籍本身或內容表達不清楚的地方, 至於軟硬體的問題, 請直接連絡廠商。

● 如您對本書內容有不明瞭或建議改進之處, 請連上旗標網站, 點選首頁的 讀者服務 , 然後再按右側 讀者留言版 , 依格式留言, 我們得到您的資料後, 將由專家為您解答。註明書名(或書號)及頁次的讀者, 我們將優先為您解答。

學生團體	訂購專線：(02)2396-3257 轉 362
	傳真專線：(02)2321-2545
經銷商	服務專線：(02)2396-3257 轉 331
	將派專人拜訪
	傳真專線：(02)2321-2545

國家圖書館出版品預行編目資料

即學即用！超簡單的 Excel 巨集 & VBA－別再做苦工！
讓重複性高的工作自動化處理
(Excel 2016/2013/2010/2007 適用)
門脇香奈子著 ; 許郁文譯.
-- 臺北市：旗標, 2017.05　面；公分

ISBN 978-986-312-417-7(平裝附光碟片)

1.EXCEL(電腦程式)

312.49E9　　　　　　　106001526

作　　　者／門脇香奈子 (Kadowaki Kanako)
翻譯著作人／旗標科技股份有限公司
發　行　所／旗標科技股份有限公司
　　　　　　台北市杭州南路一段 15-1 號 19 樓
電　　　話／(02)2396-3257(代表號)
傳　　　真／(02)2321-2545
劃撥帳號／1332727-9
帳　　　戶／旗標科技股份有限公司
監　　　督／楊中雄
執行企劃／林佳怡
執行編輯／林佳怡
美術編輯／陳慧如 ‧ 林美麗 ‧ 薛詩盈
　　　　　　薛榮貴 ‧ 陳奕愷
封面設計／古鴻杰
校　　　對／林佳怡

新台幣售價：450 元
西元 2021 年 7 月初版 6 刷
行政院新聞局核准登記 - 局版台業字第 4512 號
ISBN 978-986-312-417-7
版權所有 ‧ 翻印必究

IMA SUGU TSUKAERU KANTAN Excel MACRO & VBA
[Excel 2016/2013/2010/2007 TAIO-BAN] by Kanako
Kadowaki
Copyright © 2016 Kanako Kadowaki
All rights reserved.
Original Japanese edition published by Gijutsu-Hyoron
Co., Ltd., Tokyo
This Complex Chinese edition is published by
arrangement with Gijutsu-Hyoron Co., Ltd., Tokyo in
care of Tuttle-Mori Agency, Inc., Tokyo